FENGDIANCHANG YUNXING YU WEIHU
JISHU WENDA

风电场运行与维护
技术问答

国投云南风电有限公司　编

中国电力出版社
CHINA ELECTRIC POWER PRESS

内 容 提 要

本书针对风电场运行维护人员"应知应会"的要求，用技术问答的形式对风电场运行维护人员在现场工作中涉及的基本理论、经常遇到的实际问题，进行了较全面的解答，内容涵盖全面，层次分类合理，可满足风电场各层次人员的查阅。主要内容包括风能知识、电气一次系统、电气二次系统、风电机组、常用工器具、风电场安全知识。

本书可作为风电场运行维护人员的岗位培训、专业技术培训教材，同时可供风电场运行维护人员、管理人员自学参考。

图书在版编目（CIP）数据

风电场运行与维护技术问答 / 国投云南风电有限公司编 . —北京：中国电力出版社，2018.12（2024.12重印）
ISBN 978-7-5198-2764-9

Ⅰ . ①风… Ⅱ . ①国… Ⅲ . ①风力发电—发电厂—运行—问题解答②风力发电—发电厂—维修—问题解答Ⅳ . ① TM614-44

中国版本图书馆 CIP 数据核字 (2018) 第 285443 号

出版发行：中国电力出版社
地　　址：北京市东城区北京站西街 19 号（邮政编码 100005）
网　　址：http://www.cepp.sgcc.com.cn
责任编辑：安小丹（010-63412367）　柳　璐
责任校对：朱丽芳
装帧设计：左　铭
责任印制：吴　迪

印　　刷：固安县铭成印刷有限公司
版　　次：2018 年 12 月第一版
印　　次：2024 年 12 月北京第四次印刷
开　　本：787 毫米 ×1092 毫米　16 开本
印　　张：20.75
字　　数：465 千字
印　　数：3801—4300 册
定　　价：88.00 元

本书编委会

主　任　李　强

副主任　范相林

编　委　宋荣武　黄　河　钱东强　龚云贵

　　　　彭海新　程远帅　普桂林　杨永军

　　　　郭明龙　罗卫才　张明立　王　珮

　　　　周杨菊

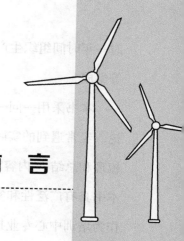

前　言

　　风电作为目前技术最成熟且极具发展潜力的新能源发电方式，已成为许多国家推进能源转型的核心内容和应对气候变化的重要途径。我国把发展风电作为调整能源结构、发展低碳经济、积极应对气候变化的重要举措。近年来，我国风电产业实现了跨越式发展，风电装机容量快速增长，在能源供应中的作用将越来越重要。

　　把风电场建设好、运行好、管理好是推动我国风电事业持续健康发展的基础，建立一支既具备风电专业理论知识又具有实践经验的人才队伍是保证风电场安全生产的前提。

　　通过培训提升风电场运行和维护人员的技能水平是普遍使用的方式之一，目前，市面上的教材大部分还是偏向传统电力系统及风电场深层次技术、原理居多，知识分散，不便于生产一线运维技术人员的有效掌握，针对一个风电场完整的基础知识、电气部分、风电机组、安全生产等全方面的理论知识和实践经验较少。鉴于此，国投云南风电有限公司组织编写了《风电场运行与维护技术问答》。

　　国投云南风电有限公司是国投电力控股股份有限公司的控股子公司，负责云南省新能源项目的建设运维工作。国投云南风电有限公司自成立以来，积极投身于云南省风电及光伏项目的开发，在不断扩大规模的基础上，高度重视风电场安全生产管理工作，以加强员工技能培训为抓手，打造了一支技术过硬的生产运维队伍。本书即是国投云南风电有限公司经过多年的实践和积累，并历时一年时间组织生产一线骨干人员编写而成，主要编写人员由程远帅、普桂林等组成。

本书采用一问一答的方式，将风电场运维人员在现场工作中涉及的基本理论、经常遇到的实际问题，进行了较全面的解答。本书将风电场碎片化的知识梳理和总结，内容涵盖全面，层次分类合理，可满足风电场各层次人员查阅。本书具有广泛性和实用性，既适用于风电场运行维护人员的岗位培训，也可以作为培训中心专业技术培训教材，同时可供风电场运行维护人员、管理人员自学参考。

本书共分为六章，内容包括基础知识、电气一次系统、电气二次系统、风电机组、常用工器具及风电场安全知识等。相信本书的出版将对国内从事风电事业的技术人员给予指导和帮助，为我国风电人才的培养做出积极贡献。

在本书出版之际，对于参与编写的人员和提供指导的专家及本书所引用的技术资料的作者，在此表示诚挚的感谢。

本书在编写过程中，由于时间仓促和编者的水平有限，书中难免有不足和疏漏之处，恳请广大读者批评指正。

编　者
2018年10月

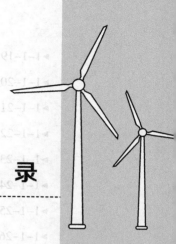

目 录

15

25

26

45

第一章

基 础 知 识

第一节 风能知识

▶1-1-1 什么是大气环流？

答：包括风能在内的大部分可再生能源（如太阳能、水能、生物质能等）的能量来自太阳。由于地球极地与赤道之间存在温度差异，赤道附近温度高的空气将上升至高层，然后流向极地；而极地附近的空气则因受冷收缩下沉，并在低空受到指向低纬度的气压梯度力的作用，流向低纬度，这就形成了一个全球性的南北向大气环流。

▶1-1-2 什么是气压梯度力？

答：地球不同空间之间的大气压力差形成了大气压力场，在气压作用下，空气粒子由较高气压的地区被推向较低气压的区域，这种使空气流动的现象称为气压梯度力。

▶1-1-3 旋转的地球对运动的风是如何影响的？

答：在北半球，低气压的气流以逆时针方向向内旋入（热带气旋）；在南半球，低气压则以顺时针方向旋入。

▶1-1-4 什么是科氏力？

答：因地球的自转造成移动中的空气出现方向偏移的现象称为科氏力。地转偏向力在赤道处为零，随着纬度的增高而增大，在极地达到最大值。

▶1-1-5 什么是三圈环流？

答：从赤道上升流向极地的气流在气压梯度力与地转偏向力的作用下及地表温差的综合影响下，在南北两个半球上各出现了4个气压带及3个闭合环流圈。其中，气压带指极地东风带、盛行风带、东北（东南）信风带和赤道无风带；而环流圈指赤道纬度30°环流圈、纬度30°~60°环流圈和纬度60°~90°环流圈，即"三圈环流"。

▶1-1-6 什么是局地环流？

答：局地环流是一种中、小尺度（几千米至100km左右）的区域性的大气运动，由下垫面性质的不均匀性（如城市与乡村、绿洲与沙漠、湖泊与内陆等）、地形起伏、坡向差异等局地的热力和动力因素所引起，如季风、热带气旋、海陆风、山谷风、龙卷风等。

▶1-1-7 在我国，季风环流是如何变换的? 有什么重要特征?

答：在我国，冬季主要在西风带影响下，盛行西北气流。夏季西风带北移，南方为大陆热低压控制，副热带高压从海洋移至大陆，转为西南气流。春秋则为过渡季节。此外，海陆分布、青藏高原对我国季风环流也产生重要影响。在冬季，大陆高压气压梯度强大，而夏季热低压的气压梯度较弱，因而夏季风比冬季风弱，这是我国季风的重要特征。

▶1-1-8 什么是海陆风?

答：海陆风是由陆地和海洋的热力差异引起的。白天，由于太阳辐射，陆地近地面温度上升快，空气密度降低，空气受热上升，形成低气压，风由海面吹向陆地，称为海风；夜间形成与白天情况相反的气压差，风由陆地吹向海面，称为陆风。由于海陆温差较小，风的周期短且风力较弱。但是，在海岸附近的海陆风强度较大，是近海地区风能的重要来源。

▶1-1-9 什么是山谷风?

答：山谷风多发生在山脊的南坡（北半球），山坡上的空气经太阳辐射加热后，空气密度降低，空气受热上升，形成低气压，气流沿山坡上升，形成谷风；夜间则相反，气流顺山坡下降，成为山风。山谷风是多山地区经常出现的多种气流模式。从当日20时至次日8时左右为山风作用时段，14～17时为谷风作用时段。山风强度一般比谷风弱。

山谷风是山区经常出现的一种局地环流，只要大范围气压场比较弱，就有山谷风出现，有些高原和平原的交界处，也可以观测到与山谷风相似的局地环流。山谷风一般较弱，但在某些地区或山隘口处也会有较大的风速，同样可以作为风能的来源。

▶1-1-10 什么是爬坡风?

答：一般情况下，四周开阔的山丘或山脊上的风速较大，这是由于气流在经过迎风坡时受到地形挤压，产生加速效应，使山顶风速达到最大。爬坡风的产生与山的坡度有很大关系，如果迎风面山体坡度过大，不仅不会产生风加速效应，还会产生严重的湍流，影响风能的利用。一般与主风向垂直的山脊是比较理想的风场布机区域。

▶1-1-11 什么是狭管风?

答：建筑物或山体之间的狭窄通道可能会形成狭管效应，迎风面气流受到挤压，在通道中风速加速，形成狭管风。形成风能加速的狭管效应需要一定条件，即该地区的盛行风向与狭管的方向一致。形成狭管效应的气流通道表面应尽可能平滑，否则将会产生较大的湍流，对风电机组产生不利影响。

狭管风一般是由大范围的地理环境造成的，比如在福建省与台湾省之间的台湾海峡与常年盛行的东北风形成的狭管效应，使得福建沿海及岛屿的风速加大，可利用风速持续时间加长。

▶1-1-12 风速是如何定义的?

答：风速通常用来表示风的大小，风速是指风的移动速度，即在单位时间内空气在水平方向移动的距离，用V表示，单位是m/s，即每秒移动的距离（m）。

（1）平均风速。相应于有限时段内的风速的平均值，通常指30s或10min的平均值。

（2）瞬时风速。相应于无限小时段内的风速。

（3）最大风速。在给定的时间段或某个期间里面，平均风速中的最大值。

（4）极大风速。在给定的时间段内，瞬时风速的最大值。

▶**1-1-13 风速是如何分布的？**

答： 比较常用的分析风速分布的方法是将风速值离散化，把不同风速值划分到相应的风速段（如将4.6~5.5m/s的风速划分到5m/s，其他风速依此类推），将风速的间隔定为1m/s，计算一年周期中不同平均风速累计小时数，绘制成概率密度曲线图。

用于拟合风速分布的函数很多，有瑞利分布、对数正态分布、威布尔分布等。风速分布一般为偏正态分布，一般用威布尔分布函数来描述风速分布的概率密度函数

$$f(V)=(K/C)(V/C)^{K-1}\exp[-(V/C)]^K$$

式中：C为尺度系数，m/s；K为形状系数。C与平均风速相关，平均风速越大，C值越大；K反映风速的分布情况，K值越大，说明风速分布越集中，K值越小，说明风速分布越分散。但需要指出的是存在威布尔拟合与实际分布差别较大的情况，有些地区的风速分布可能并不服从威布尔分布，在这种情况下可以对分析结果进行修正或采用其他的分析方法。

▶**1-1-14 平均风速随时间变化是如何划分的？**

答：（1）日变化。风在一日内有规律的周期变化。平均风速日变化的原因主要是太阳辐射的日变化而造成地面热力不均匀。日出后，地面热力不均匀性渐趋明显，地面温度高于空气温度，气流上、下发生对流，进行动量交换，上层动量向下传递，使上层风速减小，下层风速增加。入夜后则相反。在高、低层中间则有一个过渡层，那里风速变化不明显，一般过渡层在50~150m高度范围。平均风速日变化在夏季无云时较强，而在冬季多云时则偏弱。

（2）月变化。一般指一年时段中以月为单位的逐月风速的周期变化。有些地区，在一个月中，有时会发生周期为一天或几天的平均风速变化，是热带气旋和热带波动的影响造成的。

（3）季变化。一年中以季为单位的风速的季节变化。平均风速随季度变化的大小取决于纬度和地貌特征，通常在北半球中高纬度大陆地区，由于冬季有利于高压生成，夏季有利于低压生成，因此，冬季平均风速要大一些，夏季平均风速要小一些。我国大部分地区，最大风速多在春季的三、四月，而最小风速则多在夏季的七、八月。

（4）年变化。常指风速在一年内的变化。

（5）年际变化。风速月或年平均在不同年之间的变化。从而了解风速的变化大小，趋势等。

▶**1-1-15 风向是如何定义的？有哪几种表示方法？**

答： 风向是指风的来向。风向表示方法有度数表示法和方位表示法。

度数表示法是最直接的风向表示方法，用0°~360°表示风的来向，度数表示法通俗简单。

为了更加直观地表示风的来向，采用方位表示法，就是把0°~360°的风向离散化，把

不同风向值划分到相应的扇区，通常设16扇区，每隔22.5°为一个扇区，如348.75°~360°和0°~11.25°区间的风向为北风，以N表示，11.25°~33.75°区间的风向为北东北风，以NNE表示，33.75°~56.25°区间的风向为东北风，以NE表示，其他的依次类推。

▶1-1-16 什么是风玫瑰图？

答：风玫瑰图是根据风向在各扇区的频率分布，在极坐标上以相应的比例长度绘制的形如玫瑰花朵的概率分布图，有些风玫瑰图上还指示出了各风向的风速范围。

▶1-1-17 如何使用风玫瑰图？

答：最常见的风玫瑰图是一个圆，圆上引出8条或16条放射线。在各方向线上按风的出现频率，截取相应的长度，将相邻方向线上的截点用直线连接的闭合折线图形（见图1-1-1）。在图1-1-1中该地区最大风频的风向为北风，约为20%（每一间隔代表风向频率5%）；中心圆圈内的数字代表静风的频率，有些风玫瑰图上还指示出了各风向的风速范围。风玫瑰图还有其他形式（见图1-1-2~图1-1-5）。其中图1-1-3为风频风速玫瑰图，每一方向上既反映风频大小（线段的长度），又反映这一方向上的平均风速（线段末段的风羽多少）；图1-1-4和图1-1-5为无量化的风玫瑰简易图，图中线段的长度表示风频的相对大小。

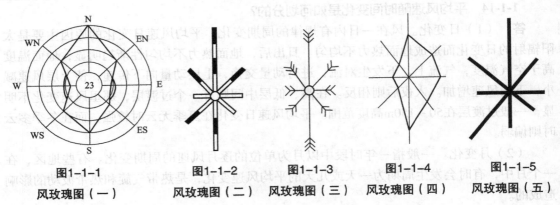

图1-1-1	图1-1-2	图1-1-3	图1-1-4	图1-1-5
风玫瑰图（一）	风玫瑰图（二）	风玫瑰图（三）	风玫瑰图（四）	风玫瑰图（五）

▶1-1-18 什么是风能？

答：风能是大气运动具有的动能，即单位时间内流过某一截面的风能。

▶1-1-19 什么是风能玫瑰图？

答：风能玫瑰图是根据风能在各扇区的频率分布，在极坐标上以相应的比例长度绘制的形如玫瑰花朵的概率分布图。

▶1-1-20 如何使用风能玫瑰图？

答：在风能玫瑰图中，各射线长度分别表示某一方向上风向频率与相应风向平均风速立方值的乘积，根据风能玫瑰图能看出哪个方向上的风具有能量的优势，并可加以利用。

▶1-1-21 什么是空气密度？

答：空气密度是指单位体积的空气质量。在标准大气压下，15℃时的每立方米空气质量为1.225kg。

空气密度的计算式有两个，即

$$\rho = \frac{1.276}{1 + 0.00366t} \times \frac{p - 0.378e}{1000}$$

式中：ρ 为平均空气密度，kg/m³；p 为平均气压，hPa；e 为平均水汽压，hPa；t 为平均气温，℃。

$$\rho = \frac{p}{RT}$$

式中：p 为年平均大气压力，Pa；R 为气体常数，287J/（kg·K）；T 为年平均空气开氏温标绝对温度，即摄氏温度+273，K。

▶1-1-22　空气密度取决于哪些主要因素？

答：空气密度（大气密度）取决于气温、气压和空气湿度，通常随着海拔高度的增加和温度的降低而降低，其数值随高度按指数律递减。湿度对它的影响不大（湿空气比干空气密度稍小，需要稍加修正），所以主要因素是温度和海拔。

▶1-1-23　什么是粗糙度？

答：由于地面对风的摩擦力，风速随离地面高度而发生显著变化，风廓线是表示风速随离地面高度变化的曲线。

粗糙度即粗糙长度，是衡量地面对风的摩擦力大小的指标，在假定垂直风廓线随离地面高度按对数关系变化情况下，平均风速变为0时算出的高度。一般来讲，地表表面的粗糙度越大，对风的减速效果越明显。例如，森林和城市对风速影响很大，草地和灌木地带对风的影响相对比较大，机场跑道对风的影响相对较小，而水面对风的影响更小。

▶1-1-24　什么是风切变？

答：风切变，又称风切或风剪，它反映了风速随着高度变化而变化的情况，包括气流运动速度的突然变化、气流运动方向的突然变化。

▶1-1-25　什么是风切变指数？

答：风切变指数是衡量风速随高度变化快慢的指标。风切变指数对于风力发电机组的设计非常重要，同一台风力发电机在不同的高度，获得的风能是不同的。例如，一台风力发电机的轮毂高度为40m，叶轮直径为40m，则叶轮扫风面最上端（60m高度）的风速可达9.3m/s，最下端（20m高度）的风速为7.7m/s，这就意味着叶轮扫风面承受巨大的压力差。

▶1-1-26　风电机组设计规范中风切变指数不高于多少？

答：根据《风电发电场设计规范》（GB/T 51096—2015）规定，风电机组轮毂高度处的风切变指数不高于0.2。

▶1-1-27　什么湍流？湍流强度是衡量什么的指标？

答：湍流是流体的一种不规则流动状态，其速度随时间、空间位置快速变化。当流速很小时，流体分层流动，互不混合，称为层流；流速逐渐增加，流体的流线开始出现波状的摆动，摆动的频率及振幅随流速的增加而增加，称为过渡流；当流速增加到很大时，流线不再清楚可辨，流场中有许多小漩涡，称为湍流（又称为乱流、扰流）。

湍流强度是衡量气流脉动强弱的相对指标，常用标准差和平均速度的比值来表示。

▶1-1-28 产生大气湍流的主要原因是什么？

答： 一个原因是当气流流动时，气流会受到地面粗糙度的摩擦或者阻力作用；另一个原因是由于空气密度差异和大气温度差异引起的气流垂直运动。

▶1-1-29 湍流强度对风力发电机组存在什么影响？如何避免？

答： 湍流强度会减小风力发电机组的风能利用率，同时也会增加机组的疲劳载荷和机件磨损概率。一般情况下，可以通过增加风电机组的轮毂高度来减小由地面粗糙度引起的湍流强度的影响。

▶1-1-30 测风系统由哪几部分组成？

答： 自动测风系统主要由传感器、主机、数据存储装置、电源、安全与保护装置六部分组成。

传感器分风速传感器、风向传感器、温度传感器、气压传感器、输出信号为频率（数字）或模拟信号。

主机利用微处理器对传感器发送的信号进行采集、计算和存储，由数据记录装置、数据读取装置、微处理器、就地显示装置组成。

▶1-1-31 测风设备有哪些？

答： 传统测风仪（机械式）有风杯式风速仪、螺旋桨式风速仪及风压板风速仪等，新型测风仪（非接触式）有超声波测风仪、激光测风仪、多普勒测风雷达测风仪、风廓线仪等。

常用的风杯式风速计是一种机械式式测风仪，由一个垂直方向的旋转轴和三个风杯组成，风杯式风速计的转速可以反映风速的大小。一般情况下，风速计与风向标配合使用，可以记录风速和风向数据。

机械式测风仪器的优点在于可靠性高，成本低；但同时也存在机械轴承磨损的情况，因此需要定期检测甚至更换。另外，在结冰地区，需要安装加热设备防止仪器结冰。

超声波测风仪通过检测声波的相位变化来记录风速，激光测风仪可以检测空气分子反射的相干光波。

非机械式风速仪的优点在于受结冰天气（气候）的影响较小；缺点是用电量较大，在偏远地区的应用受到限制。

▶1-1-32 测风时有什么需要注意的问题？

答： 最佳的测风方法是在具有风资源开发潜力的地区安装测风塔，测风高度与预装风电机组的轮毂高度尽量接近，且测风设备安装在测风塔的顶端，这样可以减小测风塔本身对测风设备造成的影响。

如果测风设备安装在测风塔的中部，应尽量使测风设备的支架方向与主风向保持垂直，并使测风设备与测风塔保持足够的距离。

测风塔的安装地点要具有代表性，即测风塔所测得的风速和风向数据受周围地形，粗糙度和障碍物影响最小，最能够代表该地区的区域气流分布特点。

测风塔的数量与风电场的规划容量、面积以及地形的复杂程度有关，最好在安装测风塔之前对风电场作初步的规划，这样可以避免测风塔测风位置没有代表性或测风塔数量太少不能覆盖整个规划区域的情况，减小风能资源分析的不确定性。

▶**1-1-33　风能资源评估的目标和目的分别是什么？**

答：风能资源是风电场建设中最基本的条件，准确的风能资源评估是机组选型和风电机组布置的前提。风能资源评估的目标是确定指定地区域是否有较好的风能资源，风能资源评估的目的是分析现场测风数据的风能资源状况。

▶**1-1-34　风能资源评估主要技术标准有哪些？**

答：风能资源评估应该按照相关的法规和标准进行，我国现行的评估标准和规范有：

（1）《风电场工程可行性研究报告编制办法》（发改能源〔2005〕899号）；

（2）《风电场风能资源评估方法》（GB/T 18710—2002）；

（3）《风电场风能资源测量和评估技术规定》（发改能源〔2003〕1403号）；

（4）《全国风能资源评价技术规定》；

（5）《风力发电机组安全要求》（GB 18451.1—2001）。

▶**1-1-35　风能资源评估的主要步骤是什么？**

答：（1）数据收集。根据《风电场工程可行性研究报告编制办法》，收集气象站、风电场测站及地形图数据。测风数据是风电场的第一手资料，是分析风电场风资源最重要的依据；风电场周边气象站数据是风电场建设的重要参考，主要用来辅助分析风电场的气候状况和测风数据在时间上代表性；地形图数据是进行风资源分析以及风电机组布置的主要依据。

（2）数据分析。根据气象站多年数据，整理出气象站多年气象要素，包括风速、风向、气温（平均、极端）、气压（平均、极端）、平均水汽压、平均相对湿度、降水量、平均沙尘暴/冰雹/雷暴天数等。提出风速的年及年际变化图表，并说明风电场现场测风时段在长系列中的代表性；提出风速的月变化图表，并说明风电场所在地区的月平均风速变化情况。

参考《风电场风能资源评估方法》，对测风塔数据进行检验、订正、处理，并对测风数据进行代表年分析分析、风能资源分析和参数计算。根据现场地形和测风塔位置，利用风能资源评估软件，计算风电场风谱图，说明测风塔位置在风电场范围内的代表性。

第二节　电工基础

▶**1-2-1　什么是电压和电动势？有什么区别？**

答：在电场中，将单位正电荷由高电位点移向低电位点时电场力所做的功称为电压，等于高低两点之间的电位差。

在电场中，将单位正电荷由低电位点移向高电位点时外力所做的功称为电动势。

区别：电压是反映电场力做功的概念，其正方向是电位降的方向；而电动势是反映外力克服电场力做功的概念，其正方向是电位升的方向。

▶**1-2-2　电力系统对电压指标是如何规定的？**

答：目前我国对用电单位的供电电压规定为：低压有单相220V、三相380V；高压有3、6、10、35、110、220、330、500、750、1000kV等。

对用户受电端的电压变动范围规定为：10～35kV及以上电压供电的用户和对电压质量有特殊要求的用户规定为额定电压的±5%；低压照明用户规定为额定电压的-5%～+10%。

▶**1-2-3　什么是欧姆定律？列出其计算公式。**

答：欧姆定律是指在同一电路中，导体中的电流跟导体两端的电压成正比，跟导体的电阻阻值成反比。计算公式为

$$电流 = \frac{电压}{电阻}$$

▶**1-2-4　什么是绝缘强度？**

答：在电场中，当电场强度增大到某一极限时绝缘物质就会被击穿，这个极限值称为绝缘强度。

▶**1-2-5　电路由几部分组成？各部分有何作用？**

答：电路是由电源、导线、开关和用电器等共同构成的闭合回路。

其中电源用于提供电能；导线用于输送电能；开关用于控制电路或用电器的接通和断开；用电器用于消耗电能。

▶**1-2-6　电路有哪几种工作状态？**

答：电路有空载状态、负载状态和短路状态三种工作状态。

▶**1-2-7　电如何分类？**

答：电可分为直流电和交流电。

交流电指大小和方向按一定的交变周期变化的电，可分为单相交流电和三相交流电；直流电指电流方向一定，且大小不变的电。

另外，按电压可分为高压电和低压电，1000V以上的称为高压电，1000V及其以下的

称为低压电。

▶1-2-8 什么是工频？

答：工频是指工业上用的交流电频率，我国规定为50Hz，有些国家规定为60Hz。

▶1-2-9 电力系统对频率指标是如何规定的？

答：电力系统的额定频率为50Hz，其允许偏差对3000MW以上的电力系统规定为±0.2Hz，对3000MW及以下的电力系统规定为±0.5Hz。

▶1-2-10 什么是谐波？

答：电力系统中有非线性（时变或时不变）负载时，即使电源都以工频50Hz供电，当工频电压或电流作用于非线性负载时，会产生不同于工频的其他频率的正弦电压或电流，这些不同于工频频率的正弦电压或电流称为电力谐波，简称谐波。

▶1-2-11 谐波有什么危害？

答：（1）高次谐波能使电网的电压与电流波形发生畸变，另外，相同频率的谐波电压和谐波电流要产生同次谐波的有功功率和无功功率，会降低电网电压，增加线路损耗，浪费电网容量。

（2）影响供电系统的无功补偿设备，谐波注入电网时容易造成变电站高压电容过电流和过负荷。

（3）影响设备的稳定性，尤其是对继电保护装置的危害特大。

（4）谐波的存在会造成异步电动机效率下降，噪声增大；使低压开关设备产生误动作；对工业企业自动化的正常通信造成干扰，影响电力电子计量设备的准确性。

（5）谐波的存在会使电力变压器的铜损和铁损增加，直接影响变压器的使用容量和使用效率。

▶1-2-12 什么是正弦交流电？它的三要素是什么？

答：大小和方向随时间按正弦规律变化的交流电流称为正弦交流电。正弦交流电的三要素是幅值、频率、初相位。

▶1-2-13 正弦交流电动势瞬时值如何表示？

答：
电动势＝幅值×sin（角频率×时间+初相位）

▶1-2-14 什么是正弦交流电平均值？与幅值的关系是什么？

答：正弦量的平均值通常指正半周内的平均值，与幅值的关系是
平均值＝幅值×0.637

▶1-2-15 什么是正弦交流电有效值？与幅值的关系是什么？

答：在两个相同的电阻器件中，分别通过直流电和交流电，如果经过同一时间，它们发出的热量相等，那么就把此直流电的大小作为此交流电的有效值。它与幅值的关系是
答：
有效值＝幅值×0.707

▶1-2-16 电阻的基本连接方式有几种？各有何特点？

答：电阻的基本连接方式有串联、并联、复联三种。电阻串联是将电阻一个接一个地连接起来，即首尾依次相连，有以下特点：

（1）总电流与各分电阻电流相等；

（2）总电阻等于各分电阻之和；

（3）总电压等于各分电阻电压之和。

电阻并联是将电阻的两端连接于共同两点，并施以同一电压，即首与首、尾与尾连接在一起，有以下特点：

（1）总电压与各分电阻电压相等；

（2）总电阻等于各分电阻倒数之和；

（3）总电流等于各分电阻电流之和。

▶1-2-17 电能质量的三要素是什么？

答：电能质量用于表征电能品质的优劣程度，包括电压质量、频率质量、波形质量。

▶1-2-18 基尔霍夫定律的基本内容是什么？

答：（1）基尔霍夫第一定律也叫基尔霍夫电流定律即KCL，是研究电路中各支路电流之间关系的定律，它指出：对于电路中的任一节点，流入节点电流之和等于从该节点流出的电流之和。其数学表达式为

$$\Sigma I = 0$$

（2）基尔霍夫第二定律也叫基尔霍夫电压定律即KVL，是研究回路中各部分电压之间关系的定律，它指出：对于电路中任何一个闭合回路内，各段电压的代数和等于零。其数学表达式为

$$\Sigma U = 0$$

▶1-2-19 什么是戴维南定理？

答：含独立电源的线性电阻单口网络，对外电路而言，可以等效为一个电压源和电阻串联的单口网络。

▶1-2-20 什么是诺顿定理？

答：含独立电源的线性电阻单口网络，对外电路而言，可以等效为一个电流源和电阻并联的单口网络。

▶1-2-21 什么是电容器？

答：电容器是能够储存电场能量的元件，任何两个彼此绝缘且相隔很近的导体间都可构成一个电容器。

▶1-2-22 电容器有什么特点？

答：（1）通交流、隔直流；

（2）电流超前电压90°电角度。

▶1-2-23 为什么电容器可以隔直流？

答：电容中流过的电流与电容器上的电压变化率成正比，在直流电路中，电压是不变的，故电流为零，相当于开路。

▶**1-2-24 电容器的串联与并联有什么特点和规律？**

答：电容器串联是将各电容器头尾依次连接起来，其特点是：

（1）总电压等于各电容器电压之和；

（2）总电容等于各电容器电容倒数之和。

电容器并联是将各电容器头与头、尾与尾连接起来，其特点是：

（1）总电压与各电容器电压相等；

（2）总电容等于各电容器电容之和。

▶**1-2-25 什么是电感器？**

答：电感器是能够把电能转化为磁能而存储起来的元件。其结构类似于变压器，但只有一个绕组，又称扼流器、电抗器。

▶**1-2-26 电感器有何特点？**

答：（1）通直流，阻止交流电流的变化；

（2）电流滞后电压90°电角度。

▶**1-2-27 为什么电感器可以通直流？**

答：电感器两端电压与通过电感器电流的变化量成正比，在直流电路中，电流大小和方向是不变的，故两端电压为零，相当于短路。

▶**1-2-28 什么是感抗？**

答：电抗器在电路中对交流电所起的阻碍作用称为感抗。

▶**1-2-29 什么是电抗？**

答：电容器和电感器在电路中对交流电所起的阻碍作用称为电抗。

▶**1-2-30 什么是阻抗？**

答：电阻、电容器和电感器在电路中对交流电所起的阻碍作用称为阻抗。

▶**1-2-31 什么是有功功率、无功功率和视在功率？**

答：在交流电路中，电阻元件所消耗的功率称为有功功率。

在交流电路中，电感或电容元件与电源进行能量交换，而不消耗能量，这一部分功率称为无功功率。

在交流电路中，电压与电流的乘积称为视在功率。

▶**1-2-32 什么是功率因数？**

答：功率因数也叫力率，是有功功率与视在功率的比值，功率因数越高，有功功率所占的比重越大；反之越低。

▶**1-2-33 什么是集肤效应？**

答：当直流电流通过导线时，电流在导线截面分布是均匀的，但导线通过交流电流时，电流在导线截面的分布是不均匀的，中心处电流密度小，而靠近表面电流密度大，这种交流电流通过导线时趋于表面的现象称为集肤效应。

▶**1-2-34 什么是三相交流电和三相交流电源？**

答：三相交流电是电能的一种输送形式，简称为三相电。三相交流电源是由三个频率相同、振幅相等、相位依次互差120°的交流电势组成的电源。

▶**1-2-35 为什么三相电动机的电源可以用三相三线制，而照明电源必须用三相四线制？**

答：因为三相电动机是三相对称负载，无论是星形接法或三角形接法，都只需要将三相电动机的三根相线接在电源的三根相线上，而不需要第四根中性线，所以可用三相三线制电源供电。

照明电源的负载是电灯，它的额定电压均为相电压，必须一端接一相相线，一端接中性线，这样可以保证各相电压互不影响，所以必须用三相四线制，但严禁用一相一地照明。

▶**1-2-36 采用三相发、供电设备有什么优点？**

答：发同容量的电量，采用三相发电机比单相发电机的体积小；三相输配电线路比单相输配电线路条数少，可以节省大量的材料。另外，三相电动机比单相电动机的性能好。

▶**1-2-37 什么是相序？它对电动机有何影响？**

答：相序就是相位的顺序，是三相交流电的瞬时值达到某一数值的先后次序。

相序主要影响电动机的运转，相序接反，电动机会反转。

▶**1-2-38 线电压、相电压的区别是什么？**

答：在三相电路中，任何一个相线与中性线间的电压称为相电压。

在三相电路中，任何两个相之间的电压称为线电压。

▶**1-2-39 什么是线电流和相电流？**

答：在三相电路中，流过每相的电流称为相电流。

在三相电路中，流过任意两火线的电流称为线电流。

▶**1-2-40 对称的三相交流电路有何特点？**

答：（1）各相的相电势、线电势、线电压、相电压、线电流、相电流的大小分别相等，相位互差120°，三相各类量的向量和、瞬时值之和均为零。

（2）三相绕组及输电线的各相阻抗大小和性质均相同。

（3）不论是星形接线或三角形接线，三相总的电功率等于一相电功率的3倍且等于线电压和线电流有效值乘积的$\sqrt{3}$倍。

▶**1-2-41 什么是负载星形连接方式？有何特点？**

答：将负载的三相绕组的末端 X、Y、Z连成一节点，而始端A、B、C分别用导线引出接到电源，这种接线方式称为负载的星形连接或Y连接。星形连接有以下特点：

（1）线电流等于相电流；

（2）线电压有效值是相电压有效值的$\sqrt{3}$倍；

（3）线电压相位超前有关相电压30°。

▶1-2-42 什么是负载三角形连接方式？有何特点？

答： 将三相负载的绕组，依次首尾相连接构成的闭合回路，再以首端A、B、C引出导线接至电源，这种接线方式称为负载的三角形连接或△连接。三角形连接有以下特点：

（1）相电压等于线电压；

（2）线电流是相电流的$\sqrt{3}$倍；

（3）线电流滞后于相电流30°。

▶1-2-43 什么是中性点位移现象？有什么危害？

答： 三相电路连接成星形时，在电源电压对称的情况下，如果三相负载对称，则中性点电压为零；如果三相负载不对称，则负载中性点就会出现电压，即电源中性点和负载中性点间的电压不再为零。这种现象称为中性点位移。

中性点位移，会引起负载上各相电压分配不对称，导致某些相负载电压过高，可能造成设备损坏，而另一些相负载电压较正常时低，由于达不到额定值，使设备不能正常工作。

▶1-2-44 磁场和电场有什么关系？

答： 随时间变化的电场产生磁场，随时间变化的磁场产生电场，两者互为因果，形成电磁场。

▶1-2-45 什么是电流的磁效应？

答： 电流流过导体时，在导体周围产生磁场的现象，称为电流的磁效应。

▶1-2-46 什么是自感？

答： 当闭合回路中的电流发生变化时，由电流所产生的穿过回路本身磁通也发生变化，因此在回路中也将感应电动势，这种现象称为自感现象，这种感应电动势称为自感电动势。

▶1-2-47 什么是互感？

答： 如果有两只线圈互相靠近，则其中第一只线圈中电流所产生的磁通有一部分与第二只线圈相环链；当第一线圈中电流发生变化时，则其与第二只线圈环链的磁通也发生变化，在第二只线圈中产生感应电动势，这种现象称为互感现象。

▶1-2-48 什么是楞次定律？

答： 线圈中感应电动势的方向总是企图使它所产生的感应电流反抗原有磁通的变化，即感应电流产生新的磁通反抗原有磁通的变化，这个规律称为楞次定律。

▶1-2-49 如何判断载流导体的磁场方向？

答： 判定磁场方向可以用右手定则：如果是载流导线，用右手握住载流导体，拇指指向电流方向，其余四指所指方向就是磁场方向；如果是载流线圈，用右手握住线圈，四指方向符合线圈中电流方向，这时拇指所指方向为磁场方向。

▶1-2-50　如何判断通电导线在磁场中的受力方向?

答：判断通电导线在磁场中的受力方向用左手定则：伸开左手，使拇指与其他四指垂直，让磁力线垂直穿过手心，四指指向电流方向，则拇指方向就是导体受力方向。

▶1-2-51　为什么要采用安全色? 设备的安全色是如何规定的?

答：为便于识别设备，防止误操作、确保电气工作人员的安全，用不同的颜色来区分不同的设备。

（1）电气三相母线A、B、C三相的识别，分别用黄、绿、红作为标志。接地线明敷部分涂以黑色，低压电网的中性线用淡蓝色作为标志；

（2）二次系统中，交流电压回路、电流回路分别采用黄色和绿色标识；

（3）直流回路中正、负电源分别采用赭红、蓝两色，信号和告警回路采用白色。

▶1-2-52　什么是工作接地、重复接地、保护接地和保护接零?

答：（1）工作接地。在正常或事故情况下，为保证电气设备按某种适当的方式运行而将电力系统中某一点进行接地。

（2）重复接地。将中性线的一处或多处通过接地装置与大地再次连接。

（3）保护接地。为了防止因意外带电而遭受触电的危险，将与电气设备带电部分绝缘的金属外壳或金属构架同大地紧密连接起来。

（4）保护接零。为了防止因意外带电而遭受触电的危险，将与电气设备带电部分绝缘的金属外壳或金属构架同中性点直接接地系统中的中性线相连接。

▶1-2-53　供电系统中中性线有什么作用? 安装时应注意什么?

答：（1）中性线的作用为：

1）对用电设备起保护接零作用，保证人身及设备的安全；

2）可以通过相线和中性线取得人们在生产上及生活上所需的相电压，如220V照明用电压；

3）可以使三相丫接负载保持稳定的相电压，即使三相不对称，有了中性线，也能保证得到对称的相电压。

（2）安装中性线时应注意：

1）中性线的安装质量要高，截面积不应小于相线截面积的一半；

2）中性线上不得装开关及熔断器；

3）不能随便使用废旧导线作中性线，以防折断造成事故。

▶1-2-54　为什么三相四线制照明线路的中性线不准装熔断器?

答：如果中性线上装熔断器，当熔断器熔断时，如果断点后面的线路上三相负荷不平衡，易烧坏用电设备，引发事故。

▶1-2-55　什么是用电负荷? 如何分类?

答：用电负荷是指用户的用电设备在某一时刻实际取用的功率的总和。

（1）按负荷发生的时间分类。

1）高峰负荷是指电网或用户在一天时间内所发生的最大负荷值。一般选一天24h中最高的一个小时的平均负荷为最高负荷，通常还有1个月的日高峰负荷、一年的月高峰负荷等。

2）最低负荷是指电网或用户在一天24h内发生的用电量最低的负荷。通常还有1个月的日最低负荷、一年的月最低负荷等。

3）平均负荷是指电网或用户在某一段确定时间阶段内的平均小时用电量。

（2）按中断供电造成的损失程度分类。

1）一级负荷：突然停电将造成人身伤亡或引起对周围环境的严重污染，造成经济上的巨大损失，如重要的大型设备损坏，重要产品或重要原料生产的产品大量报废，连续生产过程被打乱，需要很长时间才能恢复生产；以及突然停电会造成社会秩序严重混乱或在政治上造成重大不良影响，如重要交通和通信枢纽、国际社交场所等的用电负荷；

2）二级负荷：突然停电将在经济上造成较大损失，如生产的主要设备损坏，产品大量报废或减产，连续生产过程需较长时间才能恢复；以及突然停电会造成社会秩序混乱或在政治上造成较大影响，如交通和通信枢纽、城市主要水源、广播电视、商贸中心等的用电负荷。

3）三级负荷：不属于一级和二级负荷者。

第三节 机械基础

▶1-3-1 什么是铸铁、钢和高碳钢？

答：含碳量大于2.11%的铁碳合金称为铸铁；含碳量低于2.11%的铁碳合金称为钢；含碳量大于0.6%的钢称为高碳钢。

▶1-3-2 钢根据用途可分几类？

答：可分为结构钢、工具钢和特殊用途钢。

▶1-3-3 什么是装配工具和装配夹具？

答：装配工具是装配中用于零部件定位找正测量及辅助工作的工具的统称；装配夹具是装配中用于对零部件施加外力使其获得准确定位的工具的统称。

▶1-3-4 什么是装配？

答：将各个零件按照一定技术条件联合成构件的过程称为装配。

▶1-3-5 什么是三视图及基准？

答：主视图、俯视图、左视图三个基本视图称为三视图；通常以零件的底面、端面、对称面和轴线作为基准。

▶1-3-6 什么是塑性和韧性？

答：塑性是指金属材料在外力作用下，永久变形而不被破坏的能力；
韧性是指金属材料在冲击载荷作用下不被破坏的能力。

▶1-3-7　视图分为哪几种？

答：分为基本视图、局部视图、斜视图、旋转视图。

▶1-3-8　什么是基本视图？它包括哪些视图？

答：机件向基本投影面投影所得的视图即为基本视图，包括主视图、俯视图、左视图、右视图、仰视图、后视图。

▶1-3-9　剖视图分哪几种？

答：分为全剖、半剖、局部剖三种。

▶1-3-10　为什么金属结构产品的零件在装配时需选配或调整？

答：因为其精度低，互换性差。

▶1-3-11　什么是攻丝和套丝？

答：攻丝是指用丝锥在孔壁上切削出内螺纹；套丝是指用板牙在圆杆管子外径切削出螺纹。

▶1-3-12　底孔直径的大小对攻丝有何影响？

答：若底孔直径与内螺纹直径一致，材料扩张时就会卡住丝锥，这时丝锥容易折断；若过大，就会使攻出的螺纹牙型高度不够而成为废品。

▶1-3-13　什么是弹复现象？

答：弯曲时材料发生弹性变形，当外力去除后，部分弹性变形恢复原态，使弯曲件的形状和角度发生变化。

▶1-3-14　影响弯曲成型的因素有哪些？

答：有弯曲力、弹复现象、最小弯曲半径、断面形状。

▶1-3-15　钢材加热温度为何要限制在一定温度？

答：温度过高易造成钢材过烧，温度过低会使成型困难，并引起冷作硬化。

▶1-3-16　什么是空冷和水冷？

答：空冷是指火焰局部加热后，工件在空气中自然冷却。

水冷是指用水强迫冷却已加热部分的金属，使其迅速冷却，减少热量向背面传递，扩大了正反面的温度差，而提高成型效果。

▶1-3-17　金属结构的连接方法有哪几种？

答：有铆接、焊接、铆焊混合连接、螺栓连接。

▶1-3-18　什么是热加工？

答：金属材料全部或局部加热加工成型。

▶1-3-19　螺纹连接常用的防松措施有哪些？

答：螺纹连接常用的防松方法主要有利用摩擦防松、机械防松和永久防松三种。其中，利用摩擦防松的方法有双螺母、弹簧垫圈和自锁螺母等；利用机械防松的方法有开口销与槽形螺母、止动垫片、圆螺母用带翅垫片和串联钢丝等；永久防松的方法有端铆、冲点和黏合等。

▶**1-3-20 装配的三要素是什么？**
答：三要素是定位、支撑和夹紧。

▶**1-3-21 装配中常用的测量项目有哪些？**
答：有线性尺寸、平行度、垂直度、同轴度、角度。

▶**1-3-22 什么是回弹？**
答：弯曲工序中，当外力去除后，材料由于弹性而产生的回复现象。

▶**1-3-23 什么是拉伸和拉伸系数？**
答：拉伸是利用压力机和相应的模具，将板料制成开口空心件的一种冲压工艺方法。
材料在每次拉伸后的断面积与拉伸前的断面积之比，称为该次的拉伸系数。拉伸系数实际反映拉伸件变形程度的大小。

▶**1-3-24 什么是内力、内应力和应力？**
答：在物体受到外力作用发生变形的同时，在其内部出现的一种抵抗变形的力，称为内力；物体受外力作用时，在单位截面积上出现的内力称为应力；当没有外力作用时，物体内部所存在的应力称为内应力。

▶**1-3-25 常见焊缝内在及表面缺陷分别有哪些？**
答：主要有气孔、夹渣、未熔合、咬边。

▶**1-3-26 什么是收缩变形、扭曲变形和角变形？**
答：收缩变形是指物体经加热冷却后，尺寸发生缩短变形的变形；扭曲变形是指物体长度没有改变，但其直线度超出公差的变形；角变形是指物体零部件之间构成的角度发生改变而超出公差的变形。

▶**1-3-27 钢结构件的变形原因有哪些？**
答：（1）受外力作用引起的变形；
（2）由内应力作用引起的变形。

▶**1-3-28 金属的物理性能及化学性能分别包括哪些内容？**
答：物理性能包括密度、熔点、热膨胀性、导电性和导热性；化学性能包括抗氧化性和耐腐蚀性。

▶**1-3-29 能保证瞬时传动比稳定的传动方式是什么？**
答：齿轮传动。

▶**1-3-30 什么是金属的化学性能？**
答：金属材料在室温或高温下抵抗其周围化学介质对它侵蚀的能力。

▶**1-3-31 什么是抗氧化性、耐腐蚀性和机械性能？**

答：抗氧化性是指在室温或高温下抗氧化的能力；耐腐蚀性是指在高温下抵抗水蒸气等物质腐蚀的能力；机械性能是指金属材料抵抗外力作用的能力。

▶1-3-32　机械性能包括哪些？

答：包括强度、硬度、塑性、韧性、疲劳强度等。

▶1-3-33　金属材料的变形可分为哪几种？

答：可分为拉伸、压缩、弯曲、扭曲和剪切。

▶1-3-34　什么是弹性极限、屈服强度和抗拉强度？

答：弹性极限指材料在弹性阶段所能承受的最大力；屈服强度指材料在出现屈服现象时所能承受的最大应力；抗拉强度指材料在拉断前所能承受的最大应力。

▶1-3-35　金属的工艺性能包括哪些？

答：包括铸造性、焊接性、锻压性、切削性以及热处理性。

▶1-3-36　什么是合金钢？分为哪几类？

答：在碳钢的基础上为了改善钢的某些机械性能有意加入一些合金元素的钢称为合金钢。

可分为合金结构钢、合金工具钢、特殊用途钢。

▶1-3-37　合金的组织结构有哪些？

答：固溶体、金属化合物、机械混合物。

▶1-3-38　什么是金属的临界点？

答：金属发生结构改变时的温度称为金属的临界点。

▶1-3-39　什么是淬火、淬透性、退火和回火？

答：淬火：将钢加热到临界温度以上的适当温度，经保温后快速冷却以获得马氏体组织。

淬透性：钢在一定条件下淬火后获得一定温度的淬透层的能力。

退火：将钢加热到一定温度，保温一定时间然后缓慢冷却到室温。

回火：将钢加热到710℃以下的某一温度保温一定时间待组织转变完成后冷却到室温的一种方法，调质就是淬火和高温回火相结合的热处理方法。

▶1-3-40　渗炭的目的是什么？

答：使活性炭原子渗入钢的表面，以提高钢的表面硬度及耐磨程度。

▶1-3-41　铝合金分哪几类？

答：可分为形变铝合金、铸造铝合金。

▶1-3-42　什么是焊接性？

答：金属材料对焊接加工的适应性，主要指在一定焊接工艺条件下获得优质焊接接头的难易程度。

▶1-3-43　检查工件表面裂纹用什么方法？

答：磁粉探伤。

▶1-3-44　常见的特殊性能的钢有哪几类？

答：主要有不锈钢、耐热钢、耐腐蚀钢。

▶1-3-45　什么叫螺纹连接？

答：就是利用螺纹零件构成的可拆卸的固定连接。

▶1-3-46　常用螺纹连接有哪几种形式？

答：有螺栓连接、双头螺栓连接、螺钉连接。

▶1-3-47　垫圈有哪几种？其作用是什么？

答：有一般衬垫用垫圈、防止松动和特殊用途垫圈三种。
作用是增大支撑面，遮盖较大的孔眼，防止损伤零件表面和垫平。

▶1-3-48　防止松动的垫圈有哪些？

答：有弹簧垫圈、圆螺母止退垫圈、单耳止动垫圈、双耳止动垫圈。

▶1-3-49　什么是钻孔？

答：指用钻头在实心材料上加工出孔。

▶1-3-50　螺栓连接有几种？

答：主要有承受轴向拉伸载荷作用的连接和承受横向作用的连接两种。

▶1-3-51　机械防松有哪些方法？

答：开口销、止退垫圈、止动垫圈、串联钢丝。

▶1-3-52　弹簧的主要作用是什么？

答：缓冲及吸震、控制运动、储存能量、测量力和力矩。

▶1-3-53　滚动轴承主要由哪几部分组成？

答：主要由内圈、外圈、保持架、滚动体组成。

▶1-3-54　销连接的主要作用是什么？

答：定位和传递载荷。

▶1-3-55　什么是镀锌？有哪些特点？

答：镀锌是在制件表面形成均匀、致密、结合良好的锌沉积层的过程。
特点：镀锌适用于铁基体表面的镀覆，镀锌层抗蚀性能良好，广泛用于要求防护但外观和耐磨性无特殊要求的零件。
镀锌分为镀白锌（c1A）、蓝白锌（c1B）、彩锌（c2C）、军绿、黑色、橄榄色锌等（c2D），其防护性能c1A<c1B<c2C<c2D，c2D最好，c1A最差。
颜色：制件镀白锌后呈纯白色，镀蓝白锌后呈光亮蓝白色，镀彩锌后呈带彩虹色调的黄绿色至金黄色，镀军绿后呈典雅柔和军绿色。

▶1-3-56　什么是镀铬？有哪些特点？

答：镀铬是在制件表面形成均匀、致密、结合良好的铬沉积层的过程。

特点：镀铬适用于铁基和合金表面的镀覆，用于提高抗蚀性、耐磨性和硬度，修复磨损部分以及增加反光性和美观等，广泛地应用于机器、电器、仪器、仪表等多种制造工业。

镀铬分镀装饰铬和镀硬铬，摩托车外观零件常为镀装饰性铬，发动机活塞环、拨叉等零件常为镀硬铬。

颜色：装饰铬为光亮镜面般的银白色，光亮美丽；硬铬为稍带浅蓝色的亮灰色。

▶**1-3-57 什么是镀镍？有哪些特点？**

答：镀镍是在制件表面形成均匀、致密、结合良好的镍沉积层的过程。

特点：钢制件镀镍能提高制件的耐腐蚀和表面硬度，很厚的镀层能平整表面，可作为其他镀层的工艺底层，具有良好的抗氧化性，在常温下能很好地防止大气、水、碱液的侵蚀，用于要求防护和耐磨的零件，尤其是形状复杂和要求得到均匀镀层零件的防护和耐磨（如铝合金零件）。

颜色：镀镍层为表层时，普通镀镍的呈稍带浅黄色的银白色，抛光后有光亮美丽的外观，但随时间的增长镍层逐渐变暗；化学镀镍的呈稍带浅黄色的银白色或带黄色色彩的钢灰色。镀镍层为底层时，镀镍层的颜色被掩盖，制件颜色呈现表层的颜色。

▶**1-3-58 什么是镀银？有哪些特点？**

答：镀银是在制件表面形成均匀、致密、结合良好的银沉积层的过程。

特点：镀银层具有较高的化学稳定性，与水和大气中的氧均不起作用；镀层较软，能承受弯曲或冲击，并具有减磨作用；具有高的导电性、导热性和抗氧化性，良好的焊接性和高反射率。可用于轴承等要求减磨的零件，在有机化工设备中用以防蚀、防污染，在装饰件和一些电器、电子产品中也有所应用，摩托车发动机中滚动轴承的滚子常作镀银处理。

颜色：镀银层呈银白色，经抛光后有镜面般光泽；光亮镀银层为亮银白色；硬镀银层和浸亮银化的镀银层为光亮而稍带浅黄色的银白色。

▶**1-3-59 什么是喷丸？有哪些特点？**

答：喷丸是用小金属球以极高的速度频繁的喷射到金属制件表面，达到清理并强化制件表面的过程。

特点：喷丸工艺主要用于使零件产生压应力而提高其抗疲劳强度和抗应力腐蚀能力；对扭曲的薄壁零件进行校正；代替一般的冷、热成型工艺，对大型薄壁铝制零件进行成型加工，可避免零件表面残留高的张应力而形成有效的压应力。

根据所用丸的不同，可将喷丸分为喷钢丸和喷不锈钢丸两种。喷不锈钢丸主要用于外观件的强化，喷钢丸则用于非外观件。

颜色：非外观件喷钢丸后与本体颜色相差不大，色泽浑浊暗淡；外观件喷丸后颜色比较光亮，如果丸径较大且喷丸速度较大，还会呈现一定的均布的凹坑。

▶**1-3-60 什么是磷化？有哪些特点？**

答：磷化是将金属制件放入磷酸盐溶液中进行浸泡，使金属表面获得一层不溶于水的磷酸盐薄膜的过程。

特点：膜层为多孔的晶体结构，能改善基体表面层的物理、化学和机械性能，如抗蚀性、减磨性等，在空气、矿物油、苯及甲苯的燃料中均有抗蚀能力。磷化表面浸漆、浸油后抗蚀能力可大大提高。在一般机械工业中可用作机械零件的防护层，需要冷压、冷拉的零件还可以用来减少摩擦力和裂纹。

颜色：磷化膜由磷酸铁、锌、锰所组成，颜色呈灰色和暗灰色。

▶1-3-61 什么是抛光？有哪些特点？

答：抛光是金属制件在一定的溶液中进行化学或电化学处理，或借助高速旋转的抹有抛光膏的抛光轮以使其表面平滑和光亮的过程。

特点：机械抛光是对抛光表面进行磨削变形而得到平滑表面的过程，这样在零件表面有一层冷作硬化的变形层，同时还会夹杂一些抛光磨料；电抛光则是通过电化学溶解使抛光表面得到整平的过程，表面没有变形层产生，也不会夹杂外来物质，除了广泛用于降低零件的表面粗糙度和提高光亮度外，还可提高切削刀具的使用寿命，以及显示零件表面的裂纹、砂眼、夹杂等缺陷。抛光可分为粗抛、中抛与精抛。

颜色：由于抛光对基体有一定的磨削作用，经抛光后的表面比较光亮。

▶1-3-62 什么是气孔（呛孔、气窝）？有哪些特点？

答：气孔是存在于铸件表面或内部的孔洞。

气孔呈圆形、椭圆形或不规则形，有时多个气孔组成一个气孔团。皮下气孔一般呈梨形；呛孔则形状不规则，且表面粗糙；气窝是铸件表面凹进一块，表面较光滑。明孔，外观检查就能发现；皮下气孔，经机械加工后才能发现；梨形气孔，尖端露出铸件表面，外观检查可见。

颜色：轻合金铸件有较浅的皮下气孔时，相应铸件表面经吹砂后呈暗灰色；由于合金与形成气孔的气体作用，气孔表面具有不同的颜色。

▶1-3-63 缩孔及缩松有何特征？

答：缩孔是铸件表面或内部存在的一种表面粗糙的孔。轻微缩孔是许多分散的小缩孔，即缩松。缩孔与缩松处晶粒粗大，热处理后断口表面呈不同颜色。缩孔、缩松常发生在铸件内浇道附近、冒口根部、厚大部位、壁的厚薄转接处及具有大平面的厚壁处。

▶1-3-64 渣孔有何特征？

答：渣孔是铸件上的明孔或暗孔，孔中全部或局部被熔渣所填塞，外形不规则，小点状熔剂夹渣不易发现。一般分布在浇注位置下部、内浇道附近或铸件死角处。氧化物夹渣多以网状分布在内浇道附件的铸件表面，有时呈薄片状，或形成片状夹层或以团絮状存在铸件内部。打断口时，往往从夹层处断裂，氧化铁皮夹在其中，是铸件形成裂纹的根源之一。

▶1-3-65 裂纹有何特征？

答：裂纹的外观是直线或不规则的曲线，裂纹分热裂纹和冷裂纹。热裂断口表面被强烈氧化呈暗灰色或黑色，无金属光泽；冷裂断口表面清洁，有金属光泽。一般铸件的外裂直接可以看见。裂纹常与缩孔缩松等缺陷有联系，多发生在铸件尖角处内侧、厚薄断面交界处、浇冒口与铸件连接的热节区。

▶1-3-66　冷隔有何特征？

答：冷隔是一种透缝或有圆边缘的表面夹缝，中间被氧化皮隔开，不完全融为一体。冷隔严重时就成了"欠铸"。冷隔常出现在铸件顶部壁上、薄的水平面或垂直面、厚薄壁连接处、薄的肋板上。

▶1-3-67　锐角（锐边）有何特征？

答：锐角（锐边）是制件的两个面或多个面所形成的看起来比较"锋利"的交角或交边。

锐边角倒钝主要是针对使用加工手段获得的零件，如锻件、铸件、机加工件，在加工制造过程中，这些零件的边角及易产生毛刺，会给搬运、装配带来一定的麻烦。特别在机械及油压传动中，毛刺脱落，会增加机械磨损，堵塞油压系统，毛刺还会划伤密封件，使系统漏油。制件加工完成后一般均有锐角（锐边）倒钝的工序，特殊要求（不倒钝的）除外。

▶1-3-68　毛刺有何特征？

答：制件各表面的外缘出现的金属余屑称为毛刺。毛刺越多，其质量等级越低。在制件进行表面处理或表面镀覆处理前需要去掉表面的毛刺等缺陷，以提高零件的平整度。

▶1-3-69　什么是标准件？它最重要的特点是什么？

答：标准件是按国家标准（或部标准等）大批量制造的常用零件。其最重要的特点是具有通用性，如螺栓、螺母、键、销、链条等。

▶1-3-70　什么是螺纹的大径、中径、小径？有何作用？

答：大径是表示外、内螺纹的最大直径，螺纹的公称直径；中径是表示螺纹宽度和牙槽宽度相处的圆柱直径；小径是表示外、内螺纹的最小直径。

在螺纹连接时，中径是比较主要的尺寸，严格意义上说，起关键作用的是中径齿厚的间隙（配合）。中径是否起主要的承受载荷，要看螺纹的用途，一般螺纹的用途有紧固、载荷、连载、测量和传递运动等。外径用作标准，如公称直径；小径用于计算强度；中径跟压力角有关。

▶1-3-71　离心泵的工作原理是什么？

答：离心泵的主要构件为叶轮和泵壳、蜗壳。当叶轮旋转时，叶轮的吸入口处形成低压区，液体被吸入叶轮，液体进入叶轮后随叶轮旋转作圆周运动，同时沿叶轮叶片流动并在叶轮离心力的作用下作径向运动流向叶轮出口处。叶轮旋转时将能量传递给进入叶轮的液体，使液体产生速度能和压力能。当液体流出叶轮进入蜗壳时，因蜗壳的流道截面逐渐增大，使液体的速度能转变为压力能，流至蜗壳出口处时使液体的压力能变为最大值，也就是离心泵产生的总扬程。

▶1-3-72　阀门的主要功能是什么？

答：阀门是压力管道的重要组成部件，在工业生产过程中起着重要的作用。如接通和截断流体流动，防止流体倒流；调节介质压力、流量，分离、混合或分配流体，防止流体压力超过规定值，以保证管道或设备正常、安全运行等。

▶**1-3-73　阀门按特殊要求分类有哪几种？**

答：有电动阀、电磁阀、液压阀、汽缸阀、遥控阀、紧急切断阀、温度调节阀、压力调节阀、液面调节阀、减压阀、安全阀、夹套阀、波纹管阀、呼吸阀等。

▶**1-3-74　电磁阀的工作原理是什么？**

答：当阀门内线圈通电时，线圈产生磁场，将铁芯吸起，带动阀针，浮阀开启，管道通路打开；而当线圈断电时，磁场立刻消失，由于重力作用，阀芯下落，关闭阀门。

▶**1-3-75　金属材料的局部腐蚀主要有哪些类型？**

答：主要有应力腐蚀破裂、晶间腐蚀、电偶腐蚀、小孔腐蚀（主要集中在一些活性点上，并向金属内部深处发展）、选择性腐蚀、氢脆等类型。

▶**1-3-76　对相啮合齿轮的正确啮合条件是什么？**

答：（1）两齿轮的模数必须相等；

（2）两齿轮的压力角必须相等。

▶**1-3-77　斜齿圆柱齿轮与直齿圆柱齿轮相比有何特点？**

答：与直齿轮传动相比，斜齿轮具有重合度大、逐渐进入和退出啮合的特点，最小齿数较少。因此，斜齿轮传动平稳，振动和噪声小，承载能力较强，适用于高速和大功率传动。

▶**1-3-78　齿轮系有哪两种基本类型？**

答：（1）定轴轮系：轮系齿轮轴线均固定不动。

（2）周转轮系：轮系的某些齿轮既有自转也有公转。

▶**1-3-79　齿轮传动的常用润滑方式有哪几种？**

答：齿轮的常用润滑方式有人工定期加油、浸油润滑和喷油润滑，润滑方式的选择主要取决于齿轮圆周速度的大小。

▶**1-3-80　机械密封经常泄漏有什么原因？**

答：（1）密封元件与轴线不垂直；

（2）密封圈有缺陷，紧力不够；

（3）动静环面不合格；

（4）动静环变形；

（5）端面比压太小；

（6）转子振摆太大；

（7）弹簧力不够；

（8）弹簧的方向装反；

（9）密封面有污物，开车后把摩擦面破坏；

（10）防转销太长，顶起静环；

（11）静环尾部太长，密封圈没压住。

▶**1-3-81　高压密封的基本特点是什么？**

答：一般采用金属密封元件，采用窄面或线接触密封，尽可能采用自紧或半自紧式密封。

▶**1-3-82　轴承运转时应注意哪三点？温度在什么范围？**

答：应注意温度、噪声、润滑。滑动轴承温度低于65℃，滚动轴承温度低于70℃。

第四节　运维检修知识

▶**1-4-1　什么是有效风时数？**

答：在风电机组轮毂高度（或接近）处测得的，介于切入风速与切出风速之间的风速持续小时数的累计值。

▶**1-4-2　什么是平均风速？**

答：平均风速在给定时间内瞬时风速的平均值。

▶**1-4-3　什么是平均风功率密度？**

答：平均风功率密度是指统计周期内风电机组轮毂高度处风能在单位面积上所产生的平均功率。

▶**1-4-4　衡量风资源的指标有哪些？**

答：风能资源指标用以反映风场在统计周期内的实际风能资源状况，包括平均风速、有效风时数和平均空气密度三个指标。

▶**1-4-5　电量指标包括哪些？**

答：电量指标用以反映风场在统计周期内的出力和购网电情况，包括发电量、上网电量、购网电量和等效可利用小时数四个指标。

▶**1-4-6　什么是单机发电量？**

答：单台风电机组出口处计量的输出电能，一般从风电机SCADA监控系统查询。

▶**1-4-7　什么是风场发电量？**

答：风场全部风电机组发电量之和。

▶**1-4-8　什么是功率曲线？**

答：功率曲线指风力发电机组输出功率和风速的对应曲线，描绘风电机组净电功率输出与风速的函数关系图和表。

▶**1-4-9　什么是上网电量？**

答：关口表计量的风场向电网输送的电能。

▶**1-4-10 什么是购网电量？**
答：关口表计量的电网向风场输送的电能。

▶**1-4-11 场用电率如何计算？**

答：
$$场用电率 = \frac{厂用电量}{全场发电量}$$

▶**1-4-12 场损率如何计算？**

答：
$$场损率 = \frac{全场发电量 - 主变压器高压侧送出电量 - 场用电量 + 购网电量}{全场发电量}$$

▶**1-4-13 送出线损率如何计算？**

答：
$$送出线损率 = \frac{主变压器高压侧送出电量 - 上网电量}{全场发电量}$$

▶**1-4-14 综合场用电率如何计算？**

答：
$$综合场用电率 = \frac{全场发电量 - 上网电量 + 购网电量}{全场发电量}$$

▶**1-4-15 什么是风电机组利用小时？如何计算？**
答：风电机组利用小时是指风电机组统计周期内的发电量折算到其满负荷运行条件下的发电小时数。

答：
$$风电机组利用小时 = \frac{风电机组发电量}{风电机组额定功率}$$

▶**1-4-16 什么是风场利用小时？如何计算？**
答：风场利用小时是指风场发电量折算到统计周期内该风场全部装机满负荷运行条件下的发电小时数。

答：
$$风场利用小时 = \frac{风场发电量}{风场装机容量}$$

▶**1-4-17 风场建设期利用小时如何计算？**
答：风场建设时期，风电机组不能全部一次性投入，各台风电机组实际投运时间存在差异，在计算风场利用小时数时装机容量将按照实际折算后的容量来计算

答：
$$风电机组折算容量=额定容量\times\frac{统计期实际投产天数}{统计期日历天数}$$

$$风电机组利用小时=\frac{风电机组发电量}{风电机组折算容量}$$

$$风场利用小时=\frac{风场发电量}{风场全部风电机组折算容量之和}$$

▶1-4-18 影响风电机组年利用小时的因素有哪些？

答：影响风电机组年利用小时的因素主要有风电机组可利用率、风电机组位置、年平均风速及电网送出条件情况等。

▶1-4-19 影响风场年利用小时的因素有哪些？

答：影响风场年利用小时的因素主要是风场年平均风速及风频分布，这主要取决于风场的宏观选址与单台风电机组的微观选址，同时风电机组可利用率高低及输变电设备运行稳定性及电网限电情况对利用小时数有很大的影响。

▶1-4-20 什么是设备运行水平指标？

答：反映风电机组设备运行可靠性的指标，通常采用风电机组可利用率和风场可利用率两个指标。

▶1-4-21 风电机组可利用率如何计算？

答：
$$风电机组可利用率=\frac{日历小时-维修小时-故障小时}{日历小时}$$

▶1-4-22 影响风电机组可利用率的主要因素有哪些？

答：影响风电机组可利用率指标的主要因素为风电机组故障次数、故障反应时间及处理时间。

▶1-4-23 什么是风电机组受累停运小时？如何计算？

答：因风场内输变电设备故障或维修导致的风电机组停机小时称为受累停运小时。

$$受累停运小时=输变电设备停运时间\times所带风电机组台数$$

▶1-4-24 风场可利用率如何计算？

答：
$$风电机组不可用小时=故障小时+维修小时+受累停运小时$$

$$风场可利用率=\frac{日历小时\times风电机组台数-风电机组不可用小时之和}{日历小时\times风电机组台数}$$

▶1-4-25 什么是单位容量运行维护费？如何计算？

答：单位容量运行维护费是指风电场年度运行维护费与风电场装机容量之比，风电场年度运行维护费是指风电场出质保期后材料费、修理费总和，以及技术改造等其他资本性支出，用以反映单位容量运行维护费用的高低。

$$单位容量运行维护费=\frac{年度运行维护费}{风电场装机容量}$$

▶1-4-26 什么是场内度电运行维护费？如何计算？

答：场内度电运行维护费是指风电场年度运行维护费与年度发电量之比，用以反映风电场度电运行维护费用的高低。

$$场内度电运行维护费=\frac{年度运行维护费}{风电场年度发电量}$$

▶1-4-27 什么是调峰？

答：电能不能储存，电能的发出和使用是同步的，电力系统中的用电荷经常发生变化，为了维持有功功率平衡，保持系统频率稳定，需要发电部门相应改变发电机的出力以适应用电负荷的变化，即调峰。

▶1-4-28 调峰比如何计算？

答：
$$调峰比=\frac{调峰电量}{发电量+调峰电量}$$

▶1-4-29 什么是负荷曲线？

答：负荷曲线是指把电力负荷大小随时间变化的关系绘成的曲线。

▶1-4-30 负荷曲线有什么用途？

答：为了保证供电的可靠性及电能质量，尽量减小电网损失，做好电力系统调度，必须掌握负荷曲线，另外，日负荷曲线也是发电厂内考虑和安排生产工作的依据。

▶1-4-31 什么是高峰负荷？

答：是指电网和用户在一天时间内所发生的最大负荷值。

▶1-4-32 什么是低谷负荷？

答：是指电网和用户在一天时间内所发生的用量最少的一点的小时平均电量。

▶1-4-33 什么是平均负荷？

答：是指电网和用户在确定时间段内的平均小时用电量。

▶1-4-34 什么是负荷率？如何提高负荷率？

答：负荷率是一定时间内的平均有功负荷与最高有功负荷之比的百分数，用以衡量平均负荷与最高负荷之间的差异程度，要提高负荷率，主要是压低高峰负荷和提高平均负荷。

▶1-4-35　什么是风电机组容量系数？如何计算？

答：风电机组容量系数是指统计周期内，风电机组发电量和该机同期满负荷运行条件下的发电量比值。

$$风电机组容量系数 = \frac{风电机组发电量}{风电场额定功率 \times 同期日历小时数}$$

▶1-4-36　什么是风电场容量系数？如何计算？

答：风电场容量系数是指统计周期内，风场上网电量和该场同期满负荷运行条件下的发电量比值。

$$风电场容量系数 = \frac{风电场发电量}{风电场总装机容量 \times 同期日历小时数}$$

▶1-4-37　风电机组计划停运系数如何计算？

答：计划停运指机组处于计划检修或维护的状态，计划停运小时指机组处于计划停运状态的小时数。

$$计划停运系数 = \frac{计划停运小时}{统计期间小时}$$

▶1-4-38　风电机组非计划停运系数如何计算？

答：非计划停运指机组不可用而又不是计划停运的状态，非计划停运小时指机组处于非计划停运状态的小时数。

$$非计划停运系数 = \frac{非计划停运小时}{统计期间小时}$$

▶1-4-39　风电机组运行系数如何计算？

答：运行指机组在电气上处于连接到电力系统的状态，或虽未连接到电力系统但在风速条件满足时，可以自动连接到电力系统的状态，运行小时指机组处于运行状态的小时数。

$$运行系数 = \frac{运行小时}{统计期间小时}$$

▶1-4-40　平均连续可用小时如何计算？

答：
$$平均连续可用小时 = \frac{可用小时}{计划停运次数 + 非计划停运次数}$$

▶**1-4-41 平均无故障可用小时如何计算？**

答： $$平均无故障可用小时 = \frac{可用小时}{强迫停运次数}$$

▶**1-4-42 什么是风电功率日预测和实时预测？**

答：日预测是指对次日0～24时的风电功率预测预报，实时预测是指自上报时刻起未来15min～4h的预测预报。两者时间分辨率均为15min。

▶**1-4-43 电网公司对风电功率预测是如何要求的？**

答：上报率应达到100%，日预测准确率应大等于75%，实时预测准确率大于等于85%。

▶**1-4-44 什么是风电机组低电压穿越？**

答：指在风电机组并网点电压跌落的时候，风电机组能够保持并网，甚至向电网提供一定的无功功率，支持电网恢复，直到电网恢复正常，从而"穿越"这个低电压时间（区域）。

▶**1-4-45 为什么要求风电机组必须具备低电压穿越能力？**

答：电压跌落会给电机带来一系列暂态过程，如出现过电压、过电流或转速上升等，严重危害风机本身及其控制系统的安全运行。一般情况下，若电网出现故障，风电机组就实施被动式自我保护而立即解列，并不考虑故障的持续时间和严重程度，这样能最大限度保证风机的安全，在风力发电的电网穿透率（即风力发电占电网的比重）较低时是可以接受的。然而，当风电在电网中占有较大比重时，若风电机组在电压跌落时采取被动保护式解列，则会增加整个系统的恢复难度，甚至可能加剧故障，最终导致系统其他机组全部解列，因此必须采取有效的低电压穿越措施，以维护电网和风电场的稳定。

▶**1-4-46 风机电网监测模块的作用是什么？**

答：主要对电压、电流、频率、有功功率进行监测，当上述量超出允许运行范围时，通过触发相应的状态代码执行不同的停机程序，以保证风电机组的正常运行。

▶**1-4-47 什么是动态无功补偿装置投入自动可用率？**

答：指装置投入自动可用小时数占升压站带电小时数的百分比。

▶**1-4-48 对动态无功补偿装置投入自动可用率有何要求？**

答：电网要求风电场动态无功补偿装置投入自动可用率大于等于95%。

▶**1-4-49 什么是风电场AVC投运率？**

答：指风电场AVC子站投运小时数占升压站带电小时数的百分比。

▶**1-4-50 电网公司对风电场AVC投运率是如何要求的？**

答：要求风电场AVC投运率大于等于98%。

▶**1-4-51 什么是风电场AVC调节合格率？**

答：电力调度机构AVC主站电压指令下达后，机组AVC装置在2min内调整到位为合格。

合格率是指在规定时间内执行合格点数占调度机构发令次数的百分比。

▶1-4-52 对风电场AVC调节合格率有何要求?

答：电网要求风电场AVC调节合格率大于等于96%。

▶1-4-53 什么是无功补偿控制器的动态响应时间?

答：是指从系统中的无功到达投切门限时起，到控制器发出投切控制信号为止的时间间隔。

▶1-4-54 对无功补偿控制器的动态响应时间有何要求?

答：电网要求风电场无功补偿控制器的动态响应时间不大于30ms。

▶1-4-55 风电场运行管理的工作目标是什么?

答：（1）建立政令畅通，统一调度、求实高效的生产运行指挥系统和管理体系；

（2）建立标准规范、行之有效、符合现场实际的运行规程、规章制度及考核办法；

（3）建立爱岗敬业、训练有素、纪律严明、有责任心、业务综合能力强、执行力强、善于总结的运行队伍；

（4）建立和谐文明、整洁良好的运行工作和生活环境；

（5）建立快速、准确反馈的信息系统。

▶1-4-56 风电场运行管理的理念是什么?

答：（1）生产是基础、运行是中心；

（2）安全、高效、节能、环保。

▶1-4-57 运行人员的基本要求是什么?

答：（1）风电场的运行人员必须经过岗位培训，考核合格，健康状况符合上岗条件；

（2）熟悉风电机组的工作原理及基本结构；

（3）掌握计算机监控系统的使用方法；

（4）熟悉风电机组各种状态信息，故障信号及故障类型，掌握判断一般故障的原因和处理的方法；

（5）熟悉操作票、工作票的填写以及"引用标准"中有关规程的基本内容；

（6）能统计计算容量系数、利用小时数、故障率等。

▶1-4-58 新设备投运前有哪些验收工作?

答：（1）图纸、资料、记录和试验报告；

（2）设备及系统的整体性能；

（3）运行监控系统及操作装置；

（4）保护、联锁的试验及保护定值设定的正确性；

（5）安全标识、安全设施、介质流向及设备标牌；

（6）生产运行现场的安全性。

▶1-4-59 风电机组在投入运行前应具备什么条件?

答：（1）电源相序正确，三相电压平衡；

（2）变桨系统处于正常状态，风速仪和风向标处于正常运行的状态；

（3）制动和控制系统的液压装置的油压和油位在规定范围；

（4）齿轮箱油位和油温在正常范围；

（5）各项保护装置均在正确投入位置，且保护定值均与批准设定的值相符；

（6）控制电源处于接通位置；

（7）控制计算机显示处于正常运行状态；

（8）手动启动前叶轮上应无结冰现象；

（9）在寒冷和潮湿地区，长期停用和新投入的风电机组在投入运行前应检查绝缘，合格后才允许启动；

（10）经维修的风电机组在启动前，所有为检修设立的各种安全措施应已拆除。

▶**1-4-60 设备检修和消缺后要进行哪些验收工作？**

答：（1）工作现场已"工完、料净、场地清"，工作人员已撤离现场；

（2）检修交代记录齐全，包括已处理的问题、存在的问题、设备改造和试验结果；

（3）设备具备启动条件；

（4）安全防护装置符合相关规程要求。

▶**1-4-61 风电场运行分析的主要内容是什么？**

答：（1）分析设备运行异常现象，如放电、发热、异音、熔丝熔断、开关和继电保护及自动装置异动、温度、仪表指示异常，特别要注意现象不明显的隐形异常；

（2）分析缺陷发生的原因、发展趋势及对安全运行的影响，总结发现、判断缺陷的经验及采取的对策；

（3）分析"两票三制"的执行情况；

（4）分析安全思想状况，分析执行规章制度情况和存在的问题；

（5）分析升压站的电能质量；

（6）分析主变压器及各线路负荷变化情况的母线电压情况；

（7）分析检修试验各种记录的有关情况；

（8）分析安措、反措执行情况，季节性事故预防情况；

（9）分析当月风况与发电量、线变损及场用电的情况；

（10）分析统计各故障率，得出场内常见的故障，针对性地加强技术管理；

（11）分析发电量数据，得出风电场的大风月、小风月，为合理安排检修和维护、消缺工作提供依据。

▶**1-4-62 风电场保护定值管理有什么要求？**

答：风电场保护定值管理包括风电机组的定值管理和风电场输变电系统的保护定值管理。

风电机组运行参数主要包括机组启/停机、故障报警以及发电机功率、环境温度、温控系统、转速、偏航、解缆、变桨位置等。

风电机组控制系统中均有由厂家设定的运行和保护参数表。对参数表的修改会直接影响机组安全和运行状态。操作者根据授权级别获得调整参数表的权限。风电场应严格控制参数表的设置权限，制定管理制度，由企业最高技术负责人审批，未经授权不得擅自修改。批准修改的参数应保留修改审批记录并存档保管。

▶**1-4-63 风电场生产设备检修应遵循什么原则？**

答： 预防为主、定期检修、状态检修相结合。

▶**1-4-64 什么是定期检修？**

答： 是一种以时间为基础的预防性检修，根据设备磨损和老化的统计规律，事先确定检修等级、检修间隔、检修项目、需用备件及材料等的检修方式。

▶**1-4-65 什么是状态检修？**

答： 是指根据状态监测和诊断技术提供的设备状态信息，评估设备的状况，在故障发生前进行检修的方式。

▶**1-4-66 什么是故障检修？**

答： 是指设备在发生故障或其他失效时进行的非计划检修。

▶**1-4-67 什么是大部件检修？**

答： 是指风电机组的叶片、变桨蓄电池、主轴、齿轮箱或齿轮箱油、发电机、箱式变压器等修理或更换。

▶**1-4-68 风电机组的检修分为哪几个等级？**

答： 分为半年期定检、一年期定检、大部件检修三个等级。

▶**1-4-69 风电机组设备半年期定检项目（不限于）有哪些？**

答： （1）参照 DL/T 797《风力发电场检修规程》及设备制造商提供的维护项目；

  （2）重点连接螺栓的力矩紧固、清扫、检查和处理易损、易磨部件，必要时进行实测和试验；

  （3）消除运行中发生的缺陷；

  （4）按各项技术监督规定检查的项目；

  （5）执行年度反措需安排的项目。

▶**1-4-70 风电机组设备一年期定检项目（不限于）有哪些？**

答： （1）参照 DL/T 797《风力发电场检修规程》及设备制造商提供的维护项目；

  （2）进行较全面的连接螺栓的力矩紧固、清扫、检查、测量、检验、注油润滑和修理；

  （3）设备防磨、防爆、防腐检查及处理消缺；

  （4）按规定需要定期更换零部件的项目；

  （5）设备和系统缺陷及隐患处理；

  （6）按各项技术监督规定检查的项目；

  （7）执行年度反措需安排的项目。

▶**1-4-71　风电机组设备大部件检修项目（不限于）有哪些？**

答：（1）变桨蓄电池更换；

（2）风机齿轮箱油更换；

（3）风电机组叶片修理或更换；

（4）风电机组主轴修理或更换；

（5）风电机组齿轮箱修理或更换；

（6）风电机组发电机修理或更换；

（7）风电机组箱式变压器修理或更换。

▶**1-4-72　公用系统设备和试验项目（不限于）有哪些？**

答：（1）制造厂要求的项目；

（2）进行较全面的检查、清扫、测量和修理；

（3）进行定期监测、试验、校验和鉴定；

（4）设备防磨、防爆、防腐检查及处理消缺；

（5）按规定需要定期更换已到期的零部件；

（6）设备和系统缺陷及隐患处理；

（7）反措和技术监督规定进行的一般性检查工作。

▶**1-4-73　什么是风电机组的试车首检？有什么检查内容？**

答：指风机试车一周后，应对风机塔筒做初次检查。

检查内容有：

（1）检查法兰连接处所有螺栓；

（2）检查接口焊缝是否有裂缝；

（3）检查塔筒内各层平台是否稳固。

▶**1-4-74　什么是风电机组的500h维护？**

答：指首检后，机组运行500h后，做试车后的第二次最终检查，应对每一点、每一个设置以及第一次试车的工作进行第二次最终检查。

▶**1-4-75　风电机组500h维护的项目（不限于）有哪些？**

答：（1）检查轮毂罩与轮毂的连接螺栓、塔架法兰连接螺栓、爬梯和平台连接螺栓的力矩；

（2）塔架电线、电缆和电缆连接情况；

（3）平台电缆架、回转电缆、接线盒的接线情况；

（4）机舱底架与偏航轴承、偏航轴承与塔架连接座的螺栓连接情况；

（5）液压系统液压管路、蓄能器、液压泵、传感器等工作情况；

（6）发电机电缆和电线、电缆螺栓连接（转子和定子）、控制线路螺栓连接情况；

（7）齿轮箱系统、冷却水泵、冷却压力等工作情况；

（8）变桨系统变桨电机、电机与变桨齿轮箱的螺栓连接情况；

（9）其他需要维护的项目。

▶1-4-76　什么是风电机组检修工期？风电机组各级检修工期分别是多少？

答：风电机组的检修工期是指机组从系统解列（或调度同意检修开工）到机组并网（或调度同意检修竣工转备用）之间的日历数。检修工期一般情况下不得超过规定的标准检修工期，但对于大部件检修的设备需返厂检查、更换以及其他原因延长工期的项目，要做特殊情况说明并办理相关延期手续。

风电机组各级检修工期见表1-4-1。

表1-4-1　风电机组各级检修工期

风电场容量	检修等级		
	半年期定检（天）	一年期定检（天）	大部件检修（天/台）
100MW以下	≤60	≤60	≤15
100MW以上	≤120	≤120	≤15

注　检修停用时间（日数）已包括带负荷试验所需的时间（日数）。

第二章

电 气 一 次 系 统

第一节 通用部分

▶**2-1-1 什么是电力系统、电力网？**

答： 电力系统是指由发电、输电、变电、配电、用电设备及相应的辅助系统组成的电能生产、输送、分配、使用的统一整体，也可描述为由电源、电力网以及用户组成的整体。

电力网是电力系统的一部分，是由输电、变电、配电设备及相应的辅助系统组成的联系发电与用电的统一整体。

▶**2-1-2 电力系统有什么特点？**

答： （1）同时性。发电、输电、用电同时完成，不能大量储存。

（2）整体性。发电厂、变压器、高压输电线路、配电线路和用电设备在电网中是一个整体，不可分割，缺少任一环节，电力运行都不可能完成。

（3）快速性。电能输送过程迅速。

（4）连续性。电能需要时刻的调整。

（5）实时性。电网事故发展迅速，涉及面大，需要时刻安全监视。

（6）随机性。在运行中负荷随机变化，异常情况以及事故的随机性。

▶**2-1-3 现代电网有哪些特点？**

答： （1）由较强的超高压系统构成主网架；

（2）各电网之间联系较强，电压等级相对简化；

（3）具有足够的调峰、调频、调压容量，能够实现自动发电控制，有较高的供电可靠性；

（4）具有相应的安全稳定控制系统，高度自动化的监控系统和高度现代化的通信系统；

（5）具有适应电力市场运营的技术支持系统，有利于合理利用能源。

▶**2-1-4 电网无功补偿的原则是什么？**

答： 电网无功补偿应基本上按分层分区和就地平衡原则考虑，并应能随负荷或电压进行调整，保证系统各枢纽点的电压在正常和事故后均能满足规定的要求，避免经长距离线路或多级变压器传送无功功率。

▶2-1-5 系统振荡事故与短路事故有哪些不同?

答:电力系统振荡和短路的主要区别是:

(1)振荡时系统各点电压和电流值均做往复性摆动,而短路时电流、电压值是突变的。此外,振荡时电流、电压值的变化速度较慢,而短路时电流、电压值突然变化量很大。

(2)振荡时系统任何一点电流与电压之间的相位角都随功角的变化而改变;而短路时,电流与电压之间的角度是基本不变的。

(3)振荡时系统三相是对称的;而短路时系统可能出现三相不对称。

▶2-1-6 什么是电气一次系统?常用一次设备有哪些?

答:电气一次系统是承担电能输送和电能分配任务的高压系统,一次系统中的电气设备称为一次电气设备。

常用的一次设备包括发电机、变压器、电抗器、输电线、电力电缆、断路器、隔离开关、母线、避雷器、电流互感器、电压互感器等。

▶2-1-7 什么是一次系统主接线?有哪些要求?

答:一次系统主接线是由发电厂和变电所内的电气一次设备及其连线所组成的输送和分配电能连接系统。对主接线的要求是运行的可靠性、运行和检修的灵活性、运行操作的方便性、运行的经济性、扩建的可能性。

▶2-1-8 什么是一次系统主接线图?

答:一次接线图又称为主接线图,用来表示电力输送与分配路线。图上表明多个电气装置和主要元件的连接顺序。主接线图一般都绘制成单线图,因为单线图看起来比较清晰、简单明了。

▶2-1-9 电压A、B、C三相应用什么颜色表示?

答:依次用黄、绿、红表示。

▶2-1-10 频率过低有何危害?

答:(1)频率的变化将引起电动机转速的变化,从而影响产品质量;

(2)变压器铁耗和励磁电流都将增加,引起升温,不得不降低其负荷;

(3)系统中的无功负荷会增加,电压水平下降;

(4)雷达、电子计算机等会因频率过低而无法运行。

▶2-1-11 功率因数过低是什么原因造成的?

答:系统中感性负载过多造成的。

▶2-1-12 功率因数过低有何危害?

答:(1)发电机的容量即视在功率,如果发电机在额定容量下运行,输出的有功功率的大小取决于负载的功率因数。功率因数越低,发电机输出的功率越低,其容量得不到充分利用。

（2）功率因数低，在输电线路上引起较大的电压降低和功率损耗，严重时影响设备正常运行，用户无法用电。

（3）阻抗上消耗的功率与电流平方成正比，电流增大要引起线损增大。

▶2-1-13　电力谐波危害有哪些?

答：（1）引起串联谐振及并联谐振，放大谐波，造成危险的过电压或过电流；

（2）产生谐波损耗，使发、变电和用电设备效率降低；

（3）加速电气设备绝缘老化，使其容易击穿，从而缩短它们的使用寿命；

（4）使设备（如电机、继电保护、自动装置、测量仪表、计算机系统、精密仪器等）运转不正常或不能正确操作；

（5）干扰通信系统，降低信号的传输质量，破坏信号的正确传递，甚至损坏通信设备。

▶2-1-14　各电压等级允许波动范围是多少?

答：（1）220kV电压等级允许在额定值的 ±2%范围内波动；

（2）110kV电压等级允许在额定值的 ±2%范围内波动；

（3）35kV电压等级允许在额定值的 ±5%范围内波动；

（4）10kV及以下电压等级允许在额定值的 ±7%范围内波动；

（5）0.4kV电压等级允许在 −5% ~ +10%范围内波动。

▶2-1-15　电压过高有何危害?

答：当运行电压高于额定电压时，会造成设备因过电压而被烧毁，有的虽未造成事故，但也影响电气设备的使用寿命。

▶2-1-16　电压过低有何危害?

答：当运行电压低于额定电压时，由于需要输送同样的功率，电流必然增大，因而线路及变压器的损耗都要相应的增加，同时使设备不能得到充分利用，输送能力降低。使用电设备如白炽灯、日光灯的照度降低，如果电压过低，日光灯甚至不亮。电动机的输出功率降低，电流增加，温度升高。

▶2-1-17　电力系统过电压分几类?其产生原因及特点是什么?

答：电力系统过电压主要分为大气过电压、工频过电压、操作过电压、谐振过电压。产生的原因及特点是：

（1）大气过电压。由直击雷引起，特点是持续时间短暂，冲击性强，与雷击活动强度有直接关系，与设备电压等级无关。因此，220kV以下系统的绝缘水平往往由防止大气过电压决定。

（2）工频过电压。由长线路的电容效应及电网运行方式的突然改变引起，特点是持续时间长、过电压倍数不高，一般对设备绝缘危险性不大，但在超高压、远距离输电确定绝缘水平时起重要作用。

（3）操作过电压。由电网内断路器操作引起，特点是具有随机性，但最不利情况下过电压倍数较高。因此35kV及以上超高压系统的绝缘水平往往由防止操作过电压决定。

（4）谐振过电压。由系统电容及电感回路组成的谐振回路引起，特点是过电压倍数高、持续时间长。

▶2-1-18 电气设备放电有哪几种形式？

答： 按是否贯通两极间的全部绝缘，可以分为局部放电、击穿放电，其中击穿放电包括火花放电和电弧放电。

按成因可分为电击穿、热击穿、化学击穿。

按放电特征可分为辉光放电、沿面放电、爬电、闪络等。

▶2-1-19 什么是非全相运行？

答： 是三相机构分相合、跳闸过程中，由于某种原因造成一相或两相断路器未合好或未跳开，致使三相电流严重不平衡的一种故障现象。

▶2-1-20 断路器引发非全相运行的原因有哪些？

答：（1）电气方面故障。主要有操作回路的故障；二次回路绝缘不良；转换触点接触不良，压力不够变位等使分合闸回路不通；断路器密度继电器闭锁操作回路等；

（2）机械部分故障。主要有断路器操作机构失灵、传动部分故障和断路器本体传动连接断裂的故障，其中操作机构方面主要有机构脱扣、铁芯卡死、行程不够等；

对于液压机构，还可能是液压机构压力低于规定值，导致分合闸闭锁；机构分合闸阀系统有故障；分闸一级阀和止回阀处有故障；油、气管配置不恰当。特别是每相独立操作时，机构更易发生失灵。

▶2-1-21 断路器发生非全相运行的危害有哪些？

答：（1）断路器合闸不同期，系统在短时间内处于非全相运行状态，由于中性点电压漂移，产生零序电流，将降低保护的灵敏度；由于过电压，可能引起中性点避雷器爆炸。

（2）断路器分闸不同期，将延长断路器燃弧时间，使灭弧室压力增高，加重断路器负担甚至引起爆炸，所以应将非同期运行时间尽量缩短。

▶2-1-22 非全相运行如何处理？

答： 运行人员应根据位置指示灯、表计指示值变化，先查明是继电保护原因还是断路器操动机构本身原因，再判别是电气回路元件的故障还是机械性的故障。

（1）分闸时。

1）断路器单相自动掉闸，造成两相运行时，如断相保护启动的重合闸没动作，可立即令现场手动合闸一次，合闸不成功则应切开其余两相断路器。

2）如果断路器是两相断开，应立即切断控制电源进行手动操作断路器分闸。

3）如果非全相断路器采取以上措施无法拉开或合入时，则马上将线路对侧断路器断开，然后到断路器机构箱就地断开断路器。

4）母联断路器非全相运行时，应立即调整降低母联断路器电流，改为单母线方式运行，必要时应将一条母线停电。

5）也可以用旁路断路器与非全相断路器并联，用隔离开关解开非全相断路器或用母联断路器串联非全相断路器切断非全相电流。

（2）合闸时。如只合上一相或两相，应立即将断路器拉开，重新合闸一次，目的是检查上一次拒合闸是否因操作不当引起的，操作后若三相断路器均合闸良好，应立即停用非全相保护，以防误动跳闸；若仍不正常，此时应拉开断路器，切断控制电源，检查断路器的位置中间继电器是否卡滞，触点是否接触不良，断路器辅助触点的转换是否正常。

▶ **2-1-23　电流接地系统发生单相接地时有何现象？**

答：故障相电压降低，非故障相电压升高；若为金属性接地，故障相电压为零，非故障相电压上升为线电压。

▶ **2-1-24　小电流接地系统单相接地后为何不能长期运行？**

答：长期运行可能引起非故障相的绝缘薄弱点击穿而接地，造成两相异地接地短路，出现较大的短路电流损坏设备、扩大事故范围。而且，接地的电容电流流过变压器，使油温升高而损坏，故不能长期运行。

▶ **2-1-25　什么是电网电容电流？**

答：输、配电线路对地存在电容，三相导线之间也存在着电容。当导线充电后，导线与大地存在一个电场，导线会通过大气向大地放电，将导线从头到尾的放电电流"归算"到一点，这个"假想"的电流就是各相对地电容电流。

▶ **2-1-26　什么是弧光过电压？**

答：当在中性点不接地系统中发生单相接地，接地处可能出现间歇电弧，而电网总是具有电容和电感，就能形成振荡回路而产生谐振过电压，其值可达2.5～3倍的相电压，这种由间歇电弧产生的过电压称为弧光过电压。

▶ **2-1-27　什么是补偿度和残流？**

答：消弧线圈的电感电流与电网电容电流的差值和电网的电容电流之比称为补偿度。消弧线圈的电感电流补偿电容电流之后，流经接地点的剩余电流称为残流。

▶ **2-1-28　什么是欠补偿？**

答：即补偿后电感电流小于电容电流，或者说补偿的感抗小于线路容抗的方式。

▶ **2-1-29　什么是过补偿？**

答：即补偿后电感电流大于电容电流，或者说补偿的感抗大于线路容抗的方式。

▶ **2-1-30　什么是全补偿？**

答：即补偿后电感电流等于电容电流，或者说补偿的感抗等于线路容抗的方式。

▶ **2-1-31　电力系统中性点接地方式有哪几种？**

答：我国电力系统中性点接地方式主要有中性点直接接地方式（大电流接地）；中性点不直接接地方式（小电流接地）两种。中性点直接接地系统，发生单相接地故障时，接地短路电流很大，故又称为大接地电流系统。中性点不直接接地系统分为完全不接地、经接地电阻接地、经消弧线圈接地三种。发生单相接地故障时，由于不直接构成短路回路，接地故障电流往往比负荷电流小得多，故又称其为小接地电流系统。

▶2-1-32 中性点不直接接地方式有何特点？

答：（1）优点。

1）单相接地不破坏系统对称性，可带故障运行一段时间，保证供电连续性；

2）通信干扰小。

（2）缺点。

1）单相接地故障时，非故障相对地工频电压升高；

2）系统中电气设备绝缘要求按线电压设计；

3）可能产生过电压等级相当高的间歇性弧光接地过电压，且持续时间较长，危及网内绝缘薄弱设备，继而引发两相接地故障，引起停电事故；

4）系统内谐振过电压引起电压互感器熔断器熔断，烧毁电压互感器，甚至烧坏主设备的事故时有发生。

▶2-1-33 中性点直接接地方式有何特点？

答：发生单相接地故障时，相地之间就会构成单相直接短路。

（1）优点。过电压数值小，绝缘水平要求低，因而投资少，经济。

（2）缺点。单相接地电流大，接地保护动作于跳闸，可靠性较低；接地短路电流大，电压急剧下降，可能导致电力系统动稳定的破坏，产生的零序电流会造成对通信系统的干扰。

▶2-1-34 为何110kV及以上系统采用中性点直接接地方式？

答：我国110kV及以上电压等级的电网一般都采用中性点直接接地方式。在中性点直接接地系统中，由于中性点电位固定为地电位，发生单相接地故障时，非故障相的工频电压升高不会超过相电压；暂态过电压水平也相对较低；继电保护装置能迅速断开故障线路，设备承受过电压的时间很短，这样就可以使电网中设备的绝缘水平降低，从而使电网的造价降低。

▶2-1-35 直接接地系统在配网应用中有什么优点？

答：（1）内部过电压较低，可采用较低绝缘水平，节省基建投资；

（2）大接地电流，故障定位容易，可以正确迅速切除接地故障线路。

▶2-1-36 什么是电力系统静态稳定？

答：电力系统受到小干扰后，不发生自发振荡或周期性失步，自动恢复到初始运行状态的能力，如负荷正常变化。

▶2-1-37 提高电力系统静态稳定的措施有哪些？

答：（1）采用自动调节系统；

（2）减小系统各元件的电抗；

（3）提高系统运行电压；

（4）改善系统的结构；

（5）增大电力系统备用容量。

▶2-1-38　什么是电力系统动态稳定？

答：电力系统受到较大的干扰后，在自动装置参与调节和控制的作用下，系统进入一轮新的稳定状态并重新保持稳定运行的能力。

▶2-1-39　提高电力系统动态稳定的措施有哪些？

答：（1）变压器中性点经小电阻接地；

（2）快速切除短路故障；

（3）改变运行方式；

（4）故障时分离系统；

（5）采用自动重合闸装置；

（6）设置开关站和采用串联电容补偿。

▶2-1-40　电能为什么要升高电压传输？

答：电压升高，相应电流减小，这样就可以选用截面较小的导线，节省有色金属。电流通过导线会产生一定的功率损耗和电压降，如果电流减小，功率损耗和电压降会随着电流的减小而降低。所以，提高电压后，选择适当的导线，不仅可以提高输送功率，而且可以降低线路中的功率损耗并改善电压质量。

▶2-1-41　接地体采用搭接焊接时有何要求？

答：（1）连接前应清除连接部位的氧化物；

（2）圆钢搭接长度应为其直径的6倍，并应双面施焊；

（3）扁钢搭接长度应为其宽度的2倍，并应四面施焊。

▶2-1-42　什么是铜损？

答：铜损（短路损耗）是指一、二次电流流过导体电阻所消耗的能量之和，由于导体多用铜导线制成，故称铜损。它与电流的平方成正比。

▶2-1-43　什么是铁损？

答：铁损是指元件在交变电压下产生励磁损耗与涡流损耗。

▶2-1-44　电能损耗中的理论线损由哪几部分组成？

答：（1）可变损耗。其大小随着负荷的变动而变化，它与元件中的负荷功率或电流的二次方成正比，包括线路、导线、变压器、电抗器、消弧线圈等设备的铜损。

（2）固定损耗。与通过元件的负荷功率的电流无关，而与电压有关，包括线路、导线、变压器、电抗器、消弧线圈等设备的铁损；110kV 及以上电压架空线路的电晕损耗；电缆、电容器的绝缘介质损耗；绝缘子漏电损耗；电流、电压互感器的铁损等。

▶2-1-45　电气上的"地"是什么？

答：把电位等于零的地方，称作电气上的"地"。

▶2-1-46　防雷系统的作用是什么？

答：防雷是一个整体的防护系统，分为内外两个防雷系统。外部防雷系统主要对直击雷进行防护，保护人身和室外设备安全；内部防雷系统防护雷击产生的电磁感应，保护设备不受损伤。

▶2-1-47 外部防雷系统主要构成是什么?

答：由接闪器、引下线和接地装置组成。

▶2-1-48 常见的接闪器有哪几种?

答：有独立避雷针；建筑物上避雷针、避雷带；电力线路上避雷线等。

▶2-1-49 什么是接地、接地体、接地线、接地装置?

答：在电力系统中，将设备和用电装置的中性点、外壳或支架与接地装置用导体作良好的电气连接称为接地。接地是为保证电气设备正常工作和人身安全而采取的一种用电安全措施，常用的有保护接地、工作接地、防雷接地、屏蔽接地、防静电接地等。直接与土壤接触的金属导体称为接地体。连接设备和接地体的导线称为接地线。接地装置由接地体和接地线组成。

▶2-1-50 什么是对地电压、接地电阻?

答：对地电压就是以大地为参考点，带电体与大地之间的电位差。电气设备接地时的对地电压指电气设备发生接地故障时，接地设备的外壳、接地线、接地体等与零电位点之间的电位差。

接地电阻就是通过接地装置泄放电流时表现出的电阻，它在数值上等于流过接地装置入地的电流与这个电流产生的电压降之比。

▶2-1-51 什么是避雷针?

答：避雷针又名防雷针，是用来保护建筑物等避免遭受雷击的装置。在高大建筑物顶端安装一根金属棒，用金属线与埋在地下的一块金属板连接起来，利用金属棒的尖端放电，使云层所带的电和地上的电逐渐中和，从而不会引发事故。

▶2-1-52 避雷线和避雷针的作用是什么?

答：避雷线和避雷针的作用是从被保护物体上方引导雷电通过，并安全泄入大地，防止雷电直击，减小在其保护范围内的电气设备（架空输电线路及通电设备）和建筑物遭受直击雷的概率。

▶2-1-53 什么是避雷器?

答：避雷器是保护设备免遭雷电冲击波袭击的设备。当沿线路传入的雷电冲击波超过避雷器保护水平时，避雷器首先放电，并将雷电流经过良导体安全地引入大地，利用接地装置使雷电压幅值限制在被保护设备雷电冲击水平以下，使电气设备受到保护。

▶2-1-54 避雷器的作用是什么?

答：避雷器的作用是通过并联放电间隙或非线性电阻，对入侵流动电波进行削幅，降低被保护的设备所承受的过电压值。避雷器既可用来防护大气过电压，也可用来防护操作过电压。

▶2-1-55 避雷器主要有哪几种?

答：主要有保护间隙、管型避雷器、阀型避雷器和氧化锌避雷器4种。

▶2-1-56　避雷器与避雷针作用的区别是什么？

答：避雷器主要是防感应雷的，避雷针主要是防直击雷的。

▶2-1-57　什么是避雷器的持续运行电压？

答：允许持久的加在避雷器端子间的工频电压有效值称为该避雷器的持续运行电压。

▶2-1-58　金属氧化物避雷器保护性能有何优点？

答：（1）金属氧化物避雷器无串联间隙，动作快，伏安特性平坦，残压低，不产生谐波；

（2）金属氧化物阀片允许通流能力大、体积小、质量小，且结构简单；

（3）续流极小；

（4）伏安特性对称，对正极性、负极性过电压保护水平相同。

▶2-1-59　氧化锌避雷器有什么优点？

答：氧化锌避雷器一般是无间隙的，内部由氧化锌阀片组成。氧化锌避雷器取消了传统避雷器不可缺少的串联间隙，避免了间隙电压分布不均匀的缺点，提高了保护的可靠性，易于与被保护设备的绝缘配合。正常运行电压下，氧化锌阀片呈现极高的阻值，通过它的电流只有微安级，对电网的运行影响极小。当系统出现过电压时，它有优良的非线性特性和陡波响应特性，使其有较低的陡波残压和操作波残压，在绝缘配合上增大了陡波和操作波下的保护度。

氧化锌避雷器阀片非线性系数高达30～50，在标称电流动作负载时无续流，吸收能量少，大大改善了避雷器的耐受多重雷击的能力，此外通流能力大，耐受暂时工频过电压能力强。

▶2-1-60　避雷器在投运前的检查内容有哪些？

答：（1）避雷器的绝缘电阻允许值与其所在系统电压等级设备允许值相同；

（2）下部引线接头应紧固无断线现象；

（3）外部绝缘子套管应完整并无放电痕迹；

（4）接地线完好，接触紧固，接地电阻符合规定；

（5）雷电记录器应完好。

▶2-1-61　避雷器运行中有哪些注意事项？

答：（1）避雷器检修后，应由高压试验人员做工频放电试验并测绝缘电阻。能否投入运行由工作负责人做出书面交代；

（2）除检查试验工作时间外，应全年投入运行；

（3）每次雷击或系统发生故障后，应对避雷器进行详细检查，并将放电记录器指示数值记入避雷器动作记录簿。

▶2-1-62　雷雨后避雷器有何特殊检查项目？

答：（1）仔细听内部是否有放电声音；

（2）外部绝缘子套管是否有闪络现象；

（3）检查雷电动作记录器是否已动作，并做好记录。

▶2-1-63 哪些故障需要立即停用避雷器？

答：（1）瓷套管爆炸或有明显的裂纹；

（2）引线折断；

（3）接地线不良。

▶2-1-64 避雷器与浪涌保护器有何区别？

答：（1）应用范围不同（电压）。避雷器范围广泛，而浪涌保护器一般指1000V以下使用的过电压保护器；

（2）保护对象不同。避雷器是保护电气设备的，而浪涌保护器一般用来保护二次信号回路或电子仪器仪表等末端供电回路；

（3）绝缘水平或耐压水平不同。电气设备和电子设备的耐压水平不在一个数量级上，保护装置的残压应与保护对象的耐压水平匹配；

（4）安装位置不同。避雷器一般安装在一次系统上，而浪涌保护器多安装于二次系统上；

（5）通流容量不同。避雷器通流容量较大，浪涌保护器通流容量一般不大；

（6）浪涌保护器在设计上比普通避雷器精密得多，适用于低压供电系统的精细保护，避雷器在响应时间、限压效果、综合防护效果、抗老化特性等方面都达不到浪涌保护器的水平；

（7）避雷器主材质多为氧化锌，而浪涌保护器主材质根据抗浪涌等级的不同而不同。

▶2-1-65 接地网的电阻不合规定有何危害？

答：接地网起着工作接地和保护接地的作用，当接地电阻过大时：

（1）发生接地故障时，使中性点电压偏移增大，可能使健全相和中性点电压过高，超过绝缘要求的水平而造成设备损坏；

（2）在雷击或雷电波袭击时，由于电流很大，会产生很高的残压，使附近的设备遭受到反击的威胁，并降低接地网本身保护设备（架空输电线路及变电站电气设备）带电导体的耐雷水平，达不到设计的要求，从而损坏设备。

▶2-1-66 过电压保护器有什么作用？

答：过电压保护器是限制雷电过电压和操作过电压的一种先进的保护电器，可限制相间和相对地过电压，主要用于保护发电机、变压器、真空断路器、母线、架空线路、电容器、电动机等电气设备的绝缘免受过电压的损害。

▶2-1-67 哪种故障易引起过电压保护器的损坏？

答：在系统发生间歇性弧光接地过电压或铁磁谐振过电压时，有可能导致过电压保护器的损坏。

▶2-1-68 过电压保护器有何结构特征？

答：（1）无间隙。功能部分为非线性氧化锌电阻片；

（2）串联间隙。功能部分为串联间隙及氧化锌电阻片。

▶2-1-69　过电压保护器有什么特点？

答：（1）优异的保护特性。通过保护器引流环与导线之间形成的串联间隙和限流元件的协同作用，能在瞬间有效地截断工频续流，避免导线发生雷击断线事故。

（2）工频耐受能力强、陡波特性好、通流容量大、保护曲线平坦，可有效减少因雷击造成的线路断路器跳闸。

（3）独有界面偶联技术和硅橡胶外套整体一次成型工艺，确保产品可靠密封、安全防爆。

（4）硅橡胶外套耐气候老化，耐电蚀损、耐污秽。

（5）运行安全可靠、免维护。即使因异常情况致保护器损坏，因有串联间隙的隔离作用，也不会影响线路绝缘配合水平，确保电力系统的运行安全。

▶2-1-70　哪些操作容易引起过电压？

答：（1）切空载变压器过电压；

（2）切、合空载线路过电压；

（3）弧光接地过电压。

▶2-1-71　分频谐振过电压的现象是什么？有什么处理方法？

答：（1）现象：三相电压同时升高，表针有节奏地摆动，电压互感器内发出异音。

（2）处理办法：

1）投入消弧电阻柜或消弧线圈；

2）投入或断开空线路；

3）电压互感器开口三角绕组经电阻短接或直接短接3~5s；

4）投入消振装置。

▶2-1-72　铁磁谐振过电压现象是什么？有什么处理方法？

答：（1）现象：三相电压不平衡，一相或两相电压升高超过线电压。

（2）处理方法：

1）改变系统参数；

2）投入母线上的线路；

3）投入母线；

4）投入母线上的备用变压器或站用变压器；

5）将电压互感器开三角侧短接；

6）投、切电容器或电抗器。

▶2-1-73　微机型铁磁谐振消除装置的原理是什么？

答：微机型消谐装置可以实时监测电压互感器开口三角处电压和频率，当发生铁磁谐振时，装置瞬时启动无触点断路器，将开口三角绕组瞬间短接，产生强大阻尼，从而消除铁磁谐振。如果启动消谐元件，瞬间短接后谐振仍未消除，则再次启动消谐元件，出于对电压互感器安全的考虑，共可启动三次消谐元件。如果在三次启动过程中谐振被成功消除则装置的谐振指示灯点亮，以提示曾有铁磁谐振发生，查看记录后谐振指示灯熄灭；如果谐振未消除则装置的过电压指示灯亮，同时过电压报警报出与动作，过电压消失后恢复正常。

▶2-1-74 什么是电压不对称度？

答： 中性点不接地系统在正常运行时，由于导线的不对称排列而使各相对地电容不相等，造成中性点具有一定的对地电位，这个对地电位称为中性点位移电压，也称为不对称电压。不对称电压与额定电压的比值称为不对称度。

▶2-1-75 电力系统电压调整的常用方法有哪几种？

答： 系统电压的调整必须根据系统的具体要求，在不同的厂站采用不同的方法，常用电压调整方法有以下几种：

（1）增减无功功率进行调压，如并联电容器、并联电抗器调压、SVC、SVG；

（2）改变有功功率和无功功率的分布进行调压，如调压变压器、改变变压器分接头调压；

（3）改变网络参数进行调压，如串联电容器、投停并列运行变压器、投停空载或轻载高压线路调压；

（4）特殊情况下有时采用调整用电负荷或限电的方法调整电压。

▶2-1-76 各种电力系统接地电阻允许值是多少？

答： 高压大接地短路电流系统，$R \leqslant 0.5\Omega$；高压小接地短路电流系统，$R \leqslant 10\Omega$；低压电力设备，$R \leqslant 4\Omega$。

▶2-1-77 接地装置的巡视内容有哪些？

答： （1）电气设备接地线、接地网的连接有无松动、脱落现象；

（2）接地线有无损伤、腐蚀、断股，固定螺栓是否松动；

（3）地中埋设件是否被水冲刷、裸露地面；

（4）接地电阻是否超过规定值。

▶2-1-78 保护间隙的工作原理是什么？

答： 保护间隙是由一个带电极和一个接地极构成，两极之间相隔一定距离构成的间隙。保护间隙平时并联在被保护设备旁，在过电压侵入时，间隙先行击穿，把雷电流引入大地，从而保护设备。

▶2-1-79 电气设备中的铜铝接头为什么不直接连接？

答： 如把铜接头和铝接头用简单的机械方法连接在一起，特别是在潮湿并含盐分的环境中，铜、铝接头就相当于浸泡在电解液内的一对电极，便会形成电位差。在电位差的作用下，铝会很快地丧失电子而被腐蚀掉，从而使电气接头慢慢松弛，造成接触电阻增大。当流过电流时，接头发热，温度升高，不但会引起铝本身的塑性变形，更使接头部分的接触电阻增大。如此恶性循环，直到接头烧毁为止。因此，电气设备的铜、铝接头应采用经闪光焊接在一起的铜铝过渡接头后再分别连接。

▶**2-1-80　设备的接触电阻过大时有什么危害?**

答：（1）使设备的接触点发热;

（2）时间过长缩短设备的使用寿命;

（3）严重时可引起火灾，造成经济损失。

▶**2-1-81　常用减少接触电阻的方法有哪些?**

答：（1）磨光接触面，扩大接触面;

（2）加大接触部分压力，保证可靠接触;

（3）涂抹导电膏，采用铜、铝过渡线夹。

▶**2-1-82　导电脂与凡士林相比有何特点?**

答：（1）导电脂本身是导电体，能降低连接面的接触电阻;

（2）导电脂温度达到150℃以上才开始流动;

（3）导电脂的黏滞性较凡士林好，不会过多降低接头摩擦力。

▶**2-1-83　哪些情况下要进行核相? 为什么要核相?**

答：对于新投产的线路或更改后的线路，必须进行相位、相序核对;与并列有关的二次回路检修时改动过，也须核对相位、相序。

若相位或相序不同的交流电源并列或合环，将产生很大的电流，巨大的电流会造成发电机或电气设备的损坏，因此需要核相。

为了正确地并列，不但要求一次相序和相位正确，还要求二次相位和相序也正确，否则也会发生非同期并列。

▶**2-1-84　设备由"运行"转为"检修"的主要操作过程是什么?**

答：（1）断开必须断开的断路器;

（2）检查所断开的断路器处在断开位置;

（3）拉开必须拉开的全部隔离开关;

（4）检查所拉开的隔离开关处在断开的位置;

（5）挂上保护用临时接地线或合上接地开关;

（6）检查所合上的接地开关处在接地位置。

▶**2-1-85　设备由"检修"转为"运行"的主要操作过程是什么?**

答：（1）拆除全部保护用临时接地线或拉开接地开关;

（2）检查所拉开的接地开关处在断开的位置;

（3）检查所断开的断路器处在断开的位置;

（4）合上必须合上的全部隔离开关;

（5）检查所合上的隔离开关在接通位置;

（6）合上必须合上的断路器;

（7）检查所合上的断路器处在接通位置。

▶**2-1-86　发电厂、变电所母线失电的现象有哪些?**

答：发电厂、变电所母线失电是指母线本身无故障而失去电源，判别母线失电的依据是同时出现下列现象：

（1）该母线的电压表指示消失；

（2）该母线的各出线及变压器负荷消失（电流表、功率表指示为零）；

（3）该母线所供厂用电或所用电失去。

▶**2-1-87 事故处理的顺序是什么？**

答：（1）简明正确地将事故情况向调度及有关领导汇报，并做好记录；

（2）根据表计、保护、信号及自动装置的指示、动作情况与外部象征来分析判断事故；

（3）如果对人身和设备有威胁时，应立即设法解除，必要时停止设备运行，否则应设法恢复或保持设备的正常运行，应特别注意对未直接受到损害的设备进行隔离，保证其正常运行；

（4）迅速进行检查试验，判明故障性质、地点及范围；

（5）对故障设备，在判明故障部分及性质后，通知相关人员进行处理，同时值班人员应做好准备工作，如断开电源、装设安全措施等；

（6）为防止事故扩大，必须主动将事故处理的每一阶段迅速而正确地汇报值长。

第二节　变压器

▶**2-2-1 什么是变压器？**

答：变压器是将交变电压升高或降低，而频率不变，进行能量传递而不能产生电能的一种电气设备。

▶**2-2-2 变压器的功能是什么？**

答：变压器的功能是变换电压，以利于功率的传输。升压变压器升压后，可以减少线路损耗，提高送电的经济性，达到远距离送电的目的。降压变压器能把高电压变为用户所需要的各级使用电压，满足用户需要。

▶**2-2-3 简述变压器的基本工作原理。**

答：变压器由一次绕组、二次绕组和铁芯组成，当一次绕组加上交流电压时，铁芯中产生交变磁通，但一、二次侧绕组的匝数不同，一、二次侧感应电动势的大小就不同，从而实现了变压的目的。一、二次侧感应电动势之比等于一、二次侧匝数之比。

▶**2-2-4 变压器主要由哪些部件组成？**

答：变压器主要由铁芯、绕组、分接开关、油箱、储油柜、绝缘油、套管散热器、冷却系统、呼吸器、过滤器、防爆管、油位计、温度计、气体继电器等部件组成。

▶**2-2-5 变压器按不同方式分为哪几种？**

答：（1）按相数分为单相和三相；

（2）按绕组和铁芯的位置分为内铁芯式和外铁芯式；

（3）按冷却方式分为干式自冷、风冷、强迫油循环风冷和水冷；

（4）按中性点绝缘水平分为全绝缘和半绝缘；

（5）按绕组材料分为A、B、E、F、H等五级绝缘；

（6）按调压方式可分为有载调压和无载调压。

▶2-2-6　变压器主要参数有哪些？

答：主要参数有额定电压、额定电流、额定容量、空载损耗、空载电流、短路损耗、阻抗电压、绕组连接图、相量图及连接组标号。

▶2-2-7　什么是变压器的额定容量？用什么表示？

答：变压器的额定容量是指该变压器所输出的空载电压和额定电流的乘积，通常以千伏安表示。

▶2-2-8　变压器储油柜的作用是什么？

答：变压器油有热胀冷缩的物理现象，加装储油柜，热胀不致使油从变压器中溢出，冷缩不致使油不足。有了储油柜，绝缘油和空气的接触面大大减小，因而使变压器内不易受到潮气的侵入，避免油变质。

▶2-2-9　变压器油箱的一侧安装热虹吸过滤器有什么作用？

答：变压器油在运行中会逐渐脏污和被氧化，为延长油的使用期限，使变压器在较好的条件下运行，需要保持油质良好。热虹吸过滤器可以使变压器油在运行中经常保持质量良好而不发生剧烈的老化。这样，油可多年不需专门进行再生处理。

▶2-2-10　根据变压器油温度，怎样判别变压器是否正常？

答：变压器在额定条件下运行，铁芯和绕组的损耗发热引起各部位温度升高，当发热与散热达平衡时，各部位温度趋于稳定。在巡视检查时，应注意环境温度、上层油温、负载大小及油位高度，并与以往数值比较分析，如果在同样条件下，上层油温比平时高出10℃或负载不变，但油温还不断上升，而冷却装置运行正常，温度表无失灵，则可认为变压器内部发生异常和故障。

▶2-2-11　影响变压器油位及油温的因素有哪些？

答：（1）随负载电流增加而上升；

（2）环境温度增加，散热条件差，油位、油温上升；

（3）电源电压升高，铁芯磁通饱和，铁芯过热，也会使油温偏高些；

（4）冷却装置运行状况不良或异常，也会使油位、油温上升；

（5）变压器内部故障（如线圈部分短路，铁芯局部松动、过热、短路等故障）会使油温上升。

▶2-2-12　变压器出现假油位的原因有哪些？

答：变压器出现假油位的可能原因有：

（1）油标管堵塞；

（2）呼吸器堵塞；

（3）防爆管通气孔堵塞；

（4）用薄膜保护式储油柜在加油时未将空气排尽。

▶**2-2-13　变压器油位标上40℃、20℃、−30℃三条刻度线的含义是什么？**

答：油位标上40℃表示安装地点变压器在环境最高温度为40℃时满载运行中油位的最高限额线，油位不得超过此线；20℃表示年平均温度为20℃时满载运行的油位高度；−30℃表示环境为−30℃时空载变压器的最低油位线，油位不得低于此线，若油位过低，应加油。

▶**2-2-14　变压器油在变压器中的主要作用是什么？**

答：变压器中的油在运行时主要起散热冷却作用；对绕组等起绝缘和绝缘保养作用（保持良好绝缘状态）；油在高压引线处和分接开关接触点起消弧作用，防止电晕和电弧放电的产生。

▶**2-2-15　变压器油质劣化与哪些因素有关？**

答：（1）高温。高温加速油质劣化速度，当油温在70℃以上，每升高10℃油的氧化速度增加1.5～2倍。

（2）空气中的氧。变压器油长期和空气中氧接触受热，会产生酸、树脂、沉淀物，使绝缘材料严重劣化。

（3）潮气、水分。油中进入水分、潮气，电气绝缘性明显下降，易击穿。

▶**2-2-16　用经验法怎样简易判别油质的优劣？**

答：用经验法直观，可简易判别油质的优劣程度，主要根据：

（1）油的颜色。新油、良好油为淡黄色，劣质油为深棕色。

（2）油的透明度。优质油为透明的，劣质油浑浊、含机械杂质，游离炭等。

（3）油的气味。新油、优质的油无气味或略有火油味，劣质油带有焦味（过热）、酸味、乙炔味（电弧作用过）等其他异味。

▶**2-2-17　变压器油位过低对运行有何危害？**

答：变压器油位过低会使轻瓦斯保护动作，严重缺油时，变压器内部铁芯线圈暴露在空气中，容易绝缘受潮（并且影响带负荷散热）发生引线放电与绝缘击穿事故。

▶**2-2-18　为什么将A级绝缘变压器绕组的温升规定为65℃？**

答：变压器在运行中要产生铁损和铜损，这两部分损耗全部转化为热量，使铁芯和绕组发热、绝缘老化，影响变压器的使用寿命，因此规定变压器绕组的绝缘多采用A级绝缘，规定绕组的温升为65℃。

▶**2-2-19　变压器长时间在极限温度下运行有何危害？**

答：油浸变压器多为A级绝缘，其耐热最高温度允许105℃，变压器运行中绕组温度要比上层油的平均温度高出10～15℃，即当运行中上层油温达85～95℃时实际上绕组温度已达105℃左右，如果长时间在极限温度下运行，绕组绝缘严重老化，加速绝缘油的劣化，影响使用寿命。

▶**2-2-20 自耦变压器运行有哪些优缺点?**

答:(1)优点:

1)电能损耗少,效率高;

2)能制成单台大容量的变压器;

3)在相同容量情况下,体积小,质量小,运输方便,而且节省材料,成本低。

(2)缺点:

1)阻抗百分数小,所以系统短路电流大;

2)低压绕组更容易过电压,所以中性点必须直接接地;

3)调压问题处理较困难。

▶**2-2-21 变压器并列运行的条件有哪些?为什么?**

答:(1)并列运行的各变压器必须接线组别相同。否则,副边出现电压差很大,产生的环流很大甚至像短路电流,均会损坏变压器。

(2)各变压器的原边电压应相等,副边电压也分别相等,即变比相等。否则副边产生环流引起过载,发热,影响带负荷,增加电能损耗致使效率降低。

(3)各变压器的阻抗电压(短路电压)百分数应相等,否则带负荷后产生负荷分配不合理。因为容量大的变压器短路电压百分数大、容量小的变压器短路电压百分数小,而负载分配与短路电压百分数成反比,这样会造成大变压器分配的负载小,设备没有充分利用;而小变压器分配的负载大,易过载,限制了并列运行变压器带负荷运行的能力。

▶**2-2-22 不符合并列运行条件的变压器并列运行会产生什么后果?**

答:当变比不相同而并列运行时,将会产生环流,影响变压器的出力;如果是百分阻抗不相符而并列运行,就不能按变压器的容量比例分配负荷,从而影响变压器的出力;接线组别不相同而并列运行时,会使变压器短路。

▶**2-2-23 单台变压器运行在什么情况下效率最高?**

答:单台变压器运行效率最高点,条件是当可变损耗(线圈铜耗)等于不变损耗(铁芯损耗)时,一般负荷系数 β =0.6(约为额定负载60%左右)为效率最高点。

▶**2-2-24 什么是变压器经济运行方式?**

答:当几台变压器并列运行时,由于各变压器铁耗基本不变,而铜耗随着负载的变化而变化,因此需按负载大小调整运行变压器的台数和容量,使变压器的功率总损耗为最小,这种运行方式称为变压器经济运行方式。

▶**2-2-25 变压器有哪几种调压方法?**

答:变压器调压方法有两种,一种是停电情况下,改变分接头进行调压,即无载调压;另一种是带负荷调整电压,即有载调压。

▶**2-2-26 电阻限流有载调压分接开关有哪几个主要组成部分?各有什么用途?**

答:(1)切换开关,用于切换负荷电流;

（2）选择开关，用于切换前预选分接头；

（3）范围开关，用于换向或粗调分接头；

（4）操动机构，是分接开关的动力部分，有联锁、限位、计数等作用；

（5）快速机构，按预定的程序快速切换。

▶2-2-27 变压器的有载调压次数如何规定？

答：有载调压装置的调压操作由运行人员按主管调度部门确定的电压曲线进行，每天调节次数为：35kV主变压器一般不超过20次，110～220kV主变压器一般不超过10次（每调节一个分头为一次），采用逆调方式尽可能把供电电压控制在最佳水平。

▶2-2-28 运行值班员进行有载调压时应注意哪些情况？

答：值班员进行有载调压时，应注意电压表的指示是否在调压范围内，位置指示器、计数器是否对应正确，并检查气体继电器及油位、油色等是否正常，做好记录。当负荷大于额定值80%以上时，禁止操作有载调压开关。

▶2-2-29 什么情况下不允许调节变压器有载调压开关？

答：（1）变压器过负荷运行时（特殊情况除外）；

（2）有载调压装置的轻瓦斯动作报警时；

（3）有载调压装置的油耐压不合格或油标中无油时；

（4）调压次数超过规定时；

（5）调压装置发生异常时。

▶2-2-30 有载调压分接开关故障有哪些原因造成？

答：（1）辅助触头中的过渡电阻在切换过程中被击穿烧断；

（2）分接开关密封不严，进水造成相间短路；

（3）由于触头滚轮卡住，使分接开关停在过渡位置，造成匝间短路而烧坏；

（4）分接开关油箱缺油；

（5）调压过程中遇到穿越故障电流。

▶2-2-31 变压器的有载调压装置动作失灵是什么原因造成的？

答：有载调压装置动作失灵的主要原因有：

（1）操作电源电压消失或过低；

（2）电机绕组断线烧毁，启动电机失压；

（3）联锁触点接触不良；

（4）转动机构脱扣及销子脱落。

▶2-2-32 什么是变压器的短路电压百分数？它对变压器电压变化率有何影响？

答：变压器的短路电压百分数是当变压器一侧短路，而另一侧通以额定电流时的电压占其额定电压百分比。实际上该电压是变压器通电侧和短路侧的漏抗在额定电流下的压降。同容量的变压器，其电抗愈大短路电压百分数也愈大，通过同样的电流，大电抗的变压器，产生的电压损失也愈大，故短路电压百分数大的变压器的电抗变化率也越大。

▶**2-2-33　为什么切空载变压器会产生过电压？一般采取什么措施来保护变压器？**

答：变压器是一个很大的电感元件，运行时绕组中储藏电能，当切断空载变压器时，变压器中的电能将在断路器上产生一个过电压。在中性点直接接地电网中，断开110～330kV空载变压器时，其过电压倍数一般不超过3.0U_{xg}（设备最高运行相电压U_{xg}）；在中性点非直接接地的35kV电网中，一般不超过4.0U_{xg}，此时应当在变压器高压侧与断路器间装设阀型避雷器，由于空载变压器绕组的磁能比阀型避雷器允许通过的能量要小得多，所以这种保护是可靠的，并且在非雷季节也不应退出。

▶**2-2-34　导致变压器空载损耗和空载电流增大的原因主要有哪些？**

答：（1）矽钢片间绝缘不良；

（2）磁路中某部分矽钢片之间短路；

（3）穿芯螺栓或压板、上轭铁和其他部分绝缘损坏，形成短路；

（4）磁路中矽钢片松动出现气隙，增大磁阻；

（5）线圈有匝间或并联支路短路；

（6）各并联支路中的线匝数不相同；

（7）绕组安匝数取得不正确。

▶**2-2-35　瓦斯保护的保护范围是什么？**

答：（1）变压器内部的多相短路；

（2）匝间短路，绕组与铁芯或外壳短路；

（3）铁芯故障；

（4）油面下降或漏油；

（5）分接开关接触不良或导线焊接不牢固。

▶**2-2-36　变压器差动保护动作的范围是什么？**

答：（1）变压器及套管引出线故障；

（2）保护二次线故障；

（3）电流互感器开路或短路；

（4）变压器内部故障。

▶**2-2-37　变压器差动与瓦斯保护有哪些区别？**

答：（1）变压器差动保护是按循环电流原理设计制造的，而瓦斯保护是根据变压器内部故障时会产生或分解出气体这一特点设计制造的。

（2）差动保护为变压器的主保护，瓦斯保护为变压器内部故障时的主保护。

（3）保护范围不同：

1）差动保护：

a.变压器引出线及变压器线圈发生多相短路；

b.单相严重的匝间短路；

c.在大电流接地系统中保护线圈及引出线上的接地故障。

2）瓦斯保护：

a.变压器内部多相短路；

b.匝间短路，匝间与铁芯或外壳短路；

c.铁芯故障（发热烧损）；

d.油面下降或漏油；

e.分接开关接触不良或导线焊接不良。

▶2-2-38 变压器差动保护回路中产生不平衡电流的因素有哪些？

答：（1）变压器励磁涌流的影响；

（2）电流互感器实际变比与计算变比不同的影响；

（3）因高低压侧电流互感器型式不同产生的影响；

（4）变压器有载调压的影响。

▶2-2-39 开口杯挡板式气体继电器工作原理是什么？

答： 正常时，气体继电器开口杯中充满油，由于油自身重力产生力矩小于气体重力产生的力矩，开口杯使得触点处于开断位置；当主变压器发生轻微故障时，气体将到气体继电器，迫使油位下降，使开口杯随油面下降，触点接通，发出"重瓦斯动作"信号。

▶2-2-40 在什么情况下需将运行中的变压器的差动保护停用？

答：（1）差动二次回路及电流互感器回路有变动或进行校验时；

（2）继电保护人员测定差动保护相量图及差压时；

（3）差动电流互感器一相断线或回路开路时；

（4）差动回路出现明显异常现象时；

（5）差动保护误动跳闸后。

▶2-2-41 运行中变压器的瓦斯保护，在进行哪些工作时，重瓦斯应由跳闸改信号，工作结束后立即改跳闸？

答：（1）变压器进行注油和滤油；

（2）变压器的呼吸器进行疏通工作时；

（3）变压器气体继电器上部放气阀放气时；

（4）开关气体继电器连接管上的阀门；

（5）在气体继电器的二次回路上进行工作时。

▶2-2-42 变压器重瓦斯保护放气完毕的标志是什么？

答： 标志是有油从放气孔溢出。

▶2-2-43 轻瓦斯保护装置动作后有哪些检查项目？

答：（1）变压器油位；

（2）安全释放阀是否动作，有无破裂及喷油现象；

（3）内部有无异常声音；

（4）及时汇报调度，等待处理命令。

▶**2-2-44 变压器的重瓦斯保护动作跳闸时，应如何检查处理？**

答：（1）收集气体继电器内的气体做色谱分析，如无气体，应检查二次回路和气体继电器的接线柱及引线接线是否良好；

（2）检查油位、油温、油色有无变化；

（3）检查防爆管是否破裂喷油；

（4）检查变压器外壳有无变形，焊缝是否开裂喷油；

（5）如果经检查未发现任何异常，而确信因二次回路故障引起误动作时，可在差动保护及过电流保护投入的情况下退出重瓦斯保护，试送变压器并加强监视；

（6）在瓦斯保护的动作原因未查清前，不得合闸送电。

▶**2-2-45 变压器零序保护在什么情况下投入运行？**

答：变压器零序保护安装在变压器中性点直接接地侧，用来保护绕组内部及引出线上的接地短路，并可作为防止相应母线和线路接地短路的后备保护，因此在变压器中性点接地时，应投入零序保护。

▶**2-2-46 变压器零序电流保护起什么作用？**

答：在中性点直接接地电网中运行的变压器都装设零序电流保护，当变压器高侧或高压侧线路发生接地时，产生零序电流，零序电流保护动作。这里认为变压器低压侧绕组为三角形接线，它可作为变压器高压绕组引出线，作母线接地短路保护，同时还可做相邻线路及变压器本身主保护的后备保护。

▶**2-2-47 为什么在三绕组变压器三侧都装过电流保护？它们的保护范围是什么？**

答：当变压器任意一侧的母线发生短路故障时，过电流保护动作。因为三侧都装有过电流保护，能使其有选择地切除故障，而无需将变压器停运。各侧的过电流保护可以作为本侧母线、线路的后备保护，主电源侧的过电流保护可以作为其他两侧和变压器的后备保护。

▶**2-2-48 变压器检修后，应验收哪些项目？**

答：（1）检修项目是否齐全；

（2）检修质量是否符合要求；

（3）存在缺陷是否全部消除；

（4）电试、油化验项目是否齐全，结果是否合格；

（5）检修、试验及技术改进资料是否齐全，填写是否正确；

（6）有载调压开关是否正常，指示是否正确；

（7）冷却风扇、循环油泵试运转是否正常；

（8）瓦斯保护传动试验动作正确；

（9）电压分接头是否在调度要求的档位，三相应一致；

（10）变压器外表、套管及检修场地是否清洁。

▶**2-2-49 变压器在检修后复电前有哪些准备工作？**

答：（1）收回并终结有关工作票，拆除或拉开有关接地线及接地开关，拆除遮栏及标示牌，并做好设备检修、试验等各项记录；

（2）详细检查一次设备及二次回路、保护压板符合运行要求；

（3）强迫油循环变压器投运前，启动全部冷却器运行一段时间使残留空气逸出。

▶**2-2-50 更换运行中变压器呼吸器内硅胶应注意什么？**

答：（1）应将重瓦斯保护改接"信号"；

（2）取下呼吸器时应将连管堵住，防止回收空气；

（3）换上干燥的硅胶后，应使油封内的油没过呼气嘴并将呼吸器密封。

▶**2-2-51 变压器预防性试验项目有哪些？**

答：（1）测量变压器绕组的绝缘电阻和吸收比；

（2）测量绕组的直流电阻；

（3）测量绕组连同套管的泄漏电流；

（4）测量绕组连同套管的介质损失；

（5）绝缘油电气强度试验和性能测试。

▶**2-2-52 变压器正常巡视有哪些检查项目？**

答：（1）变压器运行的声响是否正常；

（2）储油柜及充油套管中的油色、油位是否正常，有无渗漏油现象；

（3）各侧套管有无破损，有无放电痕迹及其他异常现象；

（4）冷却装置运行是否正常；

（5）上层油温表指示是否正确，有无异常情况；

（6）防爆管的隔膜是否完好，有无积液情况；

（7）呼吸器变色硅胶的变色程度；

（8）气体继电器内是否满油；

（9）本体及各附件有无渗、漏油；

（10）各侧套管桩头及连接线有无发热、变色现象；

（11）变压器附近周围环境及堆放物是否有可能威胁变压器的安全运行。

▶**2-2-53 变压器特殊巡视检查项目有哪些？**

答：（1）大风时检查变压器附近有无容易被吹动飞起的杂物，防止吹落到带电部分，并注意引线的摆动情况；

（2）大雾天检查套管有无闪络、放电现象；

（3）大雪天检查变压器顶盖至套管连线间有无积雪、挂冰情况，油位计、温度计、气体继电器有无积雪覆盖情况；

（4）雷雨后检查变压器各侧避雷器计数器动作情况，检查套管有无破损、裂缝及放电痕迹；

（5）气温突变时，检查油位变化及油温变化情况。

▶**2-2-54 当运行中变压器发出过负荷信号时应如何检查处理？**

答：运行中的变压器发出过负荷信号时，值班人员应检查变压器的各侧电流是否超过规定值，并应将变压器过负荷数量报告当值调度员，然后检查变压器的油位、油温是否正常，同时将冷却器全部投入运行，对过负荷数量值及时间按规定执行，并按规定时间巡视检查，必要时增加特巡次数。

▶2-2-55　变压器的异常运行状态有哪些？

答：（1）严重渗油；

（2）储油柜内看不到油位或油位过低；

（3）油位不正常升高或降低；

（4）变压器油碳化；

（5）变压器内部有异常声音；

（6）瓷件有异常放电声或有火花现象；

（7）变压器套管有裂纹或严重破损；

（8）变压器高低压套管引线线夹过热；

（9）冷却器装置故障；

（10）气体继电器内气体不断集聚，连续动作，发信号；

（11）正常负载和冷却条件下，油温不正常升高。

▶2-2-56　取运行中变压器的瓦斯气体时应注意哪些安全事项？

答：（1）取瓦斯气体必须由两人进行，其中一人操作，一人监护；

（2）攀登变压器取气时，应保持安全距离，不可越过专设遮栏。

▶2-2-57　变压器音响发生异常声音可能是什么原因造成的？

答：（1）因过负荷引起；

（2）内部接触不良放电打火；

（3）个别零件松动；

（4）系统有接地或短路；

（5）大动力启动，负荷变化较大；

（6）铁磁谐振。

▶2-2-58　三绕组变压器停一侧，其他两侧能否继续运行？应注意什么？

答：不论三绕组变压器的高、中、低压三侧哪一侧停止运行，其他两侧均可继续运行。若低压侧为三角接线，停止运行时应投入避雷器，并应根据运行方式考虑继电保护的运行方式和定值，还应注意容量比，监视负荷情况，停电侧差动保护电流互感器应短路。

▶2-2-59　变压器在运行时出现油面过高或有油从储油柜中溢出应如何处理？

答：首先检查变压器的负荷和温度是否正常，如果负荷和温度均正常，则可以判断是因呼吸器或油标管堵塞造成的假油面。此时应经当值调度员同意后，将重瓦斯保护改接"信号"，然后疏通呼吸器或油标管。如环境温度过高引起储油柜溢油时，应进行放油处理。

▶2-2-60　变压器发生绕组层间或匝间短路时有哪些异常现象？会导致什么保护动作？

答：（1）电流增大；

（2）油面增高，变压器内部发出"咕嘟"声；

（3）侧电压不稳定，忽高忽低；

（4）阀喷油。

将导致瓦斯保护或差动保护动作。

▶2-2-61　什么情况下，变压器应加强监视检查？

答：（1）有异常声音；

（2）套管闪烁或闪烁痕迹、放电声等现象；

（3）引出线桩头发热；

（4）严重漏油，油面逐渐下降或油变色；

（5）轻瓦斯发信号。

▶2-2-62　怎样根据气体继电器里气体的颜色、气味、可燃性来判断有无故障？

答：（1）无色、不可燃的是空气；

（2）黄色、可燃的是本质故障产生的气体；

（3）淡灰色、可燃并有臭味的是本质故障产生的气体；

（4）灰黑色、易燃的是铁质故障使绝缘油分解产生的气体。

▶2-2-63　强迫油循环风冷变压器冷却器全停后应如何处理？

答：变压器运行中发出"冷却器全停"信号后，值班人员应迅速检查变压器熔断器的交流电源熔断器及自动开关是否正常，并尽快排除故障，将冷却器投入运行，若超过规定时间故障仍未排除，则应将变压器退出运行。

▶2-2-64　变压器运行中遇到三相电压不平衡现象时如何处理？

答：如果三相电压不平衡时，应先检查三相负荷情况。对△／丫接线的三相变压器，如三相电压不平衡，电压超过5V以上则可能是变压器有匝间短路，须停电处理；对丫／丫接线的变压器，在轻负荷时允许三相对地电压相差10%，在重负荷的情况下要力求三相电压平衡。

▶2-2-65　切换变压器中性点接地开关如何操作？

切换原则是保证电网不失去接地点，采用先合后拉的操作方法：

答：（1）合上备用接地点的隔离开关；

（2）拉开工作接地点的隔离开关；

（3）将零序保护切换到中性点接地的变压器上。

▶2-2-66　变压器缺油有哪些原因？

答：（1）变压器长期渗油或大量漏油；

（2）检修或试验变压器时，放油后没有及时补油；

（3）储油柜的容量小，不能满足运行的要求；

（4）气温过低，储油柜的储油量不足。

▶2-2-67　变压器新装或大修后为什么要测定变压器大盖和储油柜连接管的坡度？标准

是什么？

答：变压器的气体继电器侧有两个坡度。一个是沿气体继电器方向变压器大盖坡度，要求在安装变压器时从底部垫好，应为1%~1.5%；另一个则是变压器油箱到储油柜连接管的坡度，应为2%~4%（这个坡度是由厂家制造好的）。这两个坡度，一是为了防止在变压器内储存空气；二是为了在故障时便于使气体迅速可靠地冲入气体继电器，保证气体继电器正确动作。

▶2-2-68 什么是变压器的不平衡电流？有什么要求？

答：变压器的不平衡电流是指三相变压器绕组之间的电流差。三相三线式变压器中，各相负荷的不平衡度不许超过20%；在三相四线式变压器中，不平衡电流引起的中性线电流不许超过低压绕组额定电流的25%。如不符合上述规定，应进行调整负荷。

▶2-2-69 什么是箱式变压器？

答：箱式变压器是一种将高压开关设备、配电变压器和低压配电装置，按一定接线方案排成一体的，在工厂预制的紧凑式配电设备。最初适用于城网建设与改造，分为欧式、美式两种。

▶2-2-70 欧式箱式变压器和美式箱式变压器有什么区别？

答：欧式箱式变压器体积大，成本高，高压侧有电动机构；但供电可靠性高，噪声低，可根据用户需要配电自动化装置，有改造空间，传统上适用于较重要的负荷供电。

美式箱式变压器体积小，成本低；但供电可靠性低，高压侧无电动机构，无法增设配电自动化装置，噪声较高，传统上适用于不重要的负荷用电。

▶2-2-71 箱式变压器使用有哪些注意事项？

答：（1）开箱验收后，设备投运前，应将其置于干燥、通风处，运行前压力释放阀应能正常开启；

（2）对熔断器的操作需在断电的状态下进行；

（3）无励磁分接开关不能带负荷操作；

（4）对设备进行接地、试验、隔离和合闸操作都要使用绝缘操作杆；

（5）负荷开关只能开断额定电流，不能开断短路电流；

（6）变压器不可长期过载、缺相运行，否则将影响其使用寿命。

▶2-2-72 箱式变压器有什么维护和保养项目？

答：（1）高/低压套管、绝缘子、传感器必须保持清洁，定期将上面的灰尘擦拭干净，并且检查套管等表面有无裂纹和放电闪络现象，如有应立即更换。

（2）检查箱沿、套管、散热片等密封垫的松紧程度，如有松动用力矩扳手紧固。

（3）正常运行情况下应定期取油样化验。

（4）若油位指示低于警示位置，应对箱式变压器进行注油，注油前必须先释放油箱内可能存在的压力，打开低压室内的注油塞，注入相同牌号、试验合格的变压器油，注油完毕立即拧紧注油塞。在注油的过程中应注意避免夹带气泡进入油箱，箱式变压器在充油后再送电时间间隔必须在12h以上，以保证油中的气泡逸出。

（5）每年在雷雨季节前对氧化锌避雷器进行预防性试验。

（6）检查35kV的熔断器是否过热、渗油。

（7）低压配电柜应定期保养与试验周期，每年至少一次，使用环境条件较差时，应增加保养次数，并及时处理松动的电气连接点，修整烧伤的接触面，更换失去弹性的弹簧垫，拧紧各连接螺栓。

（8）更换易损件及不良的垫圈设备和元件。

（9）检修低压开关及接触器的触头和灭弧罩。

（10）检查接地是否可靠，拧紧接地螺栓。

（11）测量高、低压侧绕组直流电阻。

（12）测量高、低压电气元件及二次回路绝缘电阻。

▶2-2-73 什么是接地变压器？

答：接地变压器是人为的制造一个中性点，用来连接接地装置。当系统发生接地故障时，对正序、负序电流呈高阻抗性，对零序电流呈低阻抗性，使接地保护可靠动作。

▶2-2-74 接地变压器的作用是什么？

答：（1）供给变电站使用的低压交流电源；

（2）在低压侧形成人为的中性点，同接地电阻装置或消弧线圈相结合，用于发生接地时补偿接地电容电流，消除接地点电弧。

▶2-2-75 接地变压器的特点是什么？

答：接地变压器采用Z型接线（也称曲折型接线），与普通变压器的区别是每相线圈分别绕在两个磁柱上，这样连接的好处是零序磁通可沿磁柱流通，而普通变压器的零序磁通是沿着漏磁磁路流通，所以Z型接地变压器的零序阻抗很小，而普通变压器要大得多。

▶2-2-76 电流互感器有哪几种接线方式？

答：使用两个电流互感器的两相V形接线和两相电流差接线，有使用三个电流互感器的三相丫形接线、三相△形接线和零序接线。

▶2-2-77 为什么110kV电压互感器二次回路要经过其一次侧隔离开关的辅助触点？

答：110kV电压互感器隔离开关的辅助触点应与隔离开关的位置相对应，即当电压互感器停用（拉开一次侧隔离开关）时，二次回路也应断开。这样可以防止双母线上带电的一组电压互感器向停电的一组电压互感器二次反充电，致使停电的电压互感器高压侧带电。

▶2-2-78 电流互感器运行中为什么二次侧不准开路？

答：电流互感器正常运行中二次侧处于短路状态，若二次侧开路将产生以下危害：

（1）感应电势产生高压可达几千伏及以上，危及在二次回路上工作人员的安全，损坏二次设备；

（2）由于铁芯高度磁饱和，发热，可损坏电流互感器二次绕组的绝缘。

▶2-2-79 电压互感器运行中为什么二次侧不准短路？

答：电压互感器正常运行中二次侧接近开路状态，一般二次侧电压可达100V，如果短路产生短路电流，造成熔断器熔断，影响表计指示，还可引起继电保护误动，若熔断器选用不当可能会损坏电压互感器二次绕组等。

▶2-2-80 为什么110kV及以上电压互感器的一次侧不装设熔断器？

答：因为110kV及以上电压互感器的结构采用单相串级式，绝缘强度大，另外，110kV系统为中性点直接接地系统，电压互感器的各相不可能长期承受线电压运行，所以在一次侧不装设熔断器。

▶2-2-81 电压互感器故障对继电保护有什么影响？

答：电压互感器二次回路经常发生的故障包括熔断器熔断、隔离开关辅助触点接触不良、二次接线松动等。故障会使继电保护装置的电压降低或消失，对于反映电压降低的保护继电器和反映电压、电流相位关系的保护装置，如方向保护、阻抗继电器等可能会造成误动和拒动。

▶2-2-82 运行中电压互感器出现哪些现象须立即停止运行？

答：（1）高压侧熔断器接连熔断2～3次；

（2）引线端子松动过热；

（3）内部出现放电异声或噪声；

（4）见到放电，有闪络危险；

（5）发出臭味或冒烟；

（6）溢油。

▶2-2-83 为什么不允许电流互感器长时间过负荷运行？

答：电流互感器长时间过负荷运行，会使误差增大，表计指示不正确。另外，一、二次电流增大，会使铁芯和绕组过热，绝缘老化快，甚至损坏电流互感器。

▶2-2-84 电压互感器高压熔断的原因主要有哪些？

答：（1）系统发生单相间歇性电弧接地，引起电压互感器的铁磁谐振；

（2）熔断器长期运行，自然老化熔断；

（3）电压互感器本身内部出现单相接地或相间短路故障；

（4）二次侧发生短路而二次侧熔断器未熔断，也可能造成高压熔断器的熔断。

▶2-2-85 电压互感器电压消失后应注意什么？

答：比如LH-11型距离保护的启动元件与测量元件都通有10mA的助磁电流，当电压互感器电压消失后，执行元件因瞬间制动力矩消失，在助磁电流的作用下，触点闭合不返回，因此，一旦电压互感器电压消失，首先将保护退出，然后解除保护直流，使启动元件与测量元件的执行元件返回。在投入保护时，一定要首先投保护的电压回路，然后再投直流。

▶2-2-86 电流互感器二次开路或接触不良有哪些特征？

答：（1）电流表指示不平衡，有一相（开路相）为零或较小；

（2）电流互感器有嗡嗡的响声；

（3）功率表指示不正确，度表转动减慢；

（4）电流互感器发热。

▶2-2-87　停用电压互感器应注意什么？

答：（1）应首先考虑因该电压互感器停用而引起有关保护（如距离保护）及自动装置（如备投）误动，必须先申请停用有关保护及自动装置；

（2）停用电压互感器包括高压侧隔离开关、次级空气开关或熔丝，防止二次侧反充电。

▶2-2-88　发现运行中35kV及以下的电压互感器出现哪些异常时应申请将其停用？

答：（1）高压侧熔断器连续熔断；

（2）内部绕组与外壳之间或引出线与外壳之间有放电及异常声响；

（3）套管有严重裂纹或放电；

（4）严重漏油。

▶2-2-89　电压互感器一、二次熔断器的保护范围是什么？

答：电压互感器一次熔断器的保护范围是：电压互感器的内部故障（匝间短路故障熔丝可能不熔断），或在电压互感器与电网连接线上的短路故障。

电压互感器二次熔断器的保护范围是：二次熔断器以下回路的短路引起的持续短路故障（一般二次熔断器以下回路的故障一次熔断器不熔断）。

▶2-2-90　引起电压互感器产生误差的原因有哪些？

答：（1）激磁电流的存在；

（2）电压互感器有内阻；

（3）因为一次电压影响激磁电流，因此也影响误差的大小；

（4）电压互感器二次负荷变化时，将影响电压互感器的二次电流及一次电流的变化，故也将对误差产生相应的影响；

（5）二次负荷的功率因数角的变化将会改变二次电流以及二次电压的相位，故其对误差将产生一定的影响。

▶2-2-91　三相五柱式电压互感器各侧电压的数值是多少？

答：一次绕组电压为接入系统的线电压，主二次绕组相电压为$100/\sqrt{3}$ V，辅助二次绕组相电压为$100/\sqrt{3}$ V。

▶2-2-92　怎样对变压器进行核相？

答：应先用运行的变压器校对两母线上电压互感器的相位，然后用新投入的变压器向一级母线充电，再进行核相，一般使用相位表或电压表，如测得结果为两同相电压等于零，非同相为线电压，则说明两变压器相序一致。

第三节 高低压配电设备

▶2-3-1 什么是GIS？它与常规敞开式变电站相比有什么特点？

答：六氟化硫闭合式组合电器，国际上称为气体绝缘开关设备，简称GIS。它是将一座变电站中除变压器以外的一次设备，包括断路器、隔离开关、接地开关、互感器、避雷器、母线、电缆终端、进出线套管等，经优化设计有机的组合成的一个整体。

与常规敞开式变电站相比，GIS具有结构紧凑、占地面积小、可靠性高、配置灵活、安装方便、安全性高、环境适应能力强、维护工作量很小（其主要部件的维修间隔不小于20年）等优点。近年来GIS已经广泛应用于高压、超高压领域，而且在特高压领域也有一定的使用。

▶2-3-2 GIS根据各个元器件的不同作用分成若干个气室，其原则是怎样规定的？

答：（1）因SF_6气体的压力不同，要求分为若干个气室。断路器在断开电流时，要求电弧迅速熄灭，因此要求SF_6气体的压力要高，隔离开关切断的仅是电容电流，所以压力要低些。

（2）因绝缘介质不同，GIS必须与架空线、电缆、主变压器相连接，而不同的元器件所用的绝缘介质不同，如与变压器的连接因为油与SF_6两种绝缘介质而采用油气套管。

（3）因GIS检修的需要，GIS要分为若干个气室。由于元器件与母线要连接起来，若某一元器件发生故障时，要将该元器件的SF_6气体抽出来才能进行检修，分成若干气室能减少故障范围。为了监视GIS各气室SF_6气体是否泄漏，根据各厂家设计不同装有压力表或密度计，密度计装有温度补偿装置，一般不受环境温度的影响。为防止SF_6气体压力过高，超出正常压力，又装有防爆装置。

▶2-3-3 以GIS的型号ZF10-126T/2000-40为例，其字母、数字代表什么含义？

答：Z—组合电器；F—金属封闭；10—设计序号；126—额定电压；T—弹簧操作机构；2000—额定电流；40—额定短路开断电流。

▶2-3-4 GIS组合电器检修时应注意哪些事项？

答：（1）检修时首先回收SF_6气体并抽真空，对其内部进行通风；

（2）工作人员应戴防毒面具和橡皮手套，将金属氟化物粉末集中起来，装入钢制容器，并深埋处理，以防金属氟化物与人体接触中毒；

（3）检修中严格注意其内部各带电导体表面不应有尖角毛刺，装配中力求电场均匀，符合厂家各项调整、装配尺寸的要求；

（4）检修时还应做好各部分的密封检查与处理，瓷套应做超声波探伤检查。

▶2-3-5 GIS的试验项目有哪些？

答：（1）测量主回路的直流电阻；

（2）主回路的交流耐压试验；

（3）密封性试验；

（4）测量SF₆气体含水量；

（5）封闭式组合电器内各元件的试验；

（6）气体密度继电器、压力表和压力动作阀的检查；

（7）组合电器的操动试验。

▶2-3-6 做GIS交流耐压试验时有什么注意事项？

答：（1）规定的试验电压应施加在每一相导体和金属外壳之间，每次只能给一相加压，其他相导体和接地金属外壳相连接；

（2）当试验电源容量有限时，可将GIS用其内部的断路器或隔离开关分断成几个部分分别进行试验，同时不试验的部分应接地，并保证断路器断口，断口电容器或隔离开关断口上承受的电压不超过允许值；

（3）GIS内部的避雷器在进行耐压试验时应与被试回路断开，GIS内部的电压互感器、电流互感器的耐压试验应参照相应的试验标准执行。

▶2-3-7 GIS气体泄漏监测的方法有哪些？

答：（1）SF₆泄漏报警仪；

（2）室内氧量仪报警；

（3）生物监测；

（4）密度继电器；

（5）压力表；

（6）肥皂泡法；

（7）独立气室压力检测法（确定微泄漏部位）；

（8）SF₆气体定性检漏仪；

（9）年泄漏率法。

▶2-3-8 高压开关相的巡视检查项目有哪些？

答：（1）断路器、隔离开关、接地开关分、合位置机械指示是否正确，且与控制屏、保护屏、监控机指示一致；

（2）各气室SF₆压力表指示是否正确；

（3）汇控柜各种信号是否正常，各种小开关投停位置是否正确；

（4）气压或液压机构压力是否在正常范围内，弹簧机构是否处于储能状态；

（5）组合电器各部分及管道有无异声、漏气声和异味；

（6）避雷器泄漏电流指示是否平稳正常；

（7）设备本体外壳、支架、配管、法兰有无损伤、锈蚀；

（8）均匀环是否倾斜、松动、变形、锈蚀。

▶2-3-9 加速开关电气灭弧的措施与方法主要有哪几种？

答：（1）气体吹动电弧；

（2）拉长电弧；

（3）电弧与固体介质接触。

▶**2-3-10 什么是高压断路器?**

答: 高压断路器又称高压开关,它不仅可以切断或闭合高压电路中的空载电流和负荷电流,而且当系统发生故障时,通过继电保护装置的作用,可以切断过负荷电流和短路电流。高压断路器具有相当完善的灭弧结构和足够的断流能力。

▶**2-3-11 高压断路器有什么作用?**

答: (1)正常情况下,断路器用来开断和闭合空载电流和负荷电流;

(2)故障时通过继电保护动作来断开故障电流,以确保电力系统安全运行;

(3)配合自动装置完成切除、合闸任务,提高供电可靠性。

▶**2-3-12 高压断路器有哪些基本要求?**

答: (1)工作可靠;

(2)具有足够的断流能力;

(3)具有尽可能短的切断时间;

(4)结构简单、价格低廉。

▶**2-3-13 高压断路器主要有哪几种类型?**

答: 高压断路器按装设地点不同,分为户内和户外两种形式;按断路器灭弧介质划分有SF_6断路器、真空断路器、油断路器等。

▶**2-3-14 高压断路器操作机构有哪几种类型?**

答: (1)手动操作机构(CS);

(2)电磁操动机构(CD);

(3)弹簧操动机构(CJ);

(4)气动操动机构(CQ);

(5)液压操动机构(CY)等。

▶**2-3-15 什么是断路器自由脱扣?**

答: 断路器在合闸过程中的任何时刻,若保护动作接通跳闸回路,断路器能可靠地断开,这就称为自由脱扣。带有自由脱扣的断路器,可以保证断路器合于短路故障时,能迅速断开,避免扩大事故范围。

▶**2-3-16 为什么断路器都要有缓冲装置?**

答: 断路器分、合闸时,导电杆具有足够的分、合速度。因为导电杆运动到预定的分、合位置时,通常仍剩有很大的速度和动能,对机构及断路器有很大的冲击,所以需要缓冲装置,以吸收运动系统的剩余动能,使运动系统平稳。

▶**2-3-17 常用断路器的灭弧介质有哪些?**

答: (1)真空;

(2)空气;

(3)SF_6气体;

(4)绝缘油。

▶2-3-18 **低压断路器的主要功能是什么？**

答：既能带负荷通断电路，又能在短路、过负荷和失压时自动跳闸。

▶2-3-19 **断路器灭弧室作用是什么？灭弧方式有几种？**

答：断路器灭弧室的作用是熄灭电弧。灭弧方式有纵吹、横吹及纵横吹。

▶2-3-20 **常用的灭弧法有哪些？**

答：常用的灭弧法有速拉灭弧法、冷却灭弧法、吹弧灭弧法、长弧切短灭弧法、狭沟或狭缝灭弧法、真空灭弧法和六氟化硫灭弧法。

▶2-3-21 **油断路器的原理是什么？**

答：油断路器的工作原理：油断路器中有大量的绝缘油，它的接触部分包括固定的和活动的触头，也就是说能产生电弧的部分，都浸在盛有绝缘油的油箱里。当断路器的动触头和静触头互相分离时产生电弧，电弧的高温使其附近的绝缘油蒸发汽化和发生热分解，形成灭弧能力很强的气体和气泡（压力达几个大气压至十几个大气压），使电弧很快熄灭。

▶2-3-22 **油断路器爆炸燃烧有哪几个原因？**

答：（1）油面过低油，断路器触点至油面的油层过薄，油受电弧作用而分解的可燃气体冷却不良，这部分可燃气体进入顶盖下面的空间而与空气混合，形成爆炸性气体，在自身的高温下就有可能爆炸燃烧。

（2）油箱内的油面过高，析出的气体在油箱内得不到空间缓冲，形成过高的压力，也可能引起油箱爆炸起火。

（3）油的绝缘强度劣化杂质或水分过多，引起油断路器内部闪络。

（4）操作机构调整不当、部件失灵，会使操作时动作缓慢或合闸后接触不良。当电弧不能及时被切断和熄灭时，在油箱内产生过多的可燃气体，便可能引起爆炸和燃烧。

（5）遮断容量小油开关的遮断容量对输配电系统来说是个很重要的参数。当遮断容量小于系统的短路容量时，断路器无能力切断系统强大的短路电流，致使断路器燃烧爆炸，造成输配电系统的重大事故。

（6）其他油断路器的进、出线都通过绝缘套管，当绝缘套管与油箱盖、油箱盖与油箱体密封不严时，油箱进水受潮，或油箱不洁，绝缘套管有机械损伤都可造成对地短路引起爆炸或火灾事故。

▶2-3-23 **SF_6气体有哪些主要的物理性质？**

答：SF_6气体是无色、无味、无毒、不易燃的惰性气体，具有优良的绝缘性能，且不会老化变质，比重约为空气的5.1倍，在标准大气压下62℃时液化。

▶2-3-24 **SF_6气体有哪些良好的灭弧性能？**

答：（1）弧柱导电率高，燃弧电压很低，弧柱能量较小；

（2）当交流电流过零时，SF_6气体的介质绝缘强度恢复快，约比空气快100倍，即它的灭弧能力比空气高100倍；

（3）SF_6气体的绝缘强度较高。

▶**2-3-25　SF₆断路器通常装设哪些压力闭锁、信号报警？**

答：（1）SF₆气体压力降低信号，即补气报警信号，一般比额定工作气压低5%～10%；

（2）分、合闸闭锁及信号回路，当压力降低到某数值时，它就不允许进行合、分闸操作，一般该值比额定工作气压低5%～10%。

▶**2-3-26　SF₆断路器有哪些优点？**

答：（1）允许断路次数多；

（2）断路性能好；

（3）断口电压高；

（4）额定电流大；

（5）占地面积小，抗污染能力强。

▶**2-3-27　真空断路器灭弧原理是什么？**

答：当开关的动触头和静触头分开的时候，在高电场的作用下，触头周围的介质粒子发生电离、热游离、碰撞游离，从而产生电弧。如果动、静触头处于绝对真空之中，当触头开断时由于没有任何物质存在，也就不会产生电弧，电路就很容易分断。真空断路器的灭弧室的真空度非常高，电弧所产生的微量离子和金属蒸汽会极快地扩散，从而受到强烈的冷却作用，一旦电流过零熄弧后，真空间隙介电强度恢复速度也极快，从而使电弧不再重燃。这就是真空开关利用高真空来熄灭电弧并维持极间绝缘的原理。

▶**2-3-28　真空断路器有哪些特点？**

答：真空断路器具有触头开距小、燃弧时间短、触头在开断故障电流时烧伤轻微等特点，因此所需的操作能量小，动作快，同时还具有体积小、质量小、维护工作量小、能防火、防爆，操作噪声小的优点。

▶**2-3-29　真空断路器的真空失常有哪些现象？**

答：真空断路器运行时，正常情况下，其灭弧室的屏蔽罩颜色应无异常变化，真空度正常。若运行中或合闸前（一端带电压）真空灭弧室出现红色或乳白色辉光，说明真空度下降，影响灭弧性能，应更换灭弧室。

▶**2-3-30　什么是断路器的金属短接时间？**

答：为了满足在分、合闸循环下开断性能的要求，在断路器分、合过程中，动静触头直接接触时间称为金属短接时间。

▶**2-3-31　断路器灭弧罩的作用是什么？**

答：（1）引导电弧纵向吹出，防止发生相间短路；

（2）使电弧与灭弧室的绝缘壁接触，从而迅速冷却，增加去游离作用，提高弧柱压降，迫使电弧熄灭。

▶**2-3-32　为何高压断路器与隔离开关之间要装闭锁装置？**

答：因为隔离开关没有灭弧装置，只能接通和断开空载电路，所以在断路器断开的情况下，才能拉、合隔离开关，为此在断路器与隔离开关之间要加装闭锁装置，使断路器在合闸状态时，隔离开关拉不开、合不上，可有效防止带负荷拉、合隔离开关。

▶**2-3-33 断路器投运前应进行哪些检查?**

答：（1）收回所有工作票，拆除安全措施，恢复固定安全措施，检查绝缘电阻值记录正常；

（2）断路器两侧隔离开关均应在断开位置；

（3）断路器本体、引线套管应清洁完整；

（4）对于油断路器及套管的各部油位应在规定范围内，油色正常；

（5）机械位置指示器及断路器拐臂位置应正确；

（6）排气管及相间隔板应完整无损；

（7）断路器本体各部无杂物，周围清洁无易燃物品；

（8）各部一、二次接线应良好；

（9）对于SF_6断路器应检查其压力正常；

（10）保护及二次回路变动时，应做好保护跳闸试验和断路器的拉合闸试验，禁止将操作机构拒绝跳闸的断路器投入运行。

▶**2-3-34 高压断路器在操作及使用中应注意什么?**

答：（1）远方操作的断路器，不允许带电手动合闸，以免合入故障回路，使断路器损坏或爆炸；

（2）拧动控制开关，不得用力过猛或操作过快，以免操作失灵；

（3）断路器合闸送电或跳闸后试送时，其他人员应尽量远离现场，避免因带故障合闸造成断路器损坏，发生意外；

（4）拒绝跳闸的断路器，不得投入运行或处于备用；

（5）断路器分、合闸后，应立即检查有关信号和测量仪表，同时应到现场检查其实际分、合位置。

▶**2-3-35 如何检查断路器已断开?**

答：（1）红灯应熄灭，绿灯应亮；

（2）操动机构的分、合指示应在分闸位置；

（3）电流表应指示为零。

▶**2-3-36 如何检查断路器已合上?**

答：（1）绿灯应熄灭，红灯应亮；

（2）操动机构的分、合指示器应在合闸位置；

（3）如果是负荷断路器，电流表应有指示；

（4）给母线充电后，母线电压表的指示应正确；

（5）合上变压器电源侧断路器后，变压器的声响应正常。

▶**2-3-37 断路器出现哪些异常时应停电处理?**

答：（1）支持绝缘子断裂或套管炸裂；

（2）连接处过热变红色或烧红；

（3）绝缘子严重放电；

（4）SF$_6$断路器的气室严重漏气发出操作闭锁信号；

（5）液压机构突然失压到零；

（6）真空断路器真空损坏。

▶2-3-38 操作中误拉、误合断路器时如何处理？

答：（1）当误合上断路器时，应立即将其断开，并检查该断路器和充电设备有无异常，然后立即向调度报告；

（2）当误断开断路器时，不允许再次合闸，应立即向调度汇报，然后根据调度命令进行操作。

▶2-3-39 断路器与隔离开关有什么区别？

答：（1）断路器装有消弧装置因而可切断负荷电流和故障电流，而隔离开关没有消弧装置，不可用于切断或投入一定容量以上的负荷电流和故障电流；

（2）继电保护、自动装置等能和断路器配合工作，而隔离开关则不能。

▶2-3-40 什么是隔离开关？

答：隔离开关是高压开关的一种。因为没有专门的灭弧装置，所以不能用来接通、切断负荷电流和短路电流。

▶2-3-41 隔离开关的作用是什么？

答：（1）隔离电源。用隔离开关将需要检修的电气设备与电源可靠地隔离或接地，以保证检修工作的安全进行。

（2）改变运行方式。在双母线电路中，将设备或供电线路从一组母线切换到另一组母线上去。

（3）用于接通和切断小电流的电路。

▶2-3-42 隔离开关有什么特点？

答：（1）隔离开关的触头全部敞露在空气中，这可使断开点明显可见。隔离开关的动触头和静触头断开后，两者之间的距离应大于被击穿时所需的距离，避免在电路中发生过电压时断开点发生闪络，以保证检修人员的安全。

（2）隔离开关没有灭弧装置，因此仅能用来分合只有电压没有负荷电流的电路，否则会在隔离开关的触头间形成强大的电弧，危及设备和人身安全，造成重大事故。因此在电路中，隔离开关一般只能在断路器已将电路断开的情况下才能接通或断开。

（3）隔离开关应有足够的动稳定和热稳定能力，并能保证在规定的接通和断开次数内，不致发生故障。

▶2-3-43 隔离开关如何分类？

答：按照装置地点可分为户内用和户外用；按极数可分为单极和三极；按有无接地开关可分为带接地开关和不带接地开；按用途可分为快速分闸用和变压器中性点接地用等。

2-3-44 对隔离开关的基本要求有哪些?

答：按照隔离开关在电网中担负的任务及使用条件，其基本要求有：

（1）隔离开关分开后应有明显的断开点，易于鉴别设备是否与电网隔离；

（2）隔离开关断点间应有足够的绝缘距离，以保证在过电压情况下，不致引起击穿而危及工作人员的安全；

（3）在短路情况下，隔离开关应具有足够的热稳定性和动稳定性，尤其是不能因电动力的作用而自动分开，否则将引起严重事故；

（4）具有开断一定的电容电流、电感电流和环流的能力；

（5）分、合闸时的同期性要好，有最佳的分、合闸的速度，以尽可能降低操作过电压、燃弧次数和无线电干扰；

（6）隔离开关的结构应简单，动作要可靠，有一定的机械强度，金属制件应能耐受氧化而不腐蚀，在冰冻的环境里能可靠地分、合闸；

（7）带有接地开关的隔离开关，必须装设联锁机构，以保证停电时先断开隔离开关，后闭合接地开关，送电时先断开接地开关，后闭合隔离开关的操作顺序；

（8）通过辅助触点，隔离开关与断路器之间应有电气闭锁，以防带负荷误拉、合隔离开关。

▶2-3-45 隔离开关应具备哪些联锁? 其方式有几种?

答：隔离开关应具备三种联锁：

（1）隔离开关与断路器之间的闭锁；

（2）隔离开关与接地开关之间的闭锁；

（3）母线隔离开关与母线隔离开关之间的闭锁。

联锁的方式有三种：

（1）机械联锁；

（2）电气联锁；

（3）电磁锁（微机防误闭锁）。

▶2-3-46 什么叫机械闭锁?变电所常见的机械闭锁有哪几种?

答：变电所常用的机械闭锁是靠机械结构达到预定目的的一种闭锁，实现一电气设备操作后另一电气设备就不能操作。变电所常见的机械闭锁一般有以下几种：

（1）线路（变压器）隔离开关与线路（变压器）接地开关之间的闭锁；

（2）线路（变压器）隔离开关和断路器与线路（变压器）侧接地开关之间的闭锁；

（3）母线隔离开关与断路器母线侧接地开关之间的闭锁；

（4）电压互感器隔离开关与电压互感器接地开关之间的闭锁；

（5）电压互感器隔离开关与所属母线接地开关之间的闭锁；

（6）旁路旁母隔离开关与旁母接地开关之间的闭锁；

（7）旁路旁母隔离开关与断路器旁母侧接地开关之间的闭锁；

（8）母联隔离开关与母联断路器侧接地开关之间的闭锁；

（9）500kV线路并联电抗器隔离开关与电抗器接地开关之间的闭锁。

▶**2-3-47　电动操动机构适用于哪类隔离开关?**

答：电动操动机构主要适用于需远距离操作重型隔离开关及110kV及以上的户外隔离开关。

▶**2-3-48　为什么不能用隔离开关拉、合负荷回路?**

答：因为隔离开关没有灭弧装置，不具备拉、合较大电流的能力，拉、合负荷电流时产生的强烈电弧可能会造成相间短路，引起重大事故。

▶**2-3-49　隔离开关操作失灵有哪些原因?**

答：（1）三相操作电源不正常；

（2）闭锁电源不正常；

（3）热继电器动作未复归；

（4）操作回路断线，端子松动，接线错误等；

（5）接触器或电动机故障；

（6）开关辅助触点转换不良；

（7）接地开关与辅助触点闭锁；

（8）控制开关把手触点切换不良；

（9）隔离开关辅助接触点切换不良；

（10）操作机构失灵。

▶**2-3-50　为何停电时要先拉线路侧隔离开关，送电时要先合母线侧隔离开关?**

答：这是为了防止断路器实际上没有断开（假分）时，带负荷拉合母线侧隔离开关，造成母线短路而扩大事故。停电时先拉线路侧隔离开关，送电时先合母线侧隔离开关，以保证在线路侧隔离开关发生短路时，断路器仍可以跳闸切除故障从而避免事故扩大。

▶**2-3-51　隔离开关操作时应注意什么?**

答：（1）应先检查相应回路的断路器在断开位置，以防止带负荷拉、合隔离开关。

（2）线路停、送电时，必须按顺序拉合隔离开关。停电操作时，先断开断路器，后拉线路侧隔离开关，再拉母线侧隔离开关，送电时相反。这是因为发生误操作时，按上述顺序可缩小事故范围。

（3）隔离开关操作时，应有值班员在现场逐相检查其分、合位置、同期情况、触头接触深度等项目，确保隔离开关动作正常，位置正确。

（4）隔离开关一般应在主控室进行操作，当远控电气操作失灵时，可在现场就地进行电动或手动操作，但必须征得站长和站技术负责人许可，并有现场监督才能进行。

（5）隔离开关、接地开关和断路器之间安装有防误操作的电气、电磁和机械闭锁装置，倒闸操作时，一定要按顺序进行。如果闭锁装置失灵或隔离开关和接地开关不能正常操作时，必须严格按闭锁要求的条件，检查相应的断路器、隔离开关的位置状态，核对无误后才能解除闭锁进行操作。

▶**2-3-52　隔离开关可进行哪些操作?**

答：（1）拉开或合上无故障的电压互感器或避雷器。

（2）拉开或合上无故障的母线。

（3）拉开或合上变压器的中性点隔离开关。不论中性点是否接有消弧线圈，只有在该系统没有接地故障时才可进行。

（4）拉开或合上励磁电流不超过2A的无故障的空载变压器。

（5）拉开或合上电容电流不超过5A的无故障的空载线路。但当电压在20kV及以上时，应使用室外垂直分合式的三联隔离开关。

▶2-3-53 隔离开关的操作要点有哪些？

答：合闸时：对准操作项目，操作迅速果断，但不要用力过猛，操作完毕，要检查合闸良好。

拉闸时：开始动作要慢而谨慎，隔离开关离开静触头时应迅速拉开，拉闸完毕，要检查断开良好。

▶2-3-54 手动操作隔离开关时应注意哪些事项？

答：（1）操作前必须检查断路器确实是在断开位置。

（2）合闸操作时，不论用手动传动或用绝缘杆加力操作，都必须迅速果断，在合闸终了时不可用力过猛。

（3）合闸后应检查隔离开关的触头是否完全合入，接触是否严密。

（4）拉闸操作时，开始应慢而谨慎，当刀片刚离开固定触头时，应迅速果断，以便能迅速消弧。

（5）拉开隔离开关后，应检查每一相确实已断开。

（6）拉、合单相式隔离开关时，应先拉开中相，后拉开边相；合入操作时的顺序与拉开时的顺序相反。

（7）隔离开关应按联锁（微机闭锁）程序操作，当联锁（微机闭锁）装置失灵时，应查明原因，不得自行解锁进行操作。

▶2-3-55 发生带负荷拉、合隔离开关时应怎么办？

答：（1）在操作中发生错合时，甚至在合闸时发生电弧，也不准将隔离开关再拉开，因为带负荷拉隔离开关，将造成又一次的弧光短路；

（2）如果错拉隔离开关，如在开始阶段发现错误，应立即向相反方向操作，将隔离开关重新合上，如隔离开关已拉开，不得重新合上，这时如果电弧未熄灭，应迅速断开该回路断路器；

（3）如果是单相式的隔离开关，操作一相后发现错误，则不应继续操作其他两相。

▶2-3-56 引起隔离开关触头发热的主要原因是什么？

答：（1）合闸不到位，使电流通过的截面大大缩小，因而出现接触电阻增大，易产生很大的作用力，减少了弹簧的压力，使压缩弹簧或螺栓松弛，更使接触电阻增大而过热；

（2）因触头紧固件松动，刀片或刀嘴的弹簧锈蚀或过热，使弹簧压力降低，或操作时用力不当，使接触位置不正，这些情况均使触头压力降低，触头接触电阻增大而过热；

（3）刀口合得不严，使触头表面氧化、脏污，拉合过程中触头被电弧烧伤，各连动部件磨损或变形等，均会使触头接触不良，接触电阻增大而过热。

▶2-3-57　隔离开关在运行中可能出现哪些异常？

答：（1）接触部分过热；

（2）绝缘子破损、断裂，导线线夹裂纹；

（3）支柱式绝缘子胶合部因质量不良和自然老化造成绝缘子掉盖；

（4）因严重污秽或过电压，产生闪络、放电、击穿接地。

▶2-3-58　在正常运行时应重点监视隔离开关的哪些参数？

答：（1）电流不许超过额定电流；

（2）温度不超过70℃。

▶2-3-59　隔离开关送电前应做哪些检查？

答：（1）支持绝缘子、拉杆绝缘子应清洁完整；

（2）试拉隔离开关时，三相动作一致，触头应接触良好；

（3）接地开关与其主隔离开关机械闭锁应良好；

（4）操作机构动作应灵活；

（5）机构传动应自如，无卡涩现象；

（6）动静触头接触良好，接触深度要适当；

（7）操作回路中位置开关、限位开关、接触器、按钮以及辅助触点应操作转换灵活可靠。

▶2-3-60　正常运行中，隔离开关的检查内容有哪些？

答：（1）隔离开关的刀片应正直、光洁、无锈蚀、烧伤等异常；

（2）消弧罩及消弧触头完整，位置正确；

（3）隔离开关的传动机构、联动杠杆以及辅助触点、闭锁销子应完整，无脱落、损坏现象；

（4）合闸状态的三相隔离开关中每相应接触紧密，无弯曲、变形、发热、变色等异常现象。

▶2-3-61　隔离开关及母线在哪些情况下应进行特殊检查？

答：（1）过负荷时，应对母线和隔离开关进行详细检查，查看温度和声音是否正常；

（2）事故后检查其可疑部件；

（3）大雾天、大雪天、大风天及连绵雨天，应对母线及隔离开关进行详细检查，查看其温度、绝缘子放电及有无杂物等情况。

▶2-3-62　隔离开关运行维护的内容有哪些？

答：（1）定期清除隔离开关的杂物；

（2）定期对机构箱、端子箱进行清扫；

（3）定期对动力电源开关进行检查（用万用表）；

（4）定期对隔离开关机构箱、端子箱内的加热器进行检查并按照要求进行投退；

（5）对500kV隔离开关支柱进行停电、水冲洗。

▶2-3-63 高压熔断器的定义、原理及作用分别是什么？

答：定义：熔断器是最简单的保护电器，它用来保护电气设备免受过载和短路电流的损害。按安装条件及用途选择不同类型高压熔断器如屋外跌落式、屋内式，对于一些专用设备的高压熔断器应选专用系列，常说的熔丝就是熔断器的一类。

原理：其结构一般包括熔丝管、熔件、支持绝缘子和底座等部分。熔丝管中填充用于灭弧的石英砂细粒；熔件是利用熔点较低的金属材料制成的金属丝或金属片，串联在被保护电路中，当电路或电路中的设备过载或发生故障时，熔件发热而熔化，从而切断电路，达到保护电路或设备的目的。

用途：主要用于高压输电线路、电压变压器、电压互感器等电气设备的过载和短路保护。

▶2-3-64 熔断器使用有何注意事项？

答：（1）当熔断器件熔断后，应换上型号和尺寸等参数相同的新熔件，切勿以其他器件代替，在更换熔断件时，发现熔断件的熔管发黄或者熔断器绝缘筒内有气雾泄出，属于正常现象；

（2）更换熔断件时一定要确保在不带电的条件下更换，熔断器不允许用来切换空载线路；

（3）对三相安装的熔断器，除非已肯定仅其中一只承担过故障电流，否则即使一只熔断器动作，其他两只均应更换；

（4）熔断器在使用前应储存在装有保护的箱中，任何受过跌落或者其他严重机械冲击的熔断器，在使用前应检查熔断器底座、熔断件金属部件和熔管是否损伤、清洁，熔断器支持件（底座）是否渗漏，并测量熔断件电阻值合格。

▶2-3-65 更换高压熔断器有何注意事项？

答：（1）熔断器更换时，应戴上干净的棉布手套（防止操作时手柄或熔断器件受污染，影响绝缘性能）。

（2）旋下红色帽盖，将手柄、熔断件和接触件整体从熔断器底座内拔出，用清洁的棉布将熔断器底座内壁和手柄抹干净。

（3）用一字形螺钉旋具将手柄和熔断件侧向锁紧螺钉松开，拔出需要更换的熔断件，更换新熔断件并锁紧侧向锁紧螺钉。

（4）检查熔断器底座的内壁、手柄和熔断件，确保它的清洁，然后将手柄、新熔断件和接触件按以下方法插入底座：一手托住熔断件中间部位偏向前端，一手握住手柄中段，将接触弹簧处对准底座孔缓慢插入，插入过程应目测组合件中心轴与底座中心相对同轴，至另一端接触弹簧插入底座，并进入底座约50mm后，按住手柄顶端，沿底座轴心缓慢推进插入底座，至手柄内端面与O形密封圈接触。

（5）旋上红色帽盖。

▶2-3-66　户外跌落式熔断器的用途是什么？

答： 户外跌落式熔断器是户外高压保护电器，适用于35kV及以下的电力系统中，装置在配电变压器高压侧或配电线支干线路上，用作输电线路、电力变压器过载和短路保护及分、合负荷电流，机械寿命不小于2000次。

▶2-3-67　户外跌落式熔断器的结构及工作原理是什么？

答： 户外跌落式熔断器是由基座和消弧装置两大部分组成，静触头安装在绝缘支架两端，动触头安装在熔丝管两端，灭弧管由内层的消弧管和外层的酚醛纸管或环氧玻璃布管组成，其下端装有可以转动的弹簧支架，始终使熔丝处于紧张状态，以保证灭弧管在合闸位置的自锁。当系统发生故障时，故障电流使熔丝迅速熔断，并形成电弧，消弧管受电弧灼热，分解出大量的气体，使管内形成很高压力，并沿管道形成纵吹，电弧被迅速拉长而熄灭。熔丝熔断后，下部动触头失去张力下翻，锁紧机械，释放熔丝管，熔丝管跌落，形成明显的断开位置。

▶2-3-68　操作户外跌落开关时有哪些注意事项？

答： （1）断开跌落熔断器时，一般先拉中相，次拉背风的边相，最后拉迎风的边相，合时顺序则相反；

（2）合上跌落熔断器时，不可用力过猛，当熔断器与鸭嘴对正且距离鸭嘴80～110mm时，再适当用力合上。

▶2-3-69　什么是高压负荷开关？

答： 高压负荷开关是一种功能介于高压断路器和高压隔离开关之间的电器，高压负荷开关常与高压熔断器串联配合使用，用于控制电力变压器。高压负荷开关具有简单的灭弧装置，因此能通断一定的负荷电流和过负荷电流，但是它不能断开短路电流，所以它一般与高压熔断器串联使用，借助熔断器来进行短路保护。

▶2-3-70　高压负荷开关的操作方法及注意事项是什么？

答： （1）操作负荷开关时，必须使用绝缘操作杆进行操作。用绝缘操作杆钩住负荷开关操作孔，并将绝缘操作杆的钩子收紧（切忌用钩子直接操作负荷开关，以免造成钩子损坏），确认完全套牢后根据负荷开关分合指示位置旋转操作杆，直到听到开关动作的声音，操动开关应迅速、准确、果断、有力。

（2）负荷开关只能切断变压器的正常工作电流，不能用于短路电流的切断。

（3）在低压主开关分断后再分高压负荷开关，以免带负荷切换高压负荷开关时造成拉弧而污染变压器油。

▶2-3-71　真空接触器的工作原理是什么？

答： 真空接触器通常由绝缘隔电框架、金属底座、传动拐臂、电磁系统、辅助开关和真空开关管等部件组成。当电磁线圈通过控制电压时，衔铁带动拐臂转动，使真空开关管内主触头接通，电磁线圈断电后，由于分闸弹簧的作用，使主触头分断。

▶**2-3-72 什么是母线？其作用是什么？**

答：发电厂和变电所中发电机、变压器与相应配电装置之间的连接导体，统称为母线，主母线起汇集和分配电能的作用。

▶**2-3-73 母线材料有哪些？如何选用？**

答：常用的母线材料有铜、铝和铝合金。

铜的电阻率低、机械强度大、抗腐蚀性强，是很好的母线材料。因此，铜母线只用在持续工作电流较大且位置特别狭窄的发电机、变压器出口处，以及污秽对铝有严重腐蚀而对铜腐蚀较轻的场所（如沿海、化工厂附近等）。

铝的电阻率为铜的1.7～2倍，但密度只有铜的30%，在相同负荷及同一发热温度下，所耗铝的质量仅为铜的40%～50%，而且我国铝的储量丰富，价格低，因此铝母线广泛用于屋内、外配电装置。

▶**2-3-74 母线有哪些种类？**

答：母线的截面形状应保证趋肤效应系数尽可能低、散热良好、机械强度高、安装简便和连接方便等优点。常用硬母线的截面形状有矩形、槽形、管形。

▶**2-3-75 什么是槽形母线？且哪些特点？**

答：槽形母线是将铜材或铝材轧制成槽形截面，使用时，每相一般由两根槽形母线相对地固定在同一绝缘子上。其趋肤效应系数较小，机械强度高，散热条件较好，与利用几条矩形母线比较，在相同截面下允许截流量大得多。槽形母线一般用于35kV及以下持续工作电流为4000～8000A的配电装置中。

▶**2-3-76 与敞露母线相比，全连式分相封闭母线具有哪些优点？**

答：（1）供电可靠。封闭母线有效地防止了绝缘遭受灰尘、潮气等污秽和外物造成的短路。

（2）运行安全。由于母线封闭在外壳中，且外壳接地，使工作人员不会触及带电导体。

（3）由于外壳的屏蔽作用，因此母线电动力大大减少，而且基本消除了母线周围钢构件的发热。

（4）运行维护工作量小。

▶**2-3-77 母线如何进行运行维护？**

答：（1）检修后或长期停运的母线，投入运行前应摇测绝缘电阻，并对母线进行充电检查；

（2）母线及引线每年利用春秋检停电进行修理检查。

▶**2-3-78 什么是高压开关柜？其应该满足哪些要求？**

答：高压开关柜是指用于电力系统发电、输电、配电、电能转换和消耗中起通断、控制或保护作用的设备。高压开关柜应满足交流金属封闭开关设备标准的有关要求，通常由柜体和断路器两大部分组成，柜体由壳体、电器元器件（包括绝缘件）、各种机构、二次端子及连线等组成。高压开关柜具有架空进出线、电缆进出线、母线联络等功能，在风电场中得到广泛应用。

▶**2-3-79　高压开关柜内常用的一、二次设备有哪些？**

答：柜内常用的一次电气元器件（主回路设备）有电流互感器、电压互感器、接地开关、避雷器（阻容吸收器）、隔离开关、高压断路器（少油型、真空型、SF$_6$型）、高压接触器、高压熔断器、绝缘件（绝缘子、绝缘热冷缩护套）、负荷开关等。

柜内常用的主要二次元器件常见的设备有继电器、电能表、电流表、电压表、功率表、功率因数表、频率表、断路器、空气开关、转换开关、信号灯、电阻、按钮、微机综合保护装置等，主要对一次设备进行检查、控制、测量、调整和保护。

▶**2-3-80　高压开关柜的巡视检查项目有哪些？**

答：（1）保护装置及其他显示装置有无报警异常；

（2）各压板投退状态是否与实际相符；

（3）开关柜内有无异常放电声；

（4）开关柜内有无小动物活动痕迹；

（5）观察窗可见到的设备有无放电闪络痕迹。

第四节　无功补偿装置

▶**2-4-1　什么是视在功率、有功功率及无功功率？**

答：（1）视在功率S。视在功率是指发电机发出的总功率，其中可以分为有功部分和无功部分。

（2）有功功率P。有功功率是保持用电设备正常运行所需的电功率，也就是将电能转换为其他形式能量（机械能、光能、热能）的电功率。

（3）无功功率Q。是用于电路内电场与磁场的交换，并用来在电气设备中建立和维持磁场的电功率。它不对外做功，而是转变为其他形式的能量。凡是有电磁线圈的电气设备，要建立磁场，就要消耗无功功率。无功功率不做功，但是要保证有功功率的传导必须先满足电网的无功功率。

▶**2-4-2　无功分为几类？分别是如何定义的？**

答：无功分为四类：

（1）感性无功。电流矢量滞后电压矢量90°，如电动机、变压器线圈、晶闸管变流设备等。

（2）容性无功。电流矢量超前电压矢量90°，如电容器、电缆输配电线路、电力电子超前控制设备等。

（3）基波无功。与电源频率相等的无功。

（4）谐波无功。与电源频率不相等的无功。

▶2-4-3 什么是无功补偿？无功功率有哪些危害？

答：无功补偿指根据电网中的无功类型，人为地补偿容性无功或感性无功来抵消线路中的无功功率。

危害：无功功率不做功，但占用电网容量和导线截面积，造成线路压降增大，使供配电设备过载，谐波无功使电网受到污染，甚至会引起电网振荡颠覆。

▶2-4-4 为什么需要无功补偿？

答：在正常情况下，用电设备不但要从电源取得有功功率，同时还需要从电源取得无功功率。如果电网中的无功功率供不应求，用电设备就没有足够的无功功率来建立正常的电磁场，这些用电设备就不能维持在额定情况下工作，用电设备的端电压就要下降，从而影响用电设备的正常运行。

但是从发电机和高压输电线供给的无功功率远远满足不了负荷的需要，所以在电网中要设置一些无功补偿装置来补充无功功率，以保证用户对无功功率的需要，这样用电设备才能在额定电压下工作。

无功补偿是把具有容性功率负荷的装置与感性功率负荷并联在同一电路，能量在两种负荷之间相互交换，这样，感性负荷所需要的无功功率可由容性负荷输出的无功功率补偿；反之亦然。

▶2-4-5 无功补偿通常采用的方法主要有哪几种？

答：无功补偿通常采用的方法主要有低压个别补偿、低压集中补偿、高压集中补偿3种。

▶2-4-6 低压个别补偿方式的适用范围是什么？该补偿方式的优点是什么？

答：低压个别补偿就是根据个别用电设备对无功的需要量将单台或多台低压电容器组分散地与用电设备并联，它与用电设备共用一套断路器，通过控制、保护装置与电机同时投切，适用于补偿个别大容量且连续运行（如大中型异步电动机）的无功消耗，以补励磁无功为主。低压个别补偿的优点是用电设备运行时，无功补偿投入，用电设备停运时，补偿设备也退出，因此不会造成无功倒送；投资少，占位小，安装容易，配置方便灵活，维护简单，事故率低等。

▶2-4-7 低压集中补偿方式的适用范围是什么？该补偿方式的优点是什么？

答：低压集中补偿是指将低压电容器通过低压开关接在配电变压器低压母线侧，以无功补偿投切装置作为控制保护装置，根据低压母线上的无功负荷而直接控制电容器的投切。电容器的投切是整组进行，做不到平滑的调节。低压集中补偿的优点是接线简单、运行维护工作量小，使无功就地平衡，从而提高配电变压器利用率，降低网损，具有较高的经济性，是目前无功补偿中常用的手段之一。

▶2-4-8 高压集中补偿方式的适用范围是什么？该补偿方式的优点是什么？

答：高压集中补偿是指将并联电容器组直接装在变电所的6~10kV高压母线上的补偿

方式。适用于用户远离变电所或在供电线路的末端，用户本身又有一定的高压负荷时，可以减少对电力系统无功的消耗并可以起到一定的补偿作。高压集中补偿方式的优点是补偿装置可根据负荷的大小自动投切，从而合理地提高了用户的功率因数，避免功率因数降低导致电费的增加，同时便于运行维护，补偿效益高。

▶2-4-9 什么是无功补偿控制器的动态响应时间？

答：是指从系统中的无功到达投切门限时起，到控制器发出投切控制信号为止的时间间隔。

▶2-4-10 对无功补偿控制器的动态响应时间有何要求？

答：电网要求风电场无功补偿控制器的动态响应时间不大于30ms。

▶2-4-11 同步调相机的原理是什么？

答：调相机的基本原理与同步发电机没有区别，它只输出无功电流。因为不发电，因此不需要原动机拖动，没有启动电机的调相机也没有轴伸，实质就是相当于一台在电网中空转的同步发电机。调相机是电网中最早使用的无功补偿装置。当增加激磁电流时，其输出的容性无功电流增大；当减少激磁电流时，其输出的容性无功电流减少。当激磁电流减少到一定程度时，输出无功电流为零，只有很小的有功电流用于弥补调相机的损耗；当激磁电流进一步减少时，输出感性无功电流。

▶2-4-12 同步调相机有什么特点？为什么逐渐被并联电容器所替代？

答：调相机容量大、对谐波不敏感，并且具有当电网电压下降时输出无功电流自动增加的特点，因此调相机对于电网的无功安全具有不可替代的作用。但由于调相机的价格高，效率低，运行成本高，因此已经逐渐被并联电容器所替代。随着近年来出于对电网无功安全的重视，人们渐渐主张重新启用调相机。

▶2-4-13 并联电容器主要的优缺点是什么？

答：并联电容器优点是目前最主要的无功补偿方法。其主要特点是价格低，效率高，运行成本低，在保护完善的情况下可靠性也很高。并联电容器的最主要缺点是其对谐波的敏感性。当电网中含有谐波时，电容器的电流会急剧增大，还会与电网中的感性元件谐振使谐波放大。另外，并联电容器属于恒阻抗元件，在电网电压下降时其输出的无功电流也下降，因此不利于电网的无功安全。

▶2-4-14 SVC无功补偿装置的构成是什么？

答：SVC成套装置一般由可调电抗（通过晶闸管单元或硅阀调节）、FC无源滤波以及控制和保护系统组成。

▶2-4-15 SVC无功补偿装置分哪几种？原理分别是什么？

答：根据可调电抗器的调节方式及工作原理不同，可分为TCR型（晶闸管控制的电抗器）、TSC型（晶闸管控制的变压器）、MCR型（磁控电抗器）3种类型。

MCR型SVC是将集合式电容器组和磁控电抗器作为一个整体并联到电网中，通过改变磁控电抗器的饱和程度来调节感性无功功率的容量，从而实现调节容性无功功率。

TCR型SVC是将集合式电容器组和相控电抗器作为一个整体并联到电网中，通过晶闸管线性控制电抗器来调节感性无功功率的容量，从而实现调节容性无功功率。

TSC型SVC是通过晶闸管的导通和关断来实现电容器组的投入和切除，但无功功率调节的线性度和电容器组的分组数量之间很难做到两全其美。

MCR型SVC和TCR型SVC在风电场升压站中运用得较普遍，TSC型SVC一般用于低压领域。

▶2-4-16 采用无功补偿有哪些优点？

答：（1）根据用电设备的功率因数，可测算输电线路的电能损失。通过现场技术改造，可使低于标准要求的功率因数达标，实现节电目的。

（2）采用无功补偿技术，提高低压电网和用电设备的功率因数，是节电工作的一项重要措施。

（3）无功补偿，就是借助于无功补偿设备提供必要的无功功率，降低能耗，改善电网电压质量，稳定设备运行。

（4）减少电力损失，一般工厂动力配线依据不同的线路及负载情况，其电力损耗约2%～3%左右，使用电容提高功率因数后，总电流降低，可降低供电端与用电端的电力损失。

（5）改善供电品质，提高功率因数，减少负载总电流及电压降。于变压器二次侧加装电容可改善功率因数提高二次侧电压。

（6）延长设备寿命，改善功率因数后线路总电流减少，使接近或已经饱和的变压器、开关等电气设备和线路容量负荷降低，因此可以降低温升增加寿命（温度每降低10℃，寿命可延长1倍）。

（7）最终满足电力系统对无功补偿的监测要求，消除因为功率因数过低而产生的罚款。

（8）无功补偿可以改善电能质量、降低电能损耗、挖掘发供电设备潜力、无功补偿减少用户电费支出，是一项投资少，收效快的节能措施。

（9）无功补偿技术对用电单位的低压配电网的影响以及提高功率因数所带来的经济效益和社会效益，确定无功功率的补偿容量，确保补偿技术经济、合理、安全可靠，达到节约电能的目的。

▶2-4-17 什么是动态无功补偿？

答：动态无功补偿是根据电网中动态变化的无功量实时快速地进行补偿。

▶2-4-18 什么是动态无功补偿装置投入自动可用率？

答：指装置投入自动可用小时数占升压站带电小时数的百分比。

▶2-4-19 对动态无功补偿装置投入自动可用率有何要求？

答：电网要求风电场动态无功补偿装置投入自动可用率大于等于95%。

▶2-4-20 SVG无功补偿装置的工作原理是什么？

答：SVG是当今无功补偿领域最新技术的代表，它是利用可关和大功率电力电子器件

（如IGBT）组成自换相桥式电路，经过电抗器并联在电网上，相当于一个可控的无功电流源，适当地调节桥式电路交流侧输出电压的幅值和相位，或者直接控制其交流侧电流，其无功电流可以快速地跟随负荷无功电流的变化而变化，自动补偿电网系统所需无功功率，对电网无功功率实现动态无级补偿。

▶**2-4-21 无功功率补偿装置的功能是什么?**

答：（1）补偿负载产生的基波无功功率；

（2）抑制和滤除负载产生的谐波无功功率；

（3）稳定电源电压；

（4）解决三相不平衡负载的平衡化问题。

▶**2-4-22 动态无功功率补偿的意义是什么?**

答：（1）降低供配电系统的损耗；

（2）提高供配电系统的利用率（增容）；

（3）稳定供配电系统的网压；

（4）动态无功功率补偿可以降低谐波电流对供电系统的破坏作用。

▶**2-4-23 动态无功补偿与静态无功补偿的主要区别及优点是什么?**

答：静态无功补偿投切速度慢，不适合负载变化频繁的场合，容易产生欠补偿或者过补偿，造成电网电压波动，损坏用电设备，并且有触点投切使设备寿命短，噪声大，维护量大，影响电容器使用寿命。

动态无功补偿可对任何负载情况进行实时快速补偿，并有稳定电网电压功能，提高电网质量，无触点零电流投切技术增加了电容器使用寿命，同时具备治理谐波的功能。

▶**2-4-24 谐波电流对供电系统的破坏作用有哪些?**

答：工业电网向非线性负载供电，不仅可以产生基波无功电流，还产生与电网频率的整倍数的谐波无功电流。谐波电流的危害有以下几个方面：

（1）谐波电流在变压器磁路中产生附加高频涡流铁损，使变压器过热，降低了变压器的功率；

（2）谐波电流趋肤效应是导线等效截面变小，增加线路损耗；

（3）谐波电流使供电电压产生畸形，影响电网上其他各种电器设备的正常工作，导致自动装置的误动作，仪表计量不准确；

（4）谐波电流对临近通信系统产生干扰；

（5）谐波电流通过一般补偿电容器产生谐波放大，造成点容器使用寿命缩短，甚至损坏；

（6）谐波电流会引起公用电网中局部的并联谐振和串联谐振，造成严重事故。

第五节　电力线路

▶2-5-1　电力线路的作用是什么?

答：电力线路是电力网的一部分，其作用是输送和分配电能。

▶2-5-2　电力线路电压等级分成几类? 分别是如何定义的?

答：电力线路一般可分为输电线路和配电线路。

输电线路是架设在发电厂升压变电所与地区之间的线路以及地区变电所之间的线路，用于输送电能。

配电线路是从地区变电所到用户变电所或城乡电力变压器之间的线路，用于分配电能，分为高压配电线路、中压配电线路和低压配电线路。

▶2-5-3　电力线路按架设方式分类是如何分类的?

答：电力线路按架设方式分为架空电力线路和电力电缆线路。

▶2-5-4　架空电力线路构成有哪些? 作用是什么?

答：结构：杆塔及其基础、导线、绝缘子、拉线、横担、金具、防雷设施及接地装置等。

作用：输送、分配电能。

▶2-5-5　杆塔有什么作用?

答：支持导线、避雷线和其他附件。

▶2-5-6　杆塔按材质分为哪几类? 各有什么特点?

答：（1）木杆。绝缘性能好、质量小、运输及施工方便，但机械强度低、易腐朽、使用年限短、维护工作量大。

（2）水泥杆。由钢筋和混凝土在离心滚杆机内浇制而成，一般分为锥形杆和等径杆。优点是结实耐用、使用年限长、美观、维护工作量小；缺点是比较笨重、运输及施工不便。水泥杆又分为普通型和预应力型两种。

（3）金属杆。有铁塔、钢管杆和型钢杆等。优点是机械强度高、搬运组装方便、使用年限长；缺点是耗用钢材多、投资大、维修中除锈及刷漆工作量大。

▶2-5-7　杆塔按在线路上作用分为哪几类? 用途分别是什么?

答：（1）直线杆塔（Z）：主要用于线路直线段中。在正常运行情况下，直线杆塔一般不承受顺线路方向的张力，而是承受垂直荷载即导线、绝缘子、金具、覆冰的重量，以及水平荷载即风压力等。只有在电杆两侧档距相差悬殊或一侧发生断线时，直线杆才承受相邻两档导线的不平衡张力。

（2）耐张杆塔（N）：又称承力杆塔，主要用于线路分段处。在正常情况下，耐张杆塔除了承受与直线杆塔相同的荷载外，还承受导线的不平衡张力。在断线情况下，耐张杆塔还要承受断线张力，并能将线路断线、倒杆事故控制在一个耐张段内，便于施工和维修。

（3）转角杆塔（J）：主要用于线路转角处，线路转向内角的补角称为线路转角。转角杆塔除承受导线等的垂直荷载和风压力外，还承受导线的转角合力，合力的大小取决于转角的大小和导线的张力，由于转角杆塔两侧导线拉力不在一条直线上，一般用拉线来平衡转角处的不平衡张力。

（4）跨越杆塔（K）：一般用于当线路跨越公路、铁路、河流、山谷、电力线、通信线等。

（5）分支杆塔（F）：一般用于当架空配电线路中间需设置分支线路时。

▶**2-5-8 架空线路杆塔荷载分为几类？**

答：分为水平荷载、垂直荷载、纵向荷载。

▶**2-5-9 直线杆正常情况下主要承受何种荷载？**

答：直线杆在正常运行时主要承受水平荷载和垂直荷载。其中水平荷载主要由导线和避雷线的风压荷载、杆身的风压荷载、绝缘子及金具风压荷载构成；而垂直荷载主要由导线、避雷线、金具、绝缘子的自重及拉线的垂直分力引起的荷载。

▶**2-5-10 耐张杆正常情况下主要承受何种荷载？**

答：耐张杆在正常运行时主要承受水平荷载、垂直荷载和纵向荷载。其中纵向荷载主要由顺线路方向不平衡张力构成，水平荷载和垂直荷载与直线杆构成相似。

▶**2-5-11 常用的复合多股导线有哪些种类？**

答：（1）普通钢芯铝绞线；

（2）轻型钢芯铝绞线；

（3）加强型钢芯铝绞线；

（4）铝合金绞线；

（5）稀土铝合金绞线。

▶**2-5-12 架空线路导线常见的排列方式有哪些类型？**

答：（1）单回路架空导线：水平排列、三角形排列。

（2）双回路架空导线：鼓型排列、伞型排列、垂直排列和倒伞型排列。

▶**2-5-13 架空线路施工有哪些工序？**

答：（1）基础施工；

（2）材料运输；

（3）杆塔组立；

（4）架线；

（5）接地工程。

▶**2-5-14 塔身的组成材料有哪几种？**

答：（1）主材；

（2）斜材；

（3）水平材；

（4）横隔材；

（5）辅助材。

▶**2-5-15 铁塔的分类主要有哪几种？**

答：主要分为羊角塔、猫头塔、酒杯塔、干字塔、双回鼓型塔5种。

▶**2-5-16 什么是杆塔基础？作用是什么？**

答：杆塔基础是指架空电力线路杆塔地面以下部分的设施。

作用：保证杆塔稳定，防止杆塔因承受导线、冰、风、断线张力等的垂直荷重、水平荷重和其他外力作用而产生的上拔、下压或倾覆。

▶**2-5-17 对杆塔基础一般有哪些要求？**

答：对于杆塔基础，除根据杆塔荷载及现场的地质条件确定其合理经济的型式和埋深外，要考虑水流对基础的冲刷作用和基土的冻胀影响。基础的埋深必须在冻土层深度以下，且不应小于0.6m，在地面应留有300mm高的防沉土台。

▶**2-5-18 架空导线材料及结构有哪些？**

答：材料：铜、铝、钢、铝合金等。

单股导线：由于制造工艺上的原因，当截面增加时，机械强度下降，因此单股导线截面一般都在10mm^{2}以下，目前广为使用最大到6mm^2。

多股绞线：由多股细导线绞合而成，多层绞线相邻层的绞向相反，防止放线时打卷扭花，其优点是机械强度较高、柔韧、适于弯曲且由于股线表面氧化电阻率增加，使电流沿股线流动，集肤效应较小，电阻较相同截面单股导线略有减小。

复合材料多股绞线：是指两种材料的多股绞线。常见的是钢芯铝绞线，其线芯部位由钢线绞合而成，外部再绞合铝线，综合了钢的机械性能和铝的电气性能。

▶**2-5-19 架空导线有几种？**

答：（1）裸导线：铜绞线（TJ）、铝绞线（LJ）、钢芯铝绞线（LGJ）、轻型钢芯铝绞线（LGJQ）、加强型钢芯铝绞线（LGJJ）、铝合金绞线（LHJ）、钢绞线（GJ）。

（2）绝缘导线：聚氯乙烯绝缘线（JV）、聚乙烯绝缘线（JY）、交链聚乙烯绝缘线（JKYJ）。

▶**2-5-20 绝缘子有什么用途？分为哪几类？**

答：用途：使导线与导线之间以及导线与大地之间绝缘，支持、悬吊导线，并固定于杆塔的横担之上。

分为针式绝缘子、柱式绝缘子、瓷横担绝缘子、悬式绝缘子、棒式绝缘子、蝶式绝缘子。

▶**2-5-21 针式绝缘子、柱式绝缘子、瓷横担绝缘子、悬式绝缘子、棒式绝缘子、蝶式绝缘子的用途分别是什么？**

答：（1）针式绝缘子。主要用于直线杆塔或角度较小的转角杆塔上，也有在耐张杆塔上用以固定导线跳线。导线采用扎线绑扎，使其固定在针式绝缘子顶部的槽中。针式绝缘子为内胶装结构，制造简易、价格便宜，但承受导线张力不大，耐雷水平不高，较易闪络，因此输电线路上不被采用，在35kV以下线路应用较多。

（2）柱式绝缘子。用途与针式绝缘子大致相同。但由于柱式绝缘子是外胶装结构，温度聚变等原因不会使绝缘子内部击穿、爆裂，并且浅槽裙边使其自洁性能良好，抗污能力比针式绝缘子强，因此，在配电线路上应用非常广泛。

（3）瓷横担绝缘子。为外胶浇装结构实心瓷体，其一端装有金属附件。一般用于10kV配电线路直线杆，导线的固定是用扎线将其绑扎在瓷横担绝缘子另一端的瓷槽内。由于结构上的特点，能起到绝缘子和横担的双重作用，当断线时，不平衡张力使瓷横担转动到顺线路位置，由抗弯变成承受拉力，起到缓冲作用并可限制事故范围。它的实心结构使其不易老化、击穿，自洁性能良好，抗污闪能力强，因此，在10kV配电线路上应用非常广泛。

（4）悬式绝缘子。具有良好的电气性能和较高的机械强度，按防污性能分为普通型和防污型两种，按制造材料又分为瓷悬式和钢化玻璃悬式两种。它一般安装在高压架空线路耐张杆塔、终端杆塔或分支杆塔上，作为耐张或终端绝缘子串使用，少量也用于直线杆塔作为直线绝缘子串使用。

（5）棒式绝缘子。为外胶装结构的实心磁体，可以代替悬式绝缘子串或蝶式绝缘子用于架空配电线路的耐张杆塔、终端杆塔或分支杆塔，作为耐张绝缘子使用。但由于棒式绝缘子在运行过程中容易遭震动等原因而断裂，一般只能用在一些应力比较小的承力杆，且不宜用于跨越公路、铁路、航道或市中心区域等重要地区的线路。

（6）蝶式绝缘子。常用于低压配电线路上，作为直线或耐张绝缘子，也可同悬式绝缘子配套，用于10kV配电线路耐张杆塔、终端杆塔或分支杆塔上。

▶2-5-22　什么是低值或零值绝缘子？

答：低值或零值绝缘子是指在运行中绝缘子两端的电位分布接近零或等于零的绝缘子。

▶2-5-23　产生零值绝缘子的原因是什么？

答：（1）制造质量不良；

（2）运输安装不当产生裂纹；

（3）年久老化，长期承受较大张力而劣化。

▶2-5-24　玻璃绝缘子具有哪些特点？

答：（1）机械强度高，比瓷绝缘子的机械强度高1~2倍；

（2）性能稳定不易老化，电气性能高于瓷绝缘子；

（3）生产工序少，生产周期短，便于机械化、自动化生产，生产效率高；

（4）由于玻璃绝缘子的透明性，在进行外部检查时很容易发现细小的裂缝及各种内部缺陷或损伤；

（5）绝缘子的玻璃本体如有各种缺陷时，玻璃本体会自动破碎，称为自破，绝缘子自破后，铁帽残锤仍然保持一定的机械强度悬挂在线路上，线路仍然可以继续运行；

（6）当巡线人员巡视线路时，很容易发现自破绝缘子，并及时更换新的绝缘子；

（7）由于玻璃绝缘子具有自破的特点，不必对绝缘子进行预防性试验；

（8）玻璃绝缘子的质量小。

▶2-5-25 高压绝缘子表面为何做成波纹形？

答：（1）延长了爬弧长度，在同样的有效高度内，增加了电弧的爬弧距离，而且每一波纹又能起到阻断电弧的作用，提高了绝缘子的滑闪电压；

（2）在大雨天，大雨冲下的污水不能直接由绝缘子上部流到下部形成水柱而引起接地短路，绝缘子上的波纹起到阻断水流的作用；

（3）污尘降落到绝缘子上时，在绝缘子的凸凹部分分布不均匀，因此在一定程度上保证了绝缘子的耐压强度。

▶2-5-26 绝缘子的裂纹有何检查方法？

答：（1）目测观察。绝缘子的明显裂纹，一般在巡线时肉眼观察就可以发现。

（2）望远镜观察。借助望远镜进一步仔细察看，通常可以发现不太明显的裂纹。

（3）声响判断。如果绝缘子有不正常的放电声，根据声音可以判断损坏程度。

（4）停电时用绝缘电阻表测试其绝缘电阻，或者采用固定火花间隙对绝缘子进行带电测量。

▶2-5-27 为什么耐张杆塔上绝缘子比直线杆塔要多1~2个？

答：在输电线路上，直线杆塔的绝缘子串是垂直于地面安装的，瓷裙内不易积尘和进水。而耐张杆塔的绝缘子串几乎是与地面平行安装的，瓷裙内既易积尘又易进水，因此绝缘子串的表面绝缘水平下降。另外，耐张杆塔的绝缘子串所承受的荷载比直线杆塔要大得多，绝缘子损坏的可能性也大，所以耐张杆塔上的绝缘子串的绝缘子个数比直线杆塔要多1~2个。

▶2-5-28 杆塔拉线作用是什么？

答：为了在架设导线后能平衡杆塔所承受的导线张力和水平风力，以防止杆塔倾倒、影响安全正常供电。拉线与地面的夹角一般为45°，若受环境限制可适当增减，一般不超过30°~60°，拉线距杆上导线的距离应符合规程要求，穿越带电线路时应在上下两侧加装圆瓷套管，拉盘应垂直于拉线。

▶2-5-29 什么是线路金具？对其有什么技术要求？

答：线路金具是指连接和组合线路上各类装置，以传递机械、电气负荷以及起到某种防护作用的金属附件。金具必须有足够的机械强度，并能满足耐腐蚀的要求。

▶2-5-30 金具主要分为哪几类？

答：分为连接金具、接续金具、固定金具、保护金具、拉线金具五种。

连接金具常用的有球头挂环、碗头挂板、直角挂板、U型挂环。接续金具主要有接续管、补修管、并沟线夹、T型线夹、预绞丝等。固定金具主要有悬垂线夹，耐张线夹（狗头线夹）。保护金具分为防震金具和绝缘金具，主要有防震锤、护线条、阻尼线、间隔棒、均压环、屏蔽环等。拉线金具主要有UT型线夹、楔子、U型螺栓等。

▶**2-5-31　架设的避雷线、接地装置是如何工作的?**

答：（1）架设避雷线。当遭受雷击时，雷电流通过避雷线迅速传入大地，从而保护线路免遭直接雷击，保证线路的安全送电。

（2）接地装置。是指埋设于土壤中并与每基杆塔的避雷线及杆塔体有电气连接的金属装置，作用是将雷电流引入大地并迅速扩散。

▶**2-5-32　架空导线截面选择有哪些要求?**

答：（1）满足发热条件。在最高环境温度和最大负荷的情况下，保证导线不被烧坏，导线中通过的持续电流始终是允许电流。

（2）满足电压损失-条件。保证线路的电压损失不超过允许值。

（3）满足机械强度条件。保证线路在电气安装和正常运行过程中导线不被拉断。

（4）满是保护条件。保证自动开关或熔断器能对导线起保护作用。

（5）满是合理经济条件。保证投资、运行费用综合经济性最好。

▶**2-5-33　架空配电线路的导线排列、档距与线间距离是如何要求的?**

答：（1）导线排列。10～35kV架空线路的导线，一般采用三角排列或水平排列，多回线路同杆架设的导线，一般采用三角、水平混合排列或垂直排列；

（2）架空配电线路档距。35kV架空线路耐张段的长度不宜大于3～5km，10kV及以下架空电路线路的耐张段的长度不宜大于2km。

（3）架空配电线路导线的线间距离。10kV及以下线路与35kV线路同杆架设时，导线间的垂直距离不应小于2m；35kV双回路或多回路的不同回路不同相导线间的距离不应小于3m。

▶**2-5-34　架空导线的弧垂及对地交叉跨越的要求是什么?**

答：（1）弧垂。弧垂是相邻两杆塔导线悬挂点连线的中点对导线铅垂线的距离。在同一档距中，各相导线的弧垂应力求一致，其允许误差不应大于0.2m。

（2）架空线路对地及交叉跨越允许距离。3～35kV架空电力线路不应跨越屋顶为燃烧材料做成的建筑物，对耐火屋顶的建筑物应尽量不跨越。如需跨越，导线与建筑物的垂直距离应在最大计算负荷情况下，35kV线路不应小于4m，3～10kV线路不应小于3m，3kV以下线路不应小于2.5m。架空电力线路跨越架空弱电线路时，其交叉角对于一级弱电线路，应不小于45°，对于二级弱电线路，应不小于30°。

▶**2-5-35　什么是架空电力线路巡视? 巡视是如何分类的?**

答：架空电力线路巡视是指巡线人员较为系统和有序地查看线路设备，是线路设备管理工作的重要环节和内容，是运行工作中最基本的工作。

按巡视的性质和方法不同，分为定期巡视、夜间巡视、特殊巡视、故障巡视、登杆塔巡视和监察巡视。

▶ **2-5-36　氧化锌避雷器有何特点?**

答：氧化锌避雷器具有无间隙、无续流、残压低、体积小、质量小、结构简单,通流能力强。

▶ **2-5-37　线路有几种档距? 各有何含义?**

答：档距是指相邻两杆塔中心点间的水平距离。水平档距是指某杆塔两侧档距的算术平均值。垂直档距是指某杆塔两侧导线最低点间的水平距离。代表档距是指能够表达整个耐张段力学规律的假想档距,是把长短不等的一个多档耐张段,用一个等效的弧立档来代替,达到简化设计的目的。临界档距是指由一种导线应力控制气象条件过渡到另一种控制气象条件临界点的档距大小。

▶ **2-5-38　影响输电线路气象条件三要素是什么?**

答：三要素是风、覆冰和气温。

▶ **2-5-39　线路曲折系数如何计算?**

答： $$线路曲折系数 = \frac{线路总长度}{线路两端直线距离}$$

▶ **2-5-40　什么是杆塔呼称高?**

答：是指杆塔横担最低悬挂点与基础顶面之间的距离。

▶ **2-5-41　什么是线路绝缘的泄漏比距?**

答：泄漏比距是指平均每千伏线电压应具备的绝缘子最少泄漏距离值。

▶ **2-5-42　什么是接地装置的接地电阻? 由什么组成?**

答：接地装置的接地电阻是指加在接地装置上的电压与流入接地装置的电流之比。接地电阻的构成：

（1）接地线电阻;

（2）接地体电阻;

（3）接地体与土壤的接触电阻;

（4）地电阻。

▶ **2-5-43　什么是雷电次数?**

答：当雷暴进行时,隆隆的雷声持续不断,若其间雷声的时间间隔小于15min时,不论雷声断续传播的时间有多长,均算作是一次雷暴;若其间雷声的停息时间在15min以上时,就把前后分作是两次雷暴。

▶ **2-5-44　雷电的参数包括哪些?**

答：（1）雷电波的速度;

（2）雷电流的幅值;

（3）雷电流的极性;

（4）雷电通道波阻抗；

（5）雷暴日及雷暴小时。

▶2-5-45 巡线时应遵守哪些规定？

答：（1）新担任巡线工作的人员不得单独巡线；

（2）在巡视线路时，无人监护一律不准登杆巡视；

（3）在巡视过程中，应始终认为线路是带电运行的，即使知道该线路已停电，也应认为线路随时有送电的可能；

（4）夜间巡视时应有照明工具，巡线员应在线路两侧行走，以防止触及断落的导线；

（5）巡线中遇有大风时，巡线员应在上风侧沿线行走，不得在线路的下风侧行走，以防断线倒杆危及巡线员的安全；

（6）巡线时必须全面巡视，不得遗漏；

（7）在故障巡视中，无论是否发现故障点都必须将所分担的线段和任务巡视完毕，并随时与指挥人联系，如已发现故障点，应设法保护现场，以便分析故障原因；

（8）发现导线或避雷线掉落地面时，应设法防止居民、行人靠近断线场所；

（9）在巡视中如发现线路附近修建有危及线路安全的工程设施应立即制止；

（10）发现危急缺陷应及时报告，以便迅速处理；

（11）巡线时遇有雷电或远方雷声时，应远离线路或停止巡视，以保证巡线员的人身安全。

▶2-5-46 架空导线、避雷线的巡视内容有哪些？

答：（1）线夹有无锈蚀、缺件；

（2）连接器有无发热现象；

（3）释放线夹是否动作；

（4）导线在线夹内有无滑动，防振设备是否完好；

（5）跳线是否有弯曲等现象。

▶2-5-47 夜间巡线的目的及主要检查项目是什么？

答：目的：线路运行时通过夜间巡视可发现白天巡线不易发现的线路缺陷。

检查项目：连接器过热现象；绝缘子污秽放电现象；导线的电晕现象。

▶2-5-48 单人夜间、事故情况巡线有何规定？

答：（1）单人巡线时，禁止攀登电杆或铁塔；

（2）夜间巡线时应沿线路外侧进行；

（3）事故巡线时应始终认为线路带电，即使明知该线路已停电，也应认为线路随时有恢复送电的可能；

（4）当发现导线断线落地或悬在空中，应维护现场，以防行人进入导线落地点8m范围内，并及时汇报。

▶2-5-49 为何同一档距内的各相导线弧垂必须保持一致？

答：同一档距内的各相导线的弧垂，在放线时必须保持一致。如果松紧不一、弧垂不同，则在风吹摆动时，摆动幅度和摆动周期便不相同，容易造成碰线短路事故。

▶2-5-50 导线机械物理特性对导线运行各有什么影响？

答：（1）瞬时破坏应力。其大小决定了导线本身的强度，瞬时破坏应力大的导线适用在大跨越、重冰区的架空线路，在运行中能较好防止出现断线事故。

（2）弹性系数。导线在张力作用下将产生弹性伸长，导线的弹性伸长引起线长增加、弧垂增大，影响导线对地的安全距离，弹性系数越大的导线在相同受力时其相对弹性伸长量越小。

（3）瀑度膨胀系数。随着线路运行瀑度变化，其线长随之变化，从而影响线路运行应力及弧垂。

（4）质量。导线单位长度质量的变化使导线的垂直荷载发生变化，从而直接影响导线的应力及弧垂。

▶2-5-51 为什么架空线路一般采用多股绞线？

答：（1）当截面较大时，单股线由于制造工艺或外力而造成缺陷，不能保证其机械强度，而多股线在同一处都出现缺陷的概率很小，所以相对来说，多股线的机械强度较高。

（2）当截面较大时，多股线较单股线柔性高，所以制造、安装和存放都较容易。

（3）当导线受风力作用而产生振动时，单股线容易折断，多股线则不易折断。

▶2-5-52 采用分裂导线有什么优点？

答：一般情况下，每相2根为水平排列，3根为两上一下倒三角排列，4根为正方形排列。分裂导线在超高压线路得到广泛应用，它除具有表面电位梯度小，临界电晕电压高的特性外，还有以下优点：

（1）单位电抗小，其电气效果与缩短线路长度相同；

（2）单位电纳大，等于增加了无功补偿；

（3）用普通标号导线组成，制造较方便；

（4）分裂导线装间隔棒可减少导线振动，实测表明双分裂导线比单根导线减小振幅50%，减少振动次数20%，四分裂减少更大。

▶2-5-53 影响泄漏比距大小的因素有哪些？

答：影响泄漏比距大小的因素有地区污秽等级及系统中性点的接地方式。

▶2-5-54 线路防污闪事故的措施有哪些？

答：（1）定期清扫绝缘子；

（2）定期测试和更换不良绝缘子；

（3）采用防污型绝缘子；

（4）增加绝缘子串的片数，提高线路绝缘水平；

（5）采用憎水性涂料。

▶2-5-55 输电线路为什么要防雷？避雷线起什么作用？

答：输电线路的杆塔高出地面数米到数十米，并暴露在旷野或高山，线路长度有时达数百千米或更多，所以受雷击的机会很多。因此，应采取可靠的防雷保护措施，以保证供电的安全。装设避雷线是为了防止雷电波直击档距中的导线，产生危及线路绝缘的过电压。装设避雷线后，雷电流即沿避雷线经接地引下线进入大地，从而可保证线路的安全供电。根据接地引下线接地电阻的大小，在杆塔顶部造成不同的电位，同时雷电波在避雷线中传波时，又会与线路导线耦合而感应出一个行波，但这行波及杆顶电位作用到线路绝缘的过电压幅值都比雷电波直击档中导线时产生的过电压幅值低得多。

▶2-5-56　什么是避雷针逆闪络？防止措施有什么？

答：逆闪络是指受雷击的避雷针对受其保护设备的放电闪络。主要防止措施为：

（1）增大避雷针与被保护设备间的空间距离；

（2）降低避雷针的接地电阻；

（3）增大避雷针与被保护设备接地体间的距离。

▶2-5-57　什么是避雷线保护角？对防雷效果有什么影响？

答：避雷线的保护角是指导线悬挂点与避雷线悬挂点连线同铅垂线间的夹角。

影响：保护角越小，避雷线对导线的保护效果越好，通常根据线路电压等级取$20°\sim30°$。

▶2-5-58　在线路运行管理中，防雷的主要内容有哪些？

答：（1）落实防雷保护措施；

（2）完成防雷工作的新技术和科研课题及应用；

（3）测量接地电阻，对不合格者进行处理；

（4）完成雷雨电流观测的准备工作，如更换测雷参数的装置；

（5）增设测雷电装置，提出明年防雷措施工作计划。

▶2-5-59　什么是输电线路耐雷水平？有什么因素？

答：线路耐雷水平是指不致引起线路绝缘闪络的最大雷电流幅值。影响因素有：

（1）绝缘子串50%的冲击放电电压；

（2）耦合系数；

（3）接地电阻大小；

（4）避雷线的分流系数；

（5）杆塔高度；

（6）导线平均悬挂高度。

▶2-5-60　架空输电线路防雷措施有哪些？

答：（1）装设避雷线及降低杆塔接地电阻；

（2）系统中性点采用经消弧线圈接地；

（3）增加耦合地线；

（4）装设线路自动重合闸装置；

（5）加强绝缘。

▶**2-5-61　接地体一般采用什么材料？**

答：水平接地体一般采用圆钢或扁钢，垂直接地体一般采用角钢或钢管。新敷设接地体和接地引下线的规格为圆钢直径不小于12mm、扁钢截面不小于50 mm×5mm，接地引下线的表面应采取有效地防腐处理。

▶**2-5-62　降低线损的技术措施包括哪些？**

答：（1）合理确定供电中心；

（2）采用合理的电网开、闭环运行方式；

（3）提高负荷的功率因数；

（4）提高电网运行的电压水平；

（5）根据负荷合理选用并列运行变压器台数。

▶**2-5-63　架空线弧垂观测档选择的原则是什么？**

答：（1）紧线段在5档及以下时靠近中间选择一档；

（2）紧线段在6～12档时靠近两端各选择一档；

（3）紧线段在12档及以上时靠近两端及中间各选择一档；

（4）观测档宜选择档距较大、悬点高差较小及接近代表档距的线档；

（5）紧邻耐张杆的两档不宜选为观测档。

▶**2-5-64　架空线的振动是怎样形成的？**

答：架空线受到均匀的微风作用时，会在架空线背后形成一个以一定频率变化的风力涡流，当风力涡流对架空线冲击力的频率与架空线固有的自振频率相等或接近时，会使架空线在竖直平面内因共振而引起振动加剧，架空线的振动随之出现。

▶**2-5-65　架空线振动有哪几种形式？各有什么特点？**

答：（1）微风振动。小幅度振动，疲劳断线。

（2）舞动。分为垂直舞动、旋转舞动、低阻尼系统共振等，无规则性。

（3）次档距振动。多相导线产生的尾流效应产生的振动。

（4）脱冰跳跃。成片的覆冰脱落。

（5）摆动。风偏角产生的两相线距离不够。

▶**2-5-66　影响架空线振动的因素有哪些？**

答：（1）风速、风向；

（2）导线直径及应力；

（3）档距；

（4）悬点高度；

（5）地形、地物。

▶**2-5-67　防震锤的工作原理是什么？**

答：防震锤是一段铁棒。由于它加挂在线路塔杆悬点处，以吸收或减弱振动能量，改变线路摇摆频率，防止线路的振动或舞动。

▶2-5-68　架空线路为什么会覆冰?

答：架空线路的覆冰是在初冬和初春时节（气温在-5℃左右）或者是在降雪或雨雪交加的天气里，在架空线路的导线、避雷线、绝缘子串等处均会有雨、霜和湿雪形成的冰雪。这是一层结实而又紧密的透明或半透明的冰层，形成覆冰层的原因是由于物体上附着水滴，当气温下降时，这些水滴便凝结成冰，而且越结越厚。

▶2-5-69　线路覆冰有哪些危害?

答：（1）覆冰降低了绝缘子串的绝缘水平，会引起闪络接地事故；

（2）导线和避雷线上的覆冰有局部脱落时，因各导线的荷重不均匀，会使导线发生跳跃、碰撞现象；

（3）覆冰会使导线严重下垂，使导线对地距离减小，易发生短路、接地等事故；

（4）覆冰后的导线使杆塔受到过大的荷重，会造成倒杆或倒塔事故；

（5）增大了架空线的迎风面积，使其所受水平风载荷增加，加大了断线倒塔的可能；

（6）使架空线舞动的可能性增大。

▶2-5-70　如何消除导线上的覆冰?

答：（1）电流溶解法：

1）增大负荷电流；

2）将与系统断开的覆冰线路用特设变压器或发电机供给短路电流。

（2）机械除冰法：

1）用绝缘杆敲打脱冰；

2）用木制套圈脱冰；

3）用滑车除冰器脱冰；

4）机械除冰必须停电。

▶2-5-71　气温对架空线路有何影响?

答：（1）气温降低，架空线线长缩短，张力增大，有可能导致断线。

（2）气温升高，线长增加，弧垂变大，有可能保证不了对地或其他跨越物的安全距离。

▶2-5-72　鸟类活动会造成哪些线路故障?

答：（1）当鸟类嘴里叼着树枝、柴草、铁丝等杂物在线路上空往返飞行时，若树枝等杂物落到导线间或搭在导线与横担之间，就会造成短路事故；

（2）体型较大的鸟在线间飞行或鸟类打架也会造成短路事故；

（3）杆塔上的鸟巢与导线间的距离过近，尤其在在阴雨天气易引起线路接地事故；

（4）在大风暴雨的天气里，鸟巢被风吹散触及导线，而造成跳闸停电事故。

▶2-5-73　线路耐张段中直线杆承受不平衡张力的原因有哪些?

答：（1）耐张段中各档距长度相差悬殊，当气象条件变化后，引起各档张力不等；

（2）耐张段中各档不均匀覆冰或不同时脱冰时，引起各档张力不等；

（3）线路检修时，先松下某悬点导线后挂上某悬线将引起相邻各档张力不等；

（4）耐张段中在某档飞车作业，绝缘梯作业等悬挂集中荷载时引起不平衡张力；

（5）山区连续倾斜档的张力不等。

▶2-5-74 架空线强度大小受哪些因素的影响？

答：（1）架空线的档距；

（2）架空线的应力；

（3）架空线所处的环境气象条件。

▶2-5-75 架空线路的垂直档距大小受哪些因素的影响？

答：（1）杆塔两侧档距大小；

（2）气象条件；

（3）导线应力；

（4）悬点高差；

（5）垂直档距大小影响杆塔的垂直荷载。

▶2-5-76 架空线路为何需要换位？

答：架空线路三相导线在空间排列往往是不对称的，由此引起三相系统电磁特性不对称，电磁特性不对称引起各相电抗不平衡，从而影响三相系统的对称运行。为保证三相系统能始终保持对称运行，三相导线必须进行换位。

▶2-5-77 架空线应力过大或过小有何影响？

答：应力过大，易在最大应力气象条件下超过架空线的强度而发生断线事故，难以保证线路安全运行。

应力过小，会使架空线弧垂过大，要保证架空导线对地具备足够的安全距离，必然因增高杆塔而增大投资，造成不必要的浪费。

▶2-5-78 确定杆塔外形尺寸的基本要求有哪些？

答：（1）杆塔高度的确定应满足导线对地或对被交叉跨越物之间的安全距离要求；

（2）架空线之间的水平和垂直距离应满足档距中央接近距离的要求；

（3）导线与杆塔的空气间隙应满足内过电压、外过电压和运行电压情况下电气绝缘的要求；

（4）导线与杆塔的空气间隙应满足带电作业安全距离的要求；

（5）避雷线对导线的保护角应满足防雷保护的要求。

▶2-5-79 架空电力线路常见故障有哪些？

答：（1）导线损伤、断股、断裂；

（2）倒杆，电杆严重倾斜，虽然还在继续运行，但由于各种电气距离发生很大变化，继续供电将会危及设备和人身安全，必须停电予以修复；

（3）接头发热，发现导线接头过热，首先应设法减少该线路的负荷，同时，增加夜间巡视，观察导线接头处有无发红的现象，发现导线接头发热严重，应将该线路停电进行处理；

（4）导线对被跨越物放电事故；

（5）单相接地；

（6）两相短路；

（7）三相短路；

（8）缺相。

▶2-5-80 电力电缆的基本结构是什么？

答： 电力电缆的基本结构由线芯（导体）、绝缘层、屏蔽层和保护层四部分组成。线芯是电缆的导电部分，用来输送电能。绝缘层是将线芯与大地以及不同相的线芯间在电气上彼此隔离，保证电能输送。屏蔽层是消除导体表面的不光滑所引起电场强度的增加，所以在绝缘层外表面均包有外屏蔽层。保护层是保护电缆免受外界杂质和水分的侵入和防止外力破坏。

▶2-5-81 常见电力电缆有哪几种？

答： 聚氯乙烯绝缘电力电缆、交联聚乙烯绝缘电力电缆、聚氯乙烯绝缘控制电缆。

▶2-5-82 电缆分为哪几种？型号如何表示？

答： （1）按电缆结构和绝缘材料种类的不同可分为不滴漏油浸纸带绝缘型电缆、不滴漏油浸纸绝缘分相型电缆和橡塑电缆。

（2）电缆型号的表示方法。一般一条电缆的规格除标明型号外，还应说明电缆的芯数、截面、工作电压和长度，如ZQ22-3×70-10-300表示铜芯、纸绝缘、铅包、双钢带铠装、聚氯乙烯外护套，3芯、截面70mm^2，电压为10kV，长度为300mm的电力电缆。

▶2-5-83 什么是电力电缆载流能力？分为哪几类？

答： 电缆载流量是指电缆在输送电能时允许传送的最大电流值，可分为长期工作条件下的允许载流量、短时间允许通过的电流和短路时允许通过的电流。

（1）电缆长期允许载流量。当电缆导体温度等于电缆最高长期工作温度，而电缆中的发热与散热达到平衡时的负载电流，称为电缆长期允许载流量。

（2）电缆允许短路电流。电缆线路发生短路故障时所通过的电流。如电缆线路中有中间接头时锡焊接头应不大于120℃，压接接头应不大于150℃。

▶2-5-84 电缆线路有什么优点？

答： 优点：不占用地上空间，供电可靠性高，电击可能性小。缺点：投资费用大，引出分支线路比较困难，故障点寻找比较困难。

▶2-5-85 电力电缆常见故障有几种？

答： 短路（低阻）故障、高阻故障、开路故障、闪络性故障。

▶2-5-86 电力电缆线路日常检查内容有哪些？

答： （1）检查电缆线路电流是否超过额定载流量；

（2）电缆终端头的连接点是否发热变色；

（3）并联电缆有无负荷不均而导致其中一根发热；

（4）有无打火、放电声响及异常气味。

▶2-5-87　电力电缆故障定点方法有几种?

答：声测法、声磁同步法、跨步电流法。

▶2-5-88　电力电缆故障测距方法有几种?

答：电桥法、低压脉冲法、脉冲电压法、脉冲电流法。

▶2-5-89　电缆头内刚灌完绝缘胶可否立即送电?

答：因为刚灌完绝缘胶，绝缘胶内还有气泡，只有在绝缘胶冷却后气泡才能排出。如果电缆头灌完绝缘胶就送电，可能造成电缆头击穿而发生事故。

▶2-5-90　电缆温度有什么监视要求?

答：（1）测量直埋电缆温度时，应测量同地段的土壤温度；

（2）检查电缆的温度，应选择电缆排列最密处或散热情况最差处或有外界热源影响处；

（3）测量电缆的温度，应在夏季或电缆最大负荷时进行。

▶2-5-91　如何防止电缆导线连接点损坏的发生?

答：（1）铜铝导体连接宜采用铜铝过渡接头，如采用铜压接管其内壁必须镀锡；

（2）重要电缆线路的户外引出线连接点，需加强监视，一般可用红外线测温仪或测温笔测量温度，再检查接触面的表面情况；

（3）对敷设在地下的电缆线路，应查看其地表是否正常，有无挖掘痕迹及线路标桩是否完整无缺等；

（4）电缆线路上不应堆置瓦砾、矿渣、建筑材料、笨重物件、酸碱性排泄物或堆砌石灰坑等；

（5）对于通过桥梁的电缆，应检查桥头两端电缆是否拖拉过紧保护管或槽有无脱开或锈烂现象；

（6）对于备用排管应该用专用工具疏通，检查其有无断裂现象；

（7）对户外与架空线连接的电缆和终端头应检查终端头是否完整，引出线连接点有无发热现象，靠近地面的一段电缆是否存在破损。

第三章

电 气 二 次 系 统

第一节　通用部分

▶3-1-1　什么是电气二次系统？常用的二次设备有哪些？

答：电气二次系统是对一次设备的工作状况进行监视、测量、控制、保护、调节所必需的低压系统，二次系统中的电气设备称为二次电气设备。

常用的二次设备包括继电保护装置、自动装置、监控装置、信号器具等，通常还包括电压互感器、电压互感器的二次绕组引出线和站用直流电源。

▶3-1-2　什么是二次回路？

答：由二次设备相互连接，构成对一次设备进行监测、控制、调节和保护的电气回路称为二次回路或二次接线系统。

▶3-1-3　二次回路包括哪些部分？

答：电气设备的二次回路包括测量、监察回路，控制、信号回路，继电保护和自动装置回路以及操作电流回路等。

▶3-1-4　二次回路的电路图按任务不同可分为几种？

答：分为原理图、展开图和安装接线图三种。

▶3-1-5　安装接线图包括哪些内容？

答：包括屏面布置图、屏背面接线图和端子排图。

▶3-1-6　接线图中安装单位、同型号设备、设备顺序如何编号？

答：（1）安装单位编号以罗马数字Ⅰ、Ⅱ、Ⅲ…等来表示；

（2）同型设备，在设备文字标号前以数字来区别，如1kA、2kA；

（3）同一安装单位中的设备顺序是从左到右，从上到下以阿拉伯数字来区别。

▶3-1-7　清扫运行中的设备二次回路时应遵守哪些规定？

答：清扫运行中的设备二次回路时，应认真仔细，并使用绝缘工具（毛刷、吹风设备等），特别注意防止振动，防止误碰。

▶**3-1-8 怎样测量一路的二次整体绝缘?**

答：应使用1000V绝缘电阻表。测量项目有电流回路对地、电压回路对地、直流回路对地、信号回路对地、正极对跳闸回路、各回路间等。如需测所有回路对地，应将它们用线连起来测量。

▶**3-1-9 测量二次回路整体绝缘应注意哪些问题?**

答：（1）断开本回路交直流电源；

（2）断开与其他回路的连接；

（3）拆除回路的连接点；

（4）测量完毕恢复原状。

▶**3-1-10 在拆动二次线时，应采取哪些措施?**

答：拆动二次线时，必须做好记录；恢复时，应在记录本上注销。二次线改动较多时，应在每个线头挂牌。拆动或敷设二次电缆时，还应在电缆的首末端及其沿线的转弯处和交叉处挂牌。

▶**3-1-11 电力二次系统安全防护措施有哪些?**

答：电力二次系统安全防护措施包括备份与冗余、恶意代码防范、防火墙、入侵检测、主机加固、安全Web服务、计算机系统访问控制、远程拨号访问、线路加密措施、安全文件网关、安全审计。

▶**3-1-12 二次设备常见的异常和事故有哪些?**

答：（1）继电保护及安全自动装置异常、故障；

（2）二次接线异常、故障；

（3）电流互感器、电压互感器等异常、故障；

（4）直流系统异常、故障。

▶**3-1-13 什么是二次回路标号? 二次回路标号的基本原则是什么?**

答：为便于安装、运行和维护，在二次回路中的所有设备间的连线都要进行标号，这就是二次回路标号。标号一般采用数字或数字和文字的组合，它表明了回路的性质和用途。

回路标号的基本原则是：凡是各设备间要用控制电缆经端子排进行联系的，都要按回路原则进行标号。此外，某些装在屏顶上的设备与屏内设备的连接，也需要经过端子排，此时屏顶设备就可看作是屏外设备，而在其连接线上同样按回路编号原则给以相应的标号。为了明确起见，对直流回路和交流回路采用不同的标号方法，而在交、直流回路中，对各种不同的回路又赋予不同的数字符号，因此在二次回路接线图中，看到标号后，就能知道这一回路的性质而便于维护和检修。

▶**3-1-14 二次回路标号的基本方法是什么?**

答：（1）用三位或三位以下的数字组成，需要标明回路的相别或某些主要特征时，可在数字标号的前面（或后面）增注文字符号；

（2）按"等电位"的原则标注，即在电气回路中，连于一点上的所有导线（包括接触连接的可折线段）须标以相同的回路标号；

（3）电气设备的触点、线圈、电阻、电容等元件所间隔的线段，即对于不同的线段，一般给予不同的标号，对于在接线图中不经过端子而在屏内直接连接的回路，可不标号。

▶**3-1-15 直流回路的标号细则是什么？**

答：（1）于不同用途的直流回路，使用不同的数字范围，如控制和保护回路用001～099及1～599，励磁回路用601～699。

（2）控制和保护回路使用的数字标号，按熔断器所属的回路进行分组，每一百个数分为一组，如101～199、201～299、301～399…，其中每段里面先按正极性回路（编为奇数）由小到大，再编负极性回路（偶数）由大到小，如100、101、103、133…142、140…。

（3）信号回路的数字标号，按事故、位置、预告、指挥信号进行分组，按数字大小进行排列。

（4）开关设备、控制回路的数字标号组，应按开关设备的数字序号进行选取。例如有3个控制开关1KK、2KK、3KK，则1KK对应的控制回路数字标号选101～199，2KK所对应的选201～299，3KK对应的选301～399。

（5）正极回路的线段按奇数标号，负极回路的线段按偶数标号；每经过回路的主要压降元（部）件（如线圈、绕组、电阻等）后，即改变其极性，其奇偶顺序即随之改变。对不能标明极性或其极性在工作中改变的线段，可任选奇数或偶数。

（6）对于某些特定的主要回路通常给予专用的标号组。例如：正电源为101、201，负电源为102、202；合闸回路中的绿灯回路为105、205、305、405；跳闸回路中的红灯回路编号为035、135、235…。

第二节 继电保护

▶**3-2-1 什么是继电保护装置？**

答：当电力系统中的电力元件（如发电机、线路等）或电力系统本身发生了故障危及电力系统安全运行时，能够向运行值班人员及时发出警告信号，或者直接向所控制的断路器发出跳闸命令以终止这些事件发展的一种自动化措施和设备，一般统称为继电保护装置。

▶**3-2-2 继电保护在电力系统中的任务是什么？**

答：（1）当被保护的电力系统元件发生故障时，应该由该元件的继电保护装置迅速准确地给脱离故障元件最近的断路器发出跳闸命令，使故障元件及时从电力系统中断开，以最大限度地减少对电力系统元件本身的损坏，降低对电力系统安全供电的影响，并满足电力系统的某些特定要求（如保持电力系统的暂态稳定性等）。

（2）反应电气设备的不正常工作情况，并根据不正常工作情况和设备运行维护条件的不同发出信号，以便值班人员进行处理，或由装置自动地进行调整，或将那些继续运行会引起事故的电气设备予以切除。反应不正常工作情况的继电保护装置允许带一定的延时动作。

▶3-2-3 继电保护的基本原理和构成方式分别是什么？

答：继电保护主要利用电力系统中元件发生短路或异常情况时的电气量（电流、电压、功率、频率等）的变化，构成继电保护动作的原理，也有其他的物理量，如变压器油箱内故障时伴随产生的大量瓦斯和油流速度的增大或油压强度的增高。

大多数情况下，不管反应哪种物理量，继电保护装置都包括测量部分（和定值调整部分）、逻辑部分、执行部分。

▶3-2-4 电力系统对继电保护的基本要求是什么？

答：继电保护装置应满足可靠性、选择性、灵敏性和速动性的要求。

▶3-2-5 保证保护装置正确动作的条件有哪些？

答：（1）接线合理；

（2）整定值与计算值相符；

（3）绝缘符合要求；

（4）直流电压不低于额定值的85%；

（5）保护装置整洁，连接片使用正确。

▶3-2-6 继电保护"三误"事故指的是什么？

答：继电保护"三误"事故指的是误碰、误接线、误整定。

▶3-2-7 继电保护的"误接线"有哪些？

答：（1）没有按拟订的方式接线（如没有按图纸接线、拆线后没有恢复或图纸有明显的错误）；

（2）电流、电压回路相别、极性错误；

（3）忘记恢复断开的电流、电压、直流回路的连线或连片；

（4）直流回路接线错误等。

▶3-2-8 继电保护现场工作中的习惯性违章的主要表现有哪些？

答：（1）不履行工作票手续即开始工作；

（2）不认真履行现场继电保护工作安全措施票；

（3）监护人不到位或失去监护；

（4）现场标示牌不全，走错间隔（屏位）。

▶3-2-9 继电保护装置定期检验可分为哪三种？

答：（1）全部检验；

（2）部分检验；

（3）用装置进行断路器跳合闸试验。

▶**3-2-10 继电保护装置现场检验应包括哪几项内容?**

答:（1）测量绝缘;

（2）检验逆变电源（拉合直流电源、直流电压缓慢上升、缓慢下降时逆变电源及保护正常）;

（3）检验固化的程序是否正确;

（4）检验数据采集系统的精度和平衡度;

（5）检验开关量输入和输出回路;

（6）检验定值单;

（7）整组检验;

（8）用一次电流及工作电压检验。

▶**3-2-11 继电器的作用是什么?**

答: 在电路中起着自动调节、安全保护、转换电路等作用。

▶**3-2-12 什么是继电器的返回系数?**

答: 继电器的返回系数是继电器的返回量数值与动作量数值的比值,该值反映继电器的灵敏性,该值越接近1,则继电器就越灵敏,但是灵敏度太高的继电器很多时候是不适用的,所以继电保护对继电器的返回系数有专门的要求,既不能过高也不能过低。

▶**3-2-13 跳闸位置继电器与合闸位置继电器有什么作用?**

答:（1）可以表示断路器的跳、合闸位置如果是分相操作的,还可以表示分相的跳、合闸信号;

（2）可以表示断路器位置的不对应或表示该断路器是否在非全相运行状态;

（3）可以由跳闸位置继电器的某相的触点去启动重合闸回路;

（4）在三相跳闸时去高频保护停信;

（5）在单相重合闸方式时,闭锁三相重合闸;

（6）发出控制回路断线信号和事故音响信号。

▶**3-2-14 继电保护的操作电源有几种?各有何优缺点?**

答: 用来供给继电保护装置工作的电源有直流和交流两种。无论哪种操作电源,都必须保证在系统故障时,保护装置能可靠工作,工作电源的电压要不受系统事故和运行方式变化的影响。

（1）直流电源由直流发电机（或硅整流装置）和蓄电池供电,其电压为110V或220V,它与被保护的交流系统没有直接联系,是一个独立电源,蓄电池组储存足够的能量,即使在发电厂或变电所内完全停电的情况下,也能在一定时间内保证继电保护、自动装置的可靠工作。

（2）直流电源的缺点是:需要专门的蓄电池组和辅助设备,投资大、运行维护麻烦,直流系统复杂,发生接地故障后,难以寻找故障点,降低了操作回路的可靠性。

（3）继电保护采用交流工作电源时有两种供电方式:一种是将交流电源经整流成直流后,供给继电保护、自动装置用;另一种是全交流的工作电源,由电流、电压互感器供电。由于继电保护、自动装置采用交流电源，则应采用交流继电器进行工作。

（4）交流电源与直流电源比较，有节省投资、简化运行维护工作量等优点。其缺点是可靠性差，特别在交流系统故障时，操作电源受到影响大，所以应用不够广泛。

▶3-2-15 什么是主保护、后备保护和辅助保护?

答：主保护是指发生短路故障时，能满足系统稳定及设备安全的基本要求，首先动作于跳闸，有选择地切除被保护设备和全线路故障的保护。

后备保护是指主保护或断路器拒动时，用以切除故障的保护。

辅助保护是为补充主保护和后备保护的不足而增设的简单保护。

▶3-2-16 电力系统有哪些故障?

答：电力系统有一处故障时称为简单故障，有两处以上同时故障时称为复故障。简单故障有7种，其中短路故障有4种，即单相接地故障、二相短路故障、二相短路接地故障、三相短路故障，均称为横向故障。断线故障有3种，即断一相、断二相、全相振荡，均称为纵向故障，其中三相短路故障和全相振荡为对称故障，其他是不对称故障。

▶3-2-17 什么是系统的最大、最小运行方式?

答：在继电保护的整定计算中，一般都要考虑电力系统的最大与最小运行方式。最大运行方式是指在被保护对象末端短路时，系统的等值阻抗最小，通过保护装置的短路电流为最大的运行方式。最小运行方式是指在上述同样的短路情况下，系统等值阻抗最大，通过保护装置的短路电流为最小的运行方式。

▶3-2-18 什么叫电力系统的静态稳定?

答：电力系统运行的静态稳定性也称微变稳定性，是指当正常运行的电力系统受到很小的扰动，将自动恢复到原来运行状态的能力。

▶3-2-19 什么叫电力系统的动态稳定?

答：电力系统运行的动态稳定性是指当正常运行的电力系统受到较大的扰动，它的功率平衡受到相当大的波动时，将过渡到一种新的运行状态或回到原来的运行状态，继续保持同步运行的能力。

▶3-2-20 发生短路故障时的特点是什么?

答：故障点的阻抗很小，电流瞬时升高，短路点以前的电压迅速下降。

▶3-2-21 什么是电力系统振荡?

答：电力系统中的电磁参量（电流、电压、功率、磁链等）的振幅和机械参量（功角、转速等）的大小随时间发生等幅、衰减或发散的周期性变化的现象。

▶3-2-22 什么是振荡闭锁?

答：防止继电保护装置（主要是距离保护装置）在电力系统失去同步（震荡）时发生误动作的一种系统安全装置（措施）。

▶3-2-23 **如何实现振荡闭锁?**

（1）利用电流的负序、零序分量或者突变量，实现振荡闭锁；

（2）利用测量阻抗变化率不同构成振荡闭锁；

（3）利用动作的延时实现振荡闭锁。

▶3-2-24 **短路和振荡的主要区别是什么?**

答：（1）振荡过程中，由并列运行发电机电势间相角差所决定的电气量是平滑变化的，而短路时的电气量是突变的；

（2）振荡过程中，电网上任一点的电压之间的角度，随着系统电势间相角差的不同而改变，而短路时电流和电压之间的角度基本上是不变的；

（3）振荡过程中，系统是对称的，故电气量中只有正序分量，而短路时各电气量中不可避免地将出现负序和零序分量。

▶3-2-25 **电力系统振荡时，对继电保护装置有哪些影响?**

答：（1）对电流继电器的影响。当振荡电流达到继电器的动作电流时，继电器动作；当振荡电流降低到继电器的返回电流时，继电器返回，因此电流速断保护肯定会误动作。一般情况下振荡周期较短，当保护装置的时限大于1.5s时，就可能躲过振荡而不误动作。

（2）对阻抗继电器的影响。周期性振荡时，电网中任一点的电压和流经线路的电流将随两侧电源电动势间相位角的变化而变化。振荡电流增大，电压下降，阻抗继电器可能动作；振荡电流减小，电压升高，阻抗继电器返回。如果阻抗继电器触点闭合的持续时间长，将造成保护装置误动作。

▶3-2-26 **什么是过电流保护?**

答：当被测电流增大超过允许值时执行相应保护动作的一种保护，主要包括短路保护和过载保护两种类型，短路保护的特点是整定电流大，瞬时动作；过载保护的特点是整定电流较小，反时限动作。

▶3-2-27 **过电流保护的种类有哪些?**

答：按时间分为速断、定时限和反时限三种。

按方向分为不带方向过流和带方向过流两种。

按闭锁方式分为过电流、低电压闭锁过流、负序电压闭锁过流、复合电压闭锁过流等。

▶3-2-28 **什么是定时限、反时限过电流保护?**

答：为了实现过电流保护的动作选择性，各保护的动作时间一般按阶梯原则进行整定。即相邻保护的动作时间，自负荷向电源方向逐级增大，且每套保护的动作时间是恒定不变的，与短路电流的大小无关。具有这种动作时限特性的过电流保护称为定时限过电流保护。

反时限过电流保护是指动作时间随短路电流的增大而自动减小的保护。使用在输电线路上的反时限过电流保护，能更快地切除被保护线路首端的故障。

▶ 3-2-29 电流速断保护的特点是什么？

答：（1）无延时，瞬时动作，在时间上无需与下段线路配合；

（2）接线简单，动作可靠，切除故障快；

（3）按躲过被保护元件外部短路时流过本保护的最大短路电流进行整定，不能保护线路全长。

▶ 3-2-30 定时限过流保护的特点是什么？

答：（1）具有一定时限，在时间上需与下段线路配合，时间与短路电流大小无关；

（2）一般分三段式或四段式，各级保护时限呈阶梯形，越靠近电源动作时限越长；

（3）保护范围主要是本线路末端，并延伸至下一段线路的始端，除保护本段线路外，还作为下一段线路的后备保护。

▶ 3-2-31 什么是电压闭锁过电流保护？

答：是在电流保护装置中加了一个附加条件——电压闭锁，当动作电流达到整定值时，保护装置不会动作，被保护对象的电压值必须同时达到整定值时，过电流保护装置才会动作，目的是为了提高保护的灵敏性。电压闭锁有低电压闭锁、复合电压闭锁等。

▶ 3-2-32 什么是距离保护？

答：是根据电压和电流测量保护安装处至短路点间的阻抗值，反应故障点至保护安装地点之间的距离，并根据距离的远近而确定动作时间的一种保护。

▶ 3-2-33 距离保护的特点是什么？

答：（1）以阻抗为判断依据，受系统运行方式影响较小；

（2）一般分三段式或四段式，各级保护时限呈阶梯形，越靠近电源动作时限越长；

（3）保护范围主要是本线路末端，并延伸至下一段线路的始端。除保护本段线路外，还作为下一段线路的后备保护。

▶ 3-2-34 什么是距离保护的时限特性？

答：距离保护一般都作成三段式，第Ⅰ段的保护范围一般为被保护线路全长的80%~85%，动作时间t_1为保护装置的固有动作时间。

第Ⅱ段的保护范围需与下一线路的保护定值相配合，一般为被保护线路的全长及下一线路全长的30%~40%，其动作时限$t_Ⅱ$要与下一线路距离保护第Ⅰ段的动作时限相配合，一般为0.5s左右。

第Ⅲ段为后备保护，其保护范围较长，包括本线路和下一线路的全长乃至更远，其动作时限$t_Ⅲ$按阶梯原则整定。

▶ 3-2-35 为什么距离保护的Ⅰ段保护范围通常选择为被保护线路全长的80%~85%？

答：距离保护第Ⅰ段的动作时限为保护装置本身的固有动作时间，为了和相邻的下一线路的距离保护第Ⅰ段有选择性的配合，两者的保护范围不能有重叠的部分。否则，线路第Ⅰ段的保护范围会延伸到下一线路，造成无选择性动作。再者，保护定值计算用的线路参数有误差，电压互感器和电流互感器的测量也有误差，考虑最不利的情况，这些误差为正值相加，如果第Ⅰ段的保护范围为被保护线路的全长，就不可避免地要延伸到下一线路，此时，若下一线路出口故障，则相邻的两条线路的第Ⅰ段会同时动作，造成无选择性地切断故障。因此，第Ⅰ段保护范围通常取被保护线路全长的80%~85%。

▶3-2-36 距离保护有哪些闭锁装置？各起什么作用？

答：（1）电压断线闭锁。电压互感器二次回路断线时，由于加到继电器的电压下降，与短路故障现象一样，保护可能误动作，所以要加闭锁装置。

（2）振荡闭锁。在系统发生故障出现负序分量时将保护开放（0.12~0.15s），允许动作，然后再将保护解除工作，防止系统振荡时保护误动作。

▶3-2-37 什么是差动保护？

答：是把被保护的电气设备看成一个节点，正常时流进被保护设备的电流和流出的电流相等，差动电流等于零。当设备出现故障时，差动电流大于零，大于差动保护装置的整定值时，将被保护设备的各侧断路器均跳开的一种保护。

▶3-2-38 什么是瓦斯保护？有什么特点？

答：当变压器内部发生故障时，变压器油将分解出大量气体，利用这种气体动作的保护装置称为瓦斯保护。瓦斯保护的动作速度快、灵敏度高，对变压器内部故障有良好的反应能力，但对油箱外套管及连线上的故障反应能力却很差。

▶3-2-39 什么是零序保护？

答：在大短路电流接地系统中发生接地故障后，就有零序电流、零序电压和零序功率出现，利用这些电量构成保护接地短路的继电保护装置统称为零序保护。

▶3-2-40 什么时候会出现零序电流？

答：电力系统在三相不对称运行状况下将出现零序电流，如三相运行参数不同、有接地故障、缺相运行、断路器三相投入不同期、投入空载变压器时三相的励磁涌流不同等。

▶3-2-41 零序电流保护由哪几部分组成？

答：零序电流保护主要由零序电流（电压）滤过器、电流继电器和零序方向继电器三部分组成。

▶3-2-42 零序电流互感器是如何工作的？

答：由于零序电流互感器的一次绕组就是三相星形接线的中性线。在正常情况下，三相电流之和等于零，中性线（一次绕组）无电流，互感器的铁芯中不产生磁通，二次绕组中没有感应电流。当被保护设备或系统上发生单相接地故障时，三相电流之和不再等于零，一次绕组将流过电流，此电流等于每相零序电流的三倍，此时铁芯中产生磁通，二次绕组将感应出电流。

▶3-2-43 零序功率方向继电器如何区分故障线路与非故障线路？

答：在中性点不接地系统中发生单相接地故障时，故障线路的零序电流滞后于零序电压90°，非故障线路的零序电流超前于零序电压90°，即故障线路与非故障线路的零序电流相差180°。因此，零序功率方向继电器可以区分故障线路与非故障线路。

▶3-2-44 **零序电流保护有什么优点？**

答：带方向性和不带方向性的零序电流保护是简单而有效的接地保护方式，其优点是：

（1）结构与工作原理简单，正确动作率高于其他复杂保护；

（2）整套保护中间环节少，特别是对于近处故障，可以实现快速动作，有利于减少发展性故障；

（3）在电网零序网络基本保持稳定的条件下，保护范围比较稳定；

（4）保护反应于零序电流的绝对值，受故障过渡电阻的影响较小；

（5）保护定值不受负荷电流的影响，也基本不受其他中性点不接地电网短路故障的影响，所以保护延时段灵敏度允许整定较高。

▶3-2-45 **零序电流保护在运行中需注意哪些问题？**

答：（1）当电流回路断线时，可能造成保护误动作。这是一般较灵敏的保护的共同弱点，需要在运行中注意防止。就断线概率而言，它比距离保护电压回路断线的概率要小得多，如果确有必要，还可以利用相邻电流互感器零序电流闭锁的方法防止这种误动作。

（2）当电力系统出现不对称运行时，也会出现零序电流，如变压器三相参数不同所引起的不对称运行，单相重合闸过程中的两相运行，三相重合闸和手动合闸时的三相断路器不同期，母线倒闸操作时断路器与隔离开关并联过程或断路器正常环并运行情况下，由于隔离开关或断路器接触电阻三相不一致而出现零序环流，以及空投变压器时产生的不平衡励磁涌流，特别是在空投变压器所在母线有中性点接地变压器在运行中的情况下，可能出现较长时间的不平衡励磁涌流和直流分量等，都可能使零序电流保护启动。

（3）地理位置靠近的平行线路，当其中一条线路故障时，可能引起另一条线路出现感应零序电流，造成反方向侧零序方向继电器误动作。如确有此可能时，可以改用负序方向继电器，来防止上述方向继电器误判断。

（4）由于零序方向继电器交流回路平时没有零序电流和零序电压，回路断线不易被发现。当继电器零序电压取自电压互感器开口三角侧时，也不易用较直观的模拟方法检查其方向的正确性，因此较容易因交流回路有问题而使得在电网故障时造成保护拒动作和误动作。

▶3-2-46 **什么是变压器的压力保护？**

答：压力保护是一种当变压器内部出现严重故障时，通过压力释放装置使油膨胀和分解产生的不正常压力得到及时释放，以免损坏油箱，造成更大的损失的保护。

压力释放装置有安全气道（防爆筒）和压力释放阀两种。

▶3-2-47 **什么是断路器失灵保护？**

答：是当故障元件的保护装置动作，而断路器拒动时，有选择地使失灵断路器所连接母线的断路器同时断开，防止事故范围扩大的一种保护。

▶3-2-48 **断路器失灵保护的相电流判别元件定值应满足什么要求？**

答：断路器失灵保护的相电流判别元件的整定值，应保证在本线路末端或本变压器低压侧单相接地故障时有足够灵敏度，灵敏系数大于1.3，并尽可能躲过正常运行负荷电流。

▶**3-2-49　什么是保护间隙？**

答：保护间隙是由一个带电极和一个接地极构成，两极之间相隔一定距离构成间隙。它平时并联在被保护设备旁，在过电压侵入时，间隙先行击穿，把雷电流引入大地，保护设备的绝缘不受伤害。

▶**3-2-50　什么是失电压保护？**

答：当电源停电或者由于某种原因电源电压降低过多（欠电压）时，被保护设备自动从电源上切除的一种保护。

▶**3-2-51　什么是"远后备"？什么是"近后备"？**

答："远后备"是指当元件故障而其保护装置或开关拒绝动作时，由各电源侧的相邻元件保护装置误动作将故障切开。

"近后备"则用双重化配置方式加强元件本身的保护，使之在区内故障时，保护无拒绝动作的可能，同时装设开关失灵保护，以便当开关拒绝跳闸时启动它来切开同一变电所母线的高压开关或遥切对侧开关。

▶**3-2-52　什么叫中性点直接接地电网？它有何优缺点？**

答：发生单相接地故障时，相地之间就会构成单相直接短路，这种电网称为中性点直接接地电力网。

优点：过电压数值小，绝缘水平要求低，因而投资少，经济性好。

缺点：单相接地电流大，接地保护动作于跳闸、降低供电可靠性，另外接地时短路电流大，电压急剧下降，还可能导致电力系统动稳定的破坏，接地时产生零序电流还会造成对通信系统的干扰。

▶**3-2-53　低压配电线路一般有哪些保护？**

答：一般有短路保护、过负荷保护、接地故障保护、中性线断线故障保护。

▶**3-2-54　高压输电线路一般有哪些保护？**

答：110kV及以上电压等级线路一般有差动保护、过电流保护、距离保护、零序保护、过负荷保护等。

▶**3-2-55　励磁涌流的特点有哪些？**

答：（1）励磁涌流含有数值很大的高次谐波分量（主要是二次、三次谐波）；

（2）励磁涌流的衰减常数与铁芯的饱和程度有关，饱和越深，电抗越小，衰减越快；

（3）一般情况下，变压器容量越大，衰减的持续时间越长，但总的趋势是涌流的衰减速度往往比短路电流衰减慢一些；

（4）励磁涌流的数值很大，最大可达额定电流的8~10倍。

▶**3-2-56　变压器一般有哪些保护？主保护是什么？**

答：一般有差动保护、瓦斯保护、过电流保护、过负荷保护、零序保护、温度保护、压力保护等。

主保护是差动保护、瓦斯保护。

▶3-2-57 变压器零序保护的保护范围是什么？

答：用来反映变压器中性点直接接地系统侧绕组的内部及其引出线上的接地短路，也可作为相应母线和线路接地的后备保护。

▶3-2-58 主变压器零序后备保护中零序过电流与放电间隙过电流是否同时工作？各在什么条件下起作用？

答：（1）两者不同时工作；

（2）当变压器中性点接地运行时零序过流保护起作用，间隙过流保护应退出；

（3）当变压器中性点不接地时，放电间隙过电流起作用，零序过电流保护应退出。

▶3-2-59 变压器差动保护主要反映什么故障？瓦斯保护主要反映什么故障？

答：差动保护主要反映变压器绕组、引线的相间短路，及大电流接地系统侧的绕组、引出线的接地短路。

瓦斯保护主要反映变压器绕组匝间短路及油面降低、铁芯过热等本体内的任何故障。

▶3-2-60 110kV及以上分级绝缘变压器接地保护如何构成？

答：中性点接地：装设零序电流保护，一般设置两段，零序Ⅰ段作为变压器及母线的接地后备保护，零序Ⅱ段作为引出线的后备保护。

中性点不接地：装设瞬时动作于跳开变压器的间隙零序过电流保护及零序电压保护。

▶3-2-61 对于分级绝缘的变压器，中性点不接地时应装设何种保护，以防止发生接地短路时因过电压而损坏变压器？

答：零序过电压保护防止发生接地短路时因过电压而损坏变压器。

▶3-2-62 当现场在瓦斯保护及其二次回路上进行工作时，重瓦斯保护应由什么位置改为什么位置运行？

答：当现场在瓦斯保护及其二次回路上进行工作时，重瓦斯保护应由"跳闸"位置改为"信号"位置运行。

▶3-2-63 什么故障可以引起瓦斯保护动作？

答：（1）变压器内部的多相短路；

（2）匝间短路，绕组与铁芯或与外壳间的短路；

（3）铁芯故障；

（4）油面下降或漏油；

（5）分接开关接触不良或导线焊接不良。

▶3-2-64 轻瓦斯动作原因是什么？

答：（1）滤油，加油或冷却系统不严密以致空气进入变压器；

（2）温度下降或漏油致使油面低于气体继电器轻瓦斯浮筒以下；

（3）变压器故障产生少量气体；

（4）发生穿越性短路；

（5）气体继电器或二次回路故障。

▶**3-2-65 在什么情况下需将运行中的变压器差动保护停用?**

答：（1）差动保护二次回路及电流互感器回路有变动或进行校验时；

（2）继电保护人员测定差动回路电流相量及差压；

（3）差动保护互感器一相断线或回路开路；

（4）差动回路出现明显的异常现象；

（5）误动跳闸。

▶**3-2-66 变压器二次侧突然短路对变压器有什么危害?**

答：变压器二次侧发生突然短路，会有一个很大的短路电流通过变压器的高、低压侧绕组，使高、低压绕组受到很大的径向力和轴向力，如果绕组的机械强度不足以承受此力的作用，就会使绕组导线崩断、变形以致绝缘损坏而烧毁变压器。

在短路时间内，大电流使绕组温度上升很快，若继电保护不及时切断电源，变压器就有可能烧毁。同时，短路电流还可能将分接开关触头或套管引线等载流元件烧坏而使变压器发生故障。

▶**3-2-67 变压器差动保护动作时应如何处理?**

答：变压器差动保护主要保护变压器内部发生的严重匝间短路、单相短路、相间短路等故障。差动保护正确动作，变压器跳闸，变压器通常有明显的故障象征（如喷油、瓦斯保护同时动作），则故障变压器不准投入运行，应进行检查、处理。若差动保护动作，变压器外观检查没有发现异常现象，则应对差动保护范围以外的设备及回路进行检查，查明确属其他原因后，变压器方可重新投入运行。

▶**3-2-68 对新安装的变压器差动保护在投入运行前应做哪些试验?**

答：（1）必须进行带负荷测量相位和差电压（或差电流），以检查电流回路接线的正确性：

1）在变压器充电时，将差动保护投入；

2）带负荷前将差动保护停用，测量各侧各相电流的有效值和相位；

3）测各相差电压（或差电流）。

（2）变压器充电合闸5次，以检验差动保护躲励磁涌流的性能。

▶**3-2-69 变压器重瓦斯保护动作后应如何处理?**

答：变压器重瓦斯保护动作后，值班人员应进行下列检查：

（1）变压器差动保护是否有掉牌；

（2）重瓦斯保护动作前，电压、电流有无波动；

（3）防爆管和吸湿器是否破裂，释压阀是否动作；

（4）气体继电器内部是否有气体，收集的气体是否可燃；

（5）重瓦斯掉牌能否复归，直流系统是否接地。

通过上述检查，未发现任何故障迹象，可初步判定重瓦斯保护误动。在变压器停电后，应联系检修人员测量变压器绕组的直流电阻及绝缘电阻，并对变压器油做色谱分析，以确认是否为变压器内部故障。在未查明原因，未进行处理前，变压器不允许再投入运行。

▶3-2-70 断路器上红、绿灯有什么用途？

答：红灯主要用作断路器的合闸位置指示，同时可监视跳闸回路的完整性；绿灯主要用作断路器的跳闸位置指示，同时可监视合闸回路的完整性。

▶3-2-71 断路器位置的红、绿灯不亮有什么影响？

答：（1）不能正确反映断路器的跳、合闸位置；

（2）不能正确反映跳合闸回路完整性，故障时造成误判断；

（3）如果是跳闸回路故障，当发生事故时，断路器不能及时跳闸，造成事故扩大；

（4）如果是合闸回路故障，会使断路器事故跳闸后自投失效或不能自动重合。

▶3-2-72 断路器在跳合闸时，跳合闸线圈要有足够的电压才能够保证可靠跳合闸，因此，跳合闸线圈的电压降均不小于电源电压的多少百分比才为合格？

答：断路器在跳合闸时，跳合闸线圈要有足够的电压才能够保证可靠跳合闸，因此，跳合闸线圈的电压降均不小于电源电压的90%才为合格。

▶3-2-73 断路器拒绝跳闸的原因有哪些？

答：（1）操动机构的机械有故障，如跳闸铁芯卡涩等；

（2）继电保护故障，如保护回路继电器烧坏、断线、接触不良等；

（3）控制回路故障，如跳闸线圈烧坏、跳闸回路有断线、熔断器熔断等。

▶3-2-74 断路器越级跳闸应如何检查处理？

答：断路器越级跳闸后，应首先检查保护及断路器的动作情况。如果是保护动作断路器拒绝跳闸造成越级，应在拉开拒跳断路器两侧的隔离开关后，给其他非故障线路送电。

如果是因为保护未动作造成越级，应将各线路断路器断开，合上越级跳闸的断路器，再逐条线路试送电（或其他方式），发现故障线路后，将该线路停电，拉开断路器两侧的隔离开关，再给其他非故障线路送电，最后再查找断路器拒绝跳闸或保护拒动的原因。

▶3-2-75 为什么断路器掉闸辅助触点要先投入后断开？

答：串在掉闸回路中的断路器触点，叫做掉闸辅助触点。先投入是指断路器在合闸过程中，动触头与静触头未接通之前，掉闸辅助触点就已经接通，做好掉闸的准备，一旦断路器合入故障时能迅速断开。后断开是指断路器在掉闸过程中，动触头离开静触头之后，掉闸辅助触点再断开，以保证断路器可靠地掉闸。

▶3-2-76 母线差动保护的范围是什么？

答：母线各段所有出线断路器及电流互感器之间的一次电气部分。

▶3-2-77 母线差动保护的原理是什么？

答：母线差动保护原理是母线保护的一种最常用的保护原理，其主要原理依据是基尔霍夫电流定律。对于一个母线系统，母线上有n条支路$I_d=I_1+I_2+I_3+\cdots+I_n$，$I_d$为流入母线的和电流，即母线保护的差动电流。当系统正常运行或外部发生故障时，流入母线的电流和为零，即母线差动保护的差动电流，母线保护不动作。当母线发生故障时，等于流入故障点的电流，如果大于母线保护所设定的动作电流时，母线保护将会动作。

▶**3-2-78 在母线电流差动保护中，为什么要采用电压闭锁元件？怎样闭锁？**

答：为了防止差动继电器误动作或误碰出口中间继电器造成母线保护误动作，故采用电压闭锁元件。防止母线保护误动接线是将电压重动继电器的触点串接在各个跳闸回路中。

▶**3-2-79 什么是母差双母线方式、母差单母线方式？**

答：母差双母线方式是指母差有选择性，先跳开母联以区分故障点，再跳开故障母线上所有开关。

母差单母线方式是指母差无选择性，一条母线故障，引起两段母线上所有开关跳闸。

▶**3-2-80 什么是母差无选择方式？**

答：指通过投入母线互联或单母线方式压板，强制装置的母差保护动作后，不选择故障母线，直接跳开母线所有连接开关的出口方式。

▶**3-2-81 什么是母差有选择方式？**

答：指不投入母线互联或单母线方式压板，母差保护动作后按既定逻辑切除故障母线的出口方式。

▶**3-2-82 什么情况下母差保护应投"无选择"方式？**

答：（1）单母线运行时；
（2）母线进行倒闸操作期间；
（3）采用隔离开关跨接两排母线运行时；
（4）母联兼旁路开关代路时；
（5）其他根据需要投入"非选择"方式的情况。

▶**3-2-83 当运行中出现哪些情况时，应立即退出母线保护？**

答：（1）差动保护出现差流越限告警时；
（2）差动保护出现电流互感器回路断线告警信号时；
（3）其他影响保护装置安全运行的情况发生时。

▶**3-2-84 当保护失电压时，哪些保护需要退出运行？**

答：当保护失电压时，纵联方向保护、纵联距离（零序）保护、距离保护等应退出运行。

▶**3-2-85 什么是线路纵联保护？特点是什么？**

答：线路纵联保护是当线路发生故障时，使两侧开关同时快速跳闸的一种保护装置，是线路的主保护。它以线路两侧判别量的特定关系作为判据，即两侧均将判别量借助通道传送到对侧，然后，两侧分别按照对侧与本侧判别量之间的关系来判别区内故障或区外故障。因此，判别量和通道是纵联保护装置的主要组成部分。

（1）方向高频保护是比较线路两端各自看到的故障方向，以判断是线路内部故障还是外部故障。如果以被保护线路内部故障时看到的故障方向为正方向，则当被保护线路外部故障时，总有一侧看到的是反方向。因此，方向比较式高频保护中判别元件，是本身具有方向性的元件或是动作值能区别正、反方向故障的电流元件。其特点是：

1）要求正向判别启动元件对于线路末端故障有足够的灵敏度；

2）必须采用双频收发信机。

（2）相差高频保护是比较被保护线路两侧工频电流相位的高频保护。当两侧故障电流相位相同时保护被闭锁：

1）能反应全相状态下的各种对称和不对称故障，装设比较简单；

2）不反应系统振荡。在非全相运行状态下和单相重合闸过程中保护能继续运行；

3）不受电压回路断线的影响；

4）对收发信机及通道要求较高，在运行中两侧保护需要联调；

5）当通道或收发信机停用时，整个保护要退出运行，因此需要配备单独的后备保护。

（3）高频闭锁距离保护是以线路上装有方向性的距离保护装设作为基本保护，增加相应的发信与收信设备，通过通道构成纵联距离保护。其特点是：

1）能足够灵敏和快速地反应各种对称与不对称故障；

2）仍保持后备保护的功能；

3）电压二次回路断线时保护将会误动，需采取断线闭锁措施，使保护退出运行。

▶3-2-86 纵联保护的通道可分为几种类型？

答：（1）电力线载波纵联保护（简称高频保护）；

（2）微波纵联保护（简称微波保护）；

（3）光纤纵联保护（简称光纤保护）；

（4）导引线纵联保护（简称导引线保护）。

▶3-2-87 纵联保护的信号有哪几种？

答：（1）闭锁信号。它是阻止保护动作于跳闸的信号。换言之，无闭锁信号是保护作用于跳闸的必要条件。只有同时满足本端保护元件动作和无闭锁信号两个条件时，保护才作用于跳闸。

（2）允许信号。它是允许保护动作于跳闸的信号。换言之，有允许信号是保护动作于跳闸的必要条件。只有同时满足本端保护元件动作和有允许信号两个条件时，保护才动作于跳闸。

（3）跳闸信号。它是直接引起跳闸的信号。此时与保护元件是否动作无关，只要收到跳闸信号，保护就作用于跳闸，远方跳闸式保护就是利用跳闸信号。

▶3-2-88 什么是自动重合闸？电力系统中为什么要采用自动重合闸？

答：自动重合闸装置是将因故障跳开后的断路器按需要自动投入的一种自动装置。电力系统运行经验表明，架空线路绝大多数的故障都是瞬时性的，永久性故障一般不到

10%。因此，在由继电保护动作切除短路故障之后，电弧将自动熄灭，绝大多数情况下短路处的绝缘可以自动恢复。因此，自动将断路器重合，不仅提高了供电的安全性和可靠性，减少了停电损失，而且还提高了电力系统的暂态稳定水平，增大了高压线路的送电容量，也可纠正由于断路器或继电保护装置造成的误跳闸。

▶3-2-89　对自动重合闸装置有哪些基本要求？

答：（1）在下列情况下，重合闸不应动作：

1）由值班人员手动跳闸或通过遥控装置跳闸时；

2）手动合闸，由于线路上有故障，而随即被保护跳闸时。

（2）除上述情况外，当断路器由继电保护动作或其他原因跳闸后，重合闸均应动作，使断路器重新合上。

（3）自动重合闸装置的动作次数应符合预先的规定，如一次重合闸就只应实现重合一次，不允许第二次重合。

（4）自动重合闸在动作以后，一般应能自动复归，准备好下一次故障跳闸的再重合。

（5）应能和继电保护配合实现前加速或后加速故障的切除。

（6）在双侧电源的线路上实现重合闸时，应考虑合闸时两侧电源间的同期问题，即能实现无压检定和同期检定。

（7）当断路器处于不正常状态（如气压或液压过低等）而不允许实现重合闸时，应自动地将自动重合闸闭锁。

（8）自动重合闸装置宜采用控制开关位置与断路器位置不对应的原则来启动重合闸。

▶3-2-90　什么是重合闸后加速、前加速？

答：当线路发生故障时，线路保护有选择性的将开关跳开切除故障，重合闸动作一次重合，若线路仍有故障，保护装置将不带时限跳开开关，称为重合闸后加速。

当线路发生故障时，线路保护无选择性的无时限的将开关断开，重合闸动作一次重合，若线路仍有故障，保护装置按选择性动作跳开开关，称为重合闸前加速。

▶3-2-91　自动重合闸怎样分类？

答：（1）按重合闸的动作类型分类，可以分为机械式和电气式。

（2）按重合闸作用于断路器的方式，可以分为三相、单相、综合重合闸三种。

（3）按动作次数，可以分为一次式和二次式（多次式）。

（4）按重合闸的使用条件，可分为单侧电源重合闸和双侧电源重合闸。双侧电源重合闸又可分为检定无压和检定同期重合闸、非同期重合闸。

▶3-2-92　选用重合闸方式的一般原则是什么？

答：（1）重合闸方式必须根据具体的系统结构及运行条件，经过分析后选定。

（2）凡是选用简单的三相重合闸方式能满足具体实际需要的，线路都应当选用三相重合闸方式。特别对于那些处于集中供电地区的密集环网中，线路跳闸后不进行重合闸也能稳定运行的线路，更宜采用整定时间适当的三相重合闸。对于这样的环网线路，快速切除故障是第一位重要的问题。

（3）当发生单相接地故障时，如果使用三相重合闸不能保证系统稳定，或者地区系统出现大面积停电，或者影响重要负荷停电的线路上，应当选用单相或综合重合闸方式。

（4）在大机组出口一般不使用三相重合闸。

▶**3-2-93　自动重合闸的启动方式有哪几种？各有什么特点？**

答： 自动重合闸有断路器控制开关位置与断路器位置不对应启动方式和保护启动方式两种启动方式。

不对应启动方式的优点是简单可靠，可以纠正断路器误碰或偷跳，可提高供电可靠性和系统运行的稳定性，在各级电网中具有良好运行效果，是所有重合闸的基本启动方式；缺点是当断路器辅助触点接触不良时，不对应启动方式将失效。

保护启动方式是不对应启动方式的补充。同时，在单相合闸过程中需要进行一些保护的闭锁，逻辑回路中需要对故障相实现选相固定等也需要一个保护启动的重合闸启动元件。其缺点是不能纠正断路器误动。

▶**3-2-94　单相重合闸与三相重合闸各有哪些优缺点？**

答： （1）使用单相重合闸时会出现非全相运行，除纵联保护需要考虑一些特殊问题外，对零序电流保护的整定和配合产生了很大影响，也使中、短型线路的零序电流保护不能充分发挥作用。

（2）使用三相重合闸时，各种保护的出口回路可以直接动作于断路器。使用单相重合闸时，除了本身有选相能力的保护外，所有纵联保护、相间距离保护、零序电流保护等，都必须经单相重合闸的选相元件控制，才能动作于断路器。

（3）当线路发生单相接地进行三相重合闸时，会比单相重合闸产生较大的操作过电压。这是由于三相跳闸、电流过零时断电，在非故障相上会保留相当于相电压峰值的残余电荷电压，而重合闸的断电时间较短，上述非故障相的电压变化不大，因而在重合时会产生较大的操作过电压。而当使用单相重合闸时，重合时的故障相电压一般只有17%左右（由于线路本身电容分压产生），因而没有操作过电压问题。从较长时间在110kV及220kV电网采用三相重合闸的运行情况来看，一般中、短型线路操作过电压方面的问题并不突出。

（4）采用三相重合闸时，在最不利的情况下，有可能重合于三相短路故障，有的线路经稳定计算认为必须避免这种情况时，可以考虑在三相重合闸中增设简单的相间故障判别元件，使它在单相故障时避免实现重合，在相间故障时不重合。

▶**3-2-95　选用线路三相重合闸的条件是什么？**

答： 在经过稳定计算校核后，单、双侧电源线路选用三相重合闸的条件如下：

（1）单测电源线路。单侧电源线路电源侧宜采用一般的三相重合闸，如由几段串联线路构成的电力网，为了补救其电流速断等瞬动保护的无选择性动作，三相重合闸采用带前加速或顺序重合闸方式，此时断开的几段线路自电源侧顺序重合。但对给重要负荷供电的单向线路，为提高其供电可靠性，也可以采用综合重合闸。

（2）双侧电源线路。两端均有电源的线路采用自动重合闸时，应保证在线路两侧断路器均已跳闸，故障点电弧熄灭和绝缘强度已恢复的条件下进行。同时，应考虑断路器在进行重合闸的线路两侧电源是否同期，以及是否允许非同期合闸。因此，双侧电源线路的重合闸可归纳为：

1）一类是检定同期重合闸，如一侧检定线路无电压，另一侧检定同期或检定平行线路电流的重合闸等；

2）另一类是不检定同期的重合闸，如非同期重合闸、快速重合闸、解列重合闸及自同期重合闸等。

▶**3-2-96 选用线路单相重合闸或综合重合闸的条件是什么？**

答：单相重合闸是指线路上发生单相接地故障时，保护动作只跳开故障相的断路器并单相重合；当单相重合不成功或多相故障时，保护动作跳开三相断路器，不再进行重合。由其他任何原因跳开三相断路器时，也不再进行重合。

综合重合闸是指当发生单相接地故障时采用单相重合闸方式，而当发生相间短路时采用三相重合闸方式。在下列情况下，需要考虑采用单相重合闸或综合重合闸方式：

（1）220kV及以下电压单回联络线、两侧电源之间相互联系薄弱的线路（包括经低一级电压线路弱联系的电磁环网），特别是大型汽轮发电机组的高压配出线路。

（2）当电网发生单相接地故障时，如果使用三相重合闸不能保证系统稳定的线路。

（3）允许使用三相重合闸的线路，当使用单相重合闸对系统或恢复供电有较好效果时，可采用综合重合闸方式。例如，两侧电源间联系较紧密的双回线路或并列运行环网线路，根据稳定计算，重合于三相永久故障不致引起稳定破坏时，可采用综合重合闸方式。当采用三相重合闸时。采取一侧先合，另一侧待对侧重合成功后实现同步重合闸的分式。

（4）经稳定计算校核，允许使用重合闸。

▶**3-2-97 在重合闸装置中有哪些闭锁重合闸的措施？**

答：（1）停用重合闸方式时，直接闭锁重合闸；

（2）手动跳闸时，直接闭锁重合闸；

（3）不经重合闸的保护跳闸时，闭锁重合闸；

（4）在使用单相重合闸方式时，断路器三跳，用位置继电器触点闭锁重合闸；保护经综合重合闸三跳时，闭锁重合闸；

（5）断路器气压或液压降低到不允许重合闸时，闭锁重合闸。

▶**3-2-98 在进行综合重合闸整组试验时应注意什么问题？**

答：综合重合闸的回路接线复杂，试验时除应按装置的技术说明及有关元件的检验规程进行外，须特别强调进行整组试验。该试验不能用短路回路中某些触点、某些回路的方法进行模拟试验，而应由电压、电流互感器入口端子处，通入相应的电流、电压，模拟各种可能发生的故障，并与接到重合闸有关的保护一起进行试验，最后还要由保护、重合闸及断路器按相联动进行整组试验。

▶3-2-99 装有重合闸的线路、变压器，当它们的断路器跳闸后，在哪些情况下不允许或不能重合闸？

答：（1）手动跳闸；

（2）断路器失灵保护动作跳闸；

（3）远方跳闸；

（4）断路器操作气压下降到允许值以下时跳闸；

（5）重合闸停用时跳闸；

（6）重合闸在投运单相重合闸位置，三相跳闸时；

（7）重合于永久性故障又跳闸；

（8）母线保护动作跳闸不允许使用母线重合闸时；

（9）变压器差动、瓦斯保护动作跳闸时。

▶3-2-100 保护采用线路电压互感器时应注意的问题及解决方法是什么？

答：在合闸于线路出口故障时，在合闸前后电压互感器都无电压输出，阻抗继电器的电压记忆将失去作用。为此在合闸时应使阻抗继电器的特性改变为无方向性（在阻抗平面上特性圆包围原点）。

在线路两相运行时，断开相电压很小（由健全相通过静电和电磁耦合产生的），但有零序电流存在，导致断开相的接地距离继电器可能持续动作。所以每相距离继电器都应配有该相的电流元件，只有当相电流（定值很小，不会影响距离元件的灵敏度）存在，该相距离元件的动作才是有效的。

在故障相单相跳闸进入两相运行时，故障相上储存的能量，包括该相并联电抗器中的电磁能，在短路消失后不会立即释放完毕，而会在线路电感、分布电容和电抗器的电感间振荡以至逐渐衰减，其振荡频率接近50Hz，衰减时间常数相当长。所以两相运行的保护最好不反映断开相的电压。

第三节 综自系统

▶3-3-1 什么是综合自动化系统？

答：综合自动化系统是利用先进的计算机技术、现代电子技术、通信技术和信息处理技术等实现对变电站二次设备（包括继电保护、控制、测量、信号、故障录波、自动装置及远动装置等）的功能进行重新组合、优化设计，对变电站全部设备的运行情况执行监视、测量、控制和协调的一种综合性的自动化系统。

▶3-3-2 综合自动化系统的作用有哪些？

答：（1）通过变电站综合自动化系统内各设备间相互交换信息，数据共享，完成变电站运行监视和控制任务；

（2）变电站综合自动化替代了变电站常规二次设备，简化了变电站二次接线；

（3）变电站综合自动化是提高变电站安全稳定运行水平、降低运行维护成本、提高经济效益、向用户提供高质量电能的一项重要技术措施。

▶3-3-3　综合自动化系统的结构有几种形式？各有什么特点？

答：有集中式系统结构和分层分布式系统结构两种。

集中式系统的硬件装置、数据处理均集中配置，采用由前置机和后台机构成的集控式结构，由前置机完成数据输入输出、保护、控制及监测等功能，后台机完成数据处理、显示、打印及远方通信等功能。

分层分布式结构按变电站的控制层次和对象设置全站控制级（站级）和就地单元控制级（段级）的二层式分布控制系统结构。站级系统大致包括站控系统（SCS）、站监视系统（SMS）、站工程师工作台（EWS）及同调度中心的通信系统（RTU）。

▶3-3-4　分布式综合自动化系统有哪几种模式？各自的优点有哪些？

答：分布式综合自动化系统有分散式综合自动化系统、集中组屏式综合自动化系统两种模式。

分散式综合自动化系统的优点是节省电缆，并避免了电缆传送信息的电磁干扰，最大限度压缩了二次设备的占地面积，适合用于高压变电站。

集中组屏式综合自动化系统在中低压变电站用得最多，优点是系统便于扩充，便于维护，一个环节故障不影响其他部件的正常运行。考虑在中低压变电站的一次设备都比较集中，有不少是组合式的设备，分布面不广，所用信号电缆不长，因而采取集中组屏方式，比分散式就近安装多了不少电缆，优点在于集中组屏后便于设计、安装与维护管理。

▶3-3-5　什么是规约？

答：在远动系统中，为了正确地传送信息，必须有一套关于信息传输顺序、信息格式和信息内容等的约定，这一套约定称为规约。

▶3-3-6　什么是报文？

答：报文指由一个报头或若干个数据块或参数块所组成的传输单位。

▶3-3-7　什么是波特？

答：信号的传输速率单位，等于每秒传输的状态或信息码元数，若一个信息码元代表一个比特，则波特就是每秒传的比特数。

▶3-3-8　什么是A/D或D/A 转换器？性能标准有哪些？

答：当计算机同外部系统打交道时，往往需要把外部的模拟信号转换成计算机能识别的数字信号输入，或把数字信号转换成模拟信号输出，实现这种模拟量与数字量之间转换的装置，称为A/D或D/A 转换器。

衡量其性能的基本标准有转换速度、转换精度、可靠性。

▶3-3-9　什么是能量管理系统？其主要功能是什么？

答：能量管理系统（EMS）是现代电网调度自动化系统（含硬、软件）的总称。

其主要功能由基础功能和应用功能两个部分组成。基础功能包括计算机、操作系统和 EMS 支撑系统；应用功能包括数据采集与监视（SCADA）、发电控制（AGC）与计划、网络应用分析三部分组成。

▶3-3-10 能量管理系统的数据主要有哪些来源？

答：（1）实时量测数据；

（2）预测与计划数据；

（3）基本数据；

（4）历史数据和人工数据。

▶3-3-11 什么是RTU？

答： RTU 也称为远动终端（remote terminal unit），是指由主站监控的子站，按规约完成远动数据采集、处理、发送、接收以及输出、执行等功能的设备。

▶3-3-12 前置机有什么功能？

答： 在电力调度自动化系统中，信息收集的任务通常由前置机来完成。

（1）收集各远动终端送来的实时数据，经过加工处理送进数据库；

（2）将主机发出的控制命令（遥控等）经由前置机送到远动终端去执行；

（3）自动或手动进行通道检查，通道发生故障时，自动切换到备用通道上；

（4）使前置机和各远动终端的时钟与主机标准时钟同步；

（5）记录和统计错误信息，供诊断分析用。

▶3-3-13 什么是遥测、遥信、遥控和遥调？

答：（1）遥测是远方测量，简记为YC。它是将被监视厂站的主要参数变量远距离传送给调度，如厂站端的功率、电压、电流等。

（2）遥信是远方状态信号，简记为YX。它是将被监视厂站的设备状态信号远距离传送给调度，如开关位置信号。

（3）遥控是远方操作，简记为YK。它是从调度发出命令以实现远方操作和切换，这种命令通常只取两种状态指令，如命令开关的"合""分"。

（4）遥调是远方调节，简记为YT。它是从调度发出命令以实现对远方设备进行调整操作，如变压器分接头位置、发电机的出力等。

▶3-3-14 简述遥控成功的操作过程。

答： 调度端先向执行端发出遥控对象和遥控性质的命令，执行端收到后，向调度端发出校核信号。调度端收到执行端发来的校核信号后，与下发的命令进行比较，在校核无误的条件下，再发出执行命令，执行端收到命令后，完成遥控操作。

▶3-3-15 单位置遥信、双位置遥信的优缺点分别是什么？

答： 单位置遥信信息量少，采集、处理和使用简单，但是无法判断该遥信结点状态正常与否。

双位置遥信采集信息量比单位置遥信多一倍，利用两个状态的组合表示遥信状态，可以发现1个遥信结点故障，达到遥信结点状态监视的作用，但是信息的采集、处理较复杂，一般在站端将双位置遥信转换为单位置遥信状态后再上传到调度和集控主站。

▶**3-3-16　调度自动化系统有哪些名词？定义分别是什么？**

答： （1）SCADA系统的系统可用率：系统可用率=运行时间/（运行时间+停运时间）×100%。通常要求系统可用率不小于98%。

（2）电力系统可靠性：设备或系统在预定时间内和在规定运行条件下完成其规定功能的概率。可靠性具有充分性和安全性两种属性。

（3）电力系统充分性：系统在元件额定容量和电压限额范围之内供给用户的总电力和电量的能力，包括计量元件的计划和非计划停运。

（4）电力系统安全性：在突发性故障引起的扰动下，系统保证避免发生不可控联锁跳闸，或保证避免引起广泛波及性的供电中断的能力。

（5）远动：利用远程通信技术，对远方的运行设备进行监视和控制，以实现远程测量、远程信号、远程控制和远程调节。

（6）远动系统：对广阔地区的生产过程进行监视控制的系统，包括对生产过程信息的采集、处理、传输和显示等全部功能与设备。

（7）风电场输变电设备：风电场升压站电气设备、集电线路、风力发电机组升压变等。

（8）有功功率变化率：一定时间间隔内，风电场有功功率最大值与最小值之差。

（9）控制区：是指由具有实时监控功能、纵向连接使用电力调度数据网的实时子网或专用通道的各业务系统构成的安全区域。

（10）非控制区：是指在生产控制范围内由在线运行但不直接参与控制、电力生产过程的必要环节、纵向连接使用电力调度数据网的非实时子网的各业务系统构成的安全区域。

（11）电力调度数据网：是指各级电力调度专用广域数据网络、电力生产专用拨号网络等。

▶**3-3-17　调度自动化系统对电源有何要求？**

答： 交流供电电源必须可靠，应有两路来自不同电源点的供电线路供电。电源质量应符合设备要求，电压波动宜在±10%范围内。为保证供电的可靠和质量，计算机系统应采用不间断电源供电，交流电源失电后维持供电宜为1h。

▶**3-3-18　电力系统调度的主要任务是什么？**

答： （1）保证系统运行的安全水平；

（2）保证供电质量；

（3）保证系统运行的经济性；

（4）保证提供有效的事故后恢复措施。

▶**3-3-19　在技术上，电力系统调度采用分级调度控制的优点是什么？**

答： （1）分级控制与电力系统本身的组织结构一致，也适应电力生产的内部特点；

（2）提高运行的可靠性；

（3）提高实时响应的速度；

（4）变更时灵活性增强；

（5）提高投资效率。

▶**3-3-20 调度自动化系统通常由哪四个子系统组成？哪个子系统是调度自动化系统的核心？**

答：调度自动化系统通常由四个子系统组成，即信息采集和控制执行子系统、信息传输子系统、信息处理子系统和人机联系子系统。

其中信息处理子系统是调度自动化系统的核心。习惯上把信息处理和人机联系子系统称为主站端系统，而把数据采集和控制执行子系统称为厂站端系统。

▶**3-3-21 电力系统有功调度按时间尺度分为哪几级调频方式？分别能实现有功调度的哪些目的？**

答：电力系统有功调度按时间尺度分为3级调频方式。

一次调频是通过所有发电机的调速器自发的根据频率变化调节发电出力和负荷频率静特性，实现出力与负荷的实时平衡。

二次调频是调度中心的自动发电控制程序（AGC）通过远动通道对发电机进行控制，从而快速消除频率偏差。

三次调频是指经济调度，即通过优化方法对发电厂的功率进行经济分配。

其中一次调频能实现系统发电出力与负荷平衡的目的；二次调频能实现维持系统频率和维持联络线交换功率在计划值的目的；三次调频能实现运行费用最小、经济调度的目的。

▶**3-3-22 什么是网络拓扑功能？**

答：是调度自动化系统应用功能中的最基本功能。它根据遥信信息确定地区电网的电气连接状态，并将网络的物理模型转换为数学模型，用于状态估计、调度员潮流、安全分析、无功电压优化等网络分析功能和调度员培训模拟功能。

▶**3-3-23 调度自动化系统中，厂站信息参数应主要包含哪些内容？**

答：（1）一次设备编号的信息名称；

（2）电压和电流互感器的变比；

（3）变送器或交流采样的输入/输出范围、计算出的遥测满度值及量纲；

（4）遥测扫描周期和越阈值；

（5）信号的动合/动断触点、信号触点抗抖动的滤波时间设定值；

（6）事件顺序记录（SOE）的选择设定；

（7）机组（电厂）AGC遥调信号的输出范围和满度值；

（8）电能量计量装置的参数费率、时段、读写密码、通信号码；

（9）厂站调度数据网络接入设备和安全设备的IP地址和信息传输地址等；

（10）向有关调度传输数据的方式、通信规约、数据序位表等参数。

▶**3-3-24　调度自动化系统对实时性指标有哪些要求?**

答：（1）重要遥测传送时间不大于3s。

（2）遥信变位传送时间不大于3s。

（3）遥控、遥调命令传送时间不大于4s。

（4）全系统实时数据扫描周期为3～10s。

（5）画面调用响应时间：85%的画面不大于3s，其他画面不大于5s。

（6）画面实时数据刷新周期为5～10s。

（7）打印报表输出周期可按需要整定。

（8）双机自动切换到基本监控功能恢复时间不大于50s。

（9）模拟屏数据刷新周期为6～12s。

▶**3-3-25　自动化设备机房的要求有哪些?**

答：（1）应保持机房的温度、湿度，机房温度为15～18℃；温度变化率–5～5℃/h；湿度为40%～75%；

（2）机房内应有新鲜空气补给设备和防噪声措施；

（3）机房应防尘，应达到设备厂商规定的空气清洁度，对部分要求净化的设备应设置净化间；

（4）计算机系统内应有良好的工作接地。如果同大楼合用接地装置，接地电阻宜小于0.5Ω，接地引线应独立并同建筑物绝缘；

（5）根据设备的要求还应有防静电、防雷击和防过电压的措施；

（6）机房内应有符合国家有关规定的防水、防火和灭火设施；

（7）机房内照明应符合有关规定并应具有事故照明设施。

▶**3-3-26　远程监控系统有哪些名词? 定义分别是什么?**

答：（1）电力监控系统：是指用于监视和控制电网及电厂生产运行过程的、基于计算机及网络技术的业务处理系统及智能设备等。包括电力数据采集与监控系统、能量管理系统、变电站自动化系统、发电厂计算机监控系统、微机继电保护和安全自动装置、电能量计量计费系统等。

（2）在线监控系统：又称为实时监控，即传感器将现场生产过程中任何参数变化输入到计算机中，计算机根据现场变化立即做出应变措施，保证维持发电主、辅设备安全。

（3）操作员站：实现对机组运行状况的正常监视、控制、调节、操作，并在机组异常及事故时进行处理。

（4）数据库：是有组织地服务于某一中心目的的数据集合。

（5）数据库管理系统：是管理数据库的软件，负责数据的存储、安全性、完整性、并发性、恢复和访问。

（6）光纤通信：以光导纤维作为信道来传输光信号，具有容量大、中继距离长、抗电磁干扰、传输性能稳定的特点，包括架空光缆、地埋光缆和架空地线光缆的敷设方式。

（7）人机界面：计算机与操作人员的交互窗口，主要功能包括风力发电机组运行操作、状态显示、故障监测和数据记录。

（8）状态监测：是指通过对运行中的设备整体或其零部件的技术状态进行监测，以判断其运转是否正常，有无异常与劣化的征兆，或对异常情况进行跟踪，预测其劣化的趋势，确定其劣化及磨损程度等行为。

（9）SOE：事件顺序记录，对事故时各种开关、继电保护、自动装置的状态变化信号按时间顺序排队，并进行记录。

（10）风场监控与数据采集系统（SCADA）：是帮助用户管理、控制、监视风机运行数据的特定工具，可以实现实时数据监视、历史数据汇总、运行数据分析和实时数据存储等功能。

（11）风电功率预测：以风电场的历史功率、历史风速、地形地貌、数值天气预报、风电机组运行状态等数据建立风电场输出功率的预测模型，以风速、功率或数值天气预报数据作为模型的输入，结合风电场机组的设备状态及运行工况，预测风电场未来的有功功率。

（12）数值天气预报：根据大气实际情况，在一定的初值和边值条件下，通过大型计算机作数值计算，求解描写天气演变过程的流体力学和热力学的方程组，预测未来一定时段的大气运动状态和天气现象的方法。

▶3-3-27 什么是自动发电控制（AGC）？

答：自动发电控制（automatic generation control，AGC）是能量管理系统的重要组成部分。按电网调度中心的控制目标将指令发送给有关发电厂或机组，通过电厂或机组的自动控制调节装置，实现对发电机功率的自动控制。

▶3-3-28 AGC的基本功能有哪些？

答：（1）负荷频率控制；
（2）经济调度控制；
（3）备用容量监视；
（4）AGC 性能监视。

▶3-3-29 AGC控制模式有哪几种？

答：有一次控制模式和二次控制模式两种。

一次控制模式又分定频率控制模式、定联络线功率控制模式、频率与联络线偏差控制模式三种。

二次控制模式又分为时间误差校正模式、联络线累积电量误差校正模式两种。

▶3-3-30 南方电网对风电场AGC接入信息有哪些要求？

答：（1）遥测信息：风电场全场出力上限；风电场全场出力下限；风电场全场响应速率；风电场全场目标定值返回值。

（2）遥信信息：远方 AGC 投入状态；增闭锁信号；减闭锁信号。

（3）遥调信息：全场 AGC 实时设点控制值；全场次日发电计划值曲线（发给风功率预测系统）；全场超短期发电计划曲线（发给风功率预测系统）。

▶3-3-31 什么是自动电压控制系统（AVC）？

答：自动电压控制系统是通过实时监测电网电压/无功，进行在线优化计算，调节控制电网无功调节设备，实行实时最优闭环控制，满足电网安全电压约束条件下的优化无功潮流，达到电压优质和网损最小的目的。

▶3-3-32　什么是自动电压调节器（AVR）?

答： 自动电压调节器（automatic voltage regulator，AVR）主要是对发电机起到稳定和调节电压的作用。

▶3-3-33　什么是AVC主站?

答： AVC主站是电力调度机构的AVC系统，进行电网实时无功优化潮流计算，并根据计算结果，将电压/无功控制命令发送到子站，同时接收子站的反馈信息。

▶3-3-34　什么是AVC子站?

答： AVC子站是发电厂AVC系统或逻辑功能，接收、执行主站的控制命令并向主站回馈信息。

▶3-3-35　AVC控制模式有几种?

答： （1）全厂控制模式：发电厂AVC子站接收AVC主站系统下发的发电厂高压母线电压/全厂总无功目标值或设定的电压控制曲线，按照一定的控制策略，合理分配各机组的无功，AVC子站直接或通过DCS向发电机的励磁系统发送增减磁信号以调节发电机无功，达到主站控制目标，实现全厂多机组的电压/无功自动控制。

（2）单机控制模式：发电厂AVC子站直接接收AVC主站系统下发的每台机组的无功目标值，直接或通过DCS向发电机的励磁系统发送增减磁信号以调节发电机无功，使机组的无功功率达到目标值。

▶3-3-36　AVC控制方式有几种? 定义分别是什么?

答： （1）远方控制方式：AVC子站接收AVC主站的控制命令，按照确定的控制模式，直接或通过DCS向发电机的励磁系统发送增/减励磁信号以调节发电机无功功率，达到主站控制目标，形成发电厂侧AVC子站与AVC主站的闭环控制。

（2）本地控制方式：在AVC子站与主站通信故障或其他特殊情况下，子站退出远方控制，采用本地控制方式，按照预先设定的发电厂高压母线电压控制曲线，实现发电厂自动电压/无功控制。

▶3-3-37　什么是AVC子站调节方式?

答： AVC子站应具有定频调宽和定宽调频调节方式，来控制增/减机组励磁，应适应各种AVR接口特性的调节速率要求。当安全约束条件成立时，闭锁机组控制，并输出告警信号；当AVC子站的装置发生异常时，AVC功能自动退出，并输出告警信号。

▶3-3-38　AVC子站安全有什么约束条件?

答： 出现下列情况之一AVC子站应自动闭锁相应机组或退出运行，正常后解锁并恢复调节：

（1）当AVC测量偏差大或控制无效时，AVC子站应发出报警信号，同时闭锁控制。

（2）AVR出现异常、故障时，应闭锁控制。

（3）高压母线电压越闭锁限值，应闭锁控制：高压母线电压越控制限值上限，应闭锁增磁控制；高压母线电压越控制限值下限，应闭锁减磁控制。

（4）机端电压越闭锁限值，应闭锁控制：机端电压越控制限值上限，应闭锁增磁控制；机端电压越控制限值下限，应闭锁减磁控制。

（5）机组定子电流越限，应闭锁增磁控制。

（6）机组有功功率越闭锁限值，应闭锁控制。

（7）机组无功功率越闭锁限值，应闭锁控制：无功功率越控制限值上限，应闭锁增磁控制；无功功率越控制限值下限，应闭锁减磁控制。

（8）厂用母线电压越闭锁限值，应闭锁控制：厂用母线电压越控制限值上限，应闭锁增磁控制；厂用母线电压越控制限值下限，应闭锁减磁控制。

（9）在系统发生发扰动时，应闭锁控制。

▶ **3-3-39　南方电网对风电场AVC接入信息有哪些要求？**

答：（1）遥测信息：升压变压器高压侧母线电压（双量测）；升压变压器高压侧母线电压上、下限值。

（2）遥信信息：AVC远方控制/就地控制信号；AVC投入/切除信号；AVC上、下调节闭锁信号；AVC装置异常告警信号。

（3）遥调信息：升压变压器高压侧母线电压目标值（全厂控制模式）；升压变压器高压侧无功上限值。

▶ **3-3-40　风场监控与数据采集系统（SCADA）报警方式通常有哪几种？**

答：（1）画面闪烁；

（2）文字报警；

（3）报警表显示；

（4）打印报警内容；

（5）音响报警。

▶ **3-3-41　风电机组SCADA监控系统通常由哪些装置组成？主要功能是什么？**

答：风电机组SCADA监控系统主站端一般设置在风电场升压站中控室，由风电机组监控主服务器、监视终端计算机、通信网络、UPS电源（与升压站监控系统共用）、大屏幕显示设备、打印机等装置组成。主要功能是完成各风力发电机组的数据采集及运行参数的监视、机组开/停机控制、故障报警、数据存储及分析、信息报送及报表功能。

▶ **3-3-42　风电机组振动信号的三大要素是什么？各自代表的意义是什么？**

答：振动信号分析是识别旋转机械故障性质、寻找故障源的关键手段，振动信号的三大要素是振幅、频率和相位。

振幅大小代表设备运转异常状态的严重性，频率分布代表设备损坏或振动源的所在，相位差异代表设备运转所产生的振动模式。

▶ **3-3-43　风力发电机组在并网运行过程中，机组控制系统主要持续监测哪三大类运行参数？**

答：（1）风力参数：主要包括风速和风向。

（2）电网参数：包括电压、电流、频率、功率、功率因数等。

（3）状态参数：包括叶轮及发电机转速、机舱振动、机组温度、电缆扭缆、机械刹车、油位信号等。

▶3-3-44　简述风电场升压站计算机监控系统的网络结构及主要设备。

答：风电场升压站计算机监控系统通常采用分层、分步、开放式网络结构，由主控层和现地层组成，分别使用100M和10M以太网。

主控层包括监控主站、远动站、五防系统、打印机和 GPS时钟系统等设备。现地层可在现地单机控制、保护、测量和采集信号，主要包括继电保护装置、测控装置、自动装置、计量系统等设备，网络传输介质采用光纤或双绞线。

▶3-3-45　完整的风电场监控系统通常主要采用哪三套计算机监控系统？

答：（1）一套随风力发电机组配套的风电机组 SCADA 监控系统、一套升压站用的变电站综合自动化系统，两套监控系统可通过通信接口相连，既可独立工作，也可通过OPC等协议实现互联，对风电场机组和升压站实施集中监控；

（2）一套为风电场远程监控终端服务器系统，可以与风电机组 SCADA 监控系统和升压站监控系统通信，并进行数据处理和远传，支持可组态的远程监控人机界面。

▶3-3-46　SCADA 计算机监控系统的数据库由哪两种数据库组成？主要用于存储哪些数据？

答：SCADA 计算机监控系统的数据库由实时数据库和历史库组成。实时数据库主要存储需要快速更新和在线修改的数据库，如遥测表、遥信表、计算表达式表等。历史库采用商用数据库实现，用于存储历史的电网状态数据、报警信息和维护操作信息等。

▶3-3-47　风电场风功率预测信息包括哪些？

答：（1）短期风电功率预测：未来3天内的风电输出功率预测，时间分辨率不小于15min。

（2）超短期风电功率预测：15min～4h的风电场输出功率预测，时间分辨率不小于15min。

▶3-3-48　南方电网对风电场测风塔接入信息有哪些要求？

答：（1）测风塔10、30、50、70m测风塔最高处风速、风向；

（2）测风塔温度；

（3）测风塔气压；

（4）测风塔湿度。

▶3-3-49　南方电网对风机接入信息有哪些要求？

答：（1）遥测信息：风机有功功率、无功功率、功率因数；风机有功理论能力；风机温度；风机风速；风机风向。

（2）遥信信息：风机正常运行；风机检修；风机故障；风机限电；风机大风；风机无风；风机正常停机；风机待风；风机通信中断。

▶**3-3-50 什么是数据库？数据库设计原则是什么？**

答：数据库是一个有规律的组织存放数据、高效地获取和处理数据的仓库，是一个通用的综合性的数据集合，是当代计算机系统的重要组成部分，它不仅反映数据库本身的内容，而且反映数据之间的关系。

设计原则为：

（1）面向全组织的复杂的数据结构，对各个类型的数据，按结构化的原则和DBMS的要求统一组织。

（2）数据冗余度小易扩充。因为数据库中的数据是面向整个系统，而且在网络中实现共享，以达到节约存储空间，减少存取时间，避免数据之间的不相容性和不一致性。

（3）由统一的数据库管理和控制功能，确保数据库的安全性、保密性、唯一性和完整性。

（4）使用操作方便，用户界面好，数据库设计的方法，主要是运用软件工程原理，按规范设计，将数据库设计分需求分析、概念设计、逻辑设计和物理设计四个阶段进行，自顶向下通过过程迭代和逐步求精来实现。

▶**3-3-51 什么是分布式数据库？**

答：分布式数据库是随着分布式计算机系统发展而形成的数据库，是一个逻辑上完整而物理上分散在若干台互相连接的计算机（即计算机网络的结点）上的数据库系统。

▶**3-3-52 网卡物理地址、IP地址以及域名有何区别？**

答：网卡的物理地址通常是由生产厂家输入网卡的EPROM，它存储的是传输数据时真正赖以标识信源机和信宿机的地址。也就是说，在网络层的物理传输过程中，是通过物理地址来标识主机的，它一般是唯一的。

IP地址则是整个网络的统一的地址标识符，其目的就是屏蔽物理网络细节使得网络从逻辑上看是一个整体的网络。在实际的物理传输时，都必须先将IP地址翻译为网卡物理地址。

域名则提供了一种直观明了的主机标识符。TCP/IP专门设计了一种字符型的主机名字机制，这就是域名系统。

由上可见，网卡的物理地址对应于实际的信号传输过程，IP地址则是一个逻辑意义上的地址，域名地址则可以简单理解为直观化的IP地址。

▶**3-3-53 自动化系统采集、处理和控制的信息类型有哪几种？**

答：（1）遥测量：模拟量、脉冲量、数字量。

（2）遥信量：状态信号。

（3）遥控命令：数字量。

（4）遥调命令：模拟量、脉冲量。

（5）时钟对时。

（6）计算量。

（7）人工输入。

▶**3-3-54　交流采样与直流采样有什么区别?**

答: 交流采样是直接将二次回路的电流互感器、电压互感器接入采样单元进行数据处理,取消了变送器转换环节,减少了故障点,提高了可靠性,采集数据类型丰富提高了无功数据的准确性,节省了投资和运行维护的工作量。

直流采样稳定性、可维护性、配置简单、容易掌握,但随着交流采样技术的发展,变送器单一、不可编程扩展功能的缺点日趋明显,数据开发和深度挖掘基本不可能,可观测性差,维护环节多。

▶**3-3-55　交流采样的特点是什么? 综合自动化站中以保护和监控为目的的交流采样算法各是什么?**

答: 交流采样是直接对所测交流和电压的波形进行采样,然后通过一定算法计算出其有效值,具有以下几方面特点:

(1)实时性好。它能避免直流采样中整流、滤波环节的时间常数大的影响,特别是在微机保护中必须采用。

(2)能反映原来电流、电压的实际波形,便于对所测量的结果进行波形分析,在需要谐波分析或故障录波场合,必须采用交流采样。

(3)有功、无功功率是通过采样得到的电压、电流计算出来的,因此可以省去有无功变送器,节约投资并减少测量设备占地。

(4)对A/D转换器的转换速率和采样保持器要求较高,为了保证测量的精度,一个周期需有足够的采样点数。

(5)测量准确性不仅取决于模拟量输入通道的硬件,还取决于软件算法,因此采样和计算程序相对复杂。以监测为目的的交流采样是为了获得高精度的有效值和有功、无功功率等,一般采用均方根算法;以保护为目的的交流采样是为了获得与基波有关的信息,对精度要求不高,一般采用全波或半波傅氏算法。

▶**3-3-56　什么是故障录波器?**

答: 故障录波器是一种在系统发生故障时,自动地、准确地记录故障前、后过程的各种电气量的变化情况的装置。

▶**3-3-57　故障录波器在电力系统中的主要作用是什么?**

答: (1)通过对故障录波图的分析,找出事故原因,分析继电保护装置的动作情况,对故障性质及概率进行科学的统计分析,统计分析系统振荡时有关参数。

(2)为查找故障点提供依据,并通过对已查证落实的故障点的录波,可核对系统参数的准确性,改进计算方法或修正系统计算使用参数。

(3)积累运行经验,提高运行水平,为继电保护装置动作统计评价提供依据。

▶**3-3-58　故障录波器的启动方式有哪些?**

答: 启动方式的选择,应保证在系统发生任何类型故障时,故障录波器都能可靠地启动。一般包括负序电压、低电压、过电流、零序电流、零序电压等方式。

▶3-3-59 中性点非直接接地的电力网的绝缘监察装置起什么作用？

答：中性点非直接接地的电力网发生单相接地故障时，会出现零序电压，故障相对地电压为零，非故障相对地电压升高为线电压，因此绝缘监察装置就是利用系统母线电压的变化，来判断该系统是否发生了接地故障。

▶3-3-60 "五防"通常是指哪五防？

答：（1）防止带负荷拉、合隔离开关；

（2）防止误分、合断路器；

（3）防止带电挂接地线；

（4）防止带地线（接地开关）合断路器（隔离开关）；

（5）防止误入带电间隔。

▶3-3-61 防误闭锁装置中电脑钥匙的主要功能是什么？

答：电脑钥匙的主要功能是用于辨别被操作设备身份和打开符合规定程序之被操作设备的闭锁装置，以控制操作人员的操作过程。

▶3-3-62 什么是三相电能表的倍率及实际电量？

答：电压互感器电压比与电流互感器电流比的乘积是电能表的倍率，电能表倍率与读数的乘积是实际电量。

▶3-3-63 电能表和功率表指示的数值有哪些不同？

答：功率表指示的是瞬时的发、供、用电设备所发出、传送和消耗的电功数，电能表的数值是累计某一段时间内所发出、传送和消耗的电能数。

▶3-3-64 实负荷法与虚负荷法有什么区别？

答：实负荷法是对自动化运行设备的周期性检测的一种方法，在二次回路不动的情况下，通过钳形电流表测量电流，并接在电压互感器上测量电压，从而实现对实际二次功率的测量。

虚负荷法主要应用于设备投运之前检测，通过外加电源提供的电流、电压测量二次系统负荷、电流、电压等数据精度是否满足要求。

▶3-3-65 简述HY-8000GPS装置的组成。

答：HY-8000GPS时间同步系统由标准时间同步钟本体和时标信号扩展装置组成。系统采用模块化设计，标准时间同步钟本体和时标信号扩展装置都由CPU模块、接收模块、电源模块、LED显示器和输出接口模块组成。

▶3-3-66 简述HY-8000GPS装置的时间信号的保持和切换原则。

答：标准时间同步钟本体和时标信号扩展装置内部都具备时间保持单元，当接收到外部时间基准信号时，主时钟被外部基准信号同步；当接收不到外部时间基准信号时，保持一定的走时准确度，使输出的时间同步信号仍能保证一定的准确度。标准时间同步钟本体的时间保持单元的时钟准确度优于$0.9\mu s/min$，时标信号扩展装置的时间保持单元的时钟准确度优于$0.9\mu s/min$。

当外部时间基准信号从消失到恢复时，标准时间同步钟本体和时标信号扩展装置自动切换到正常状态工作，切换时间小于0.1s。切换时主时钟输出的时间同步信号不出错：时间报文无错码，脉冲码不多发或少发。

▶3-3-67 当HY-8000GPS装置出现故障时，应进行哪些操作？

答：（1）合上装置的电源开关，若LED无显示，检查电源开关和电源输入端子；

（2）运行中若装置显示异常不能自动复位，关机重开机；

（3）开机超过半个小时后，仍接收不到GPS信号，检查天线安装是否有不妥之处；

（4）运行中如果"timesource"指示灯连续长时间不亮，表明装置失去同步，检查接线安装情况是否良好。

▶3-3-68 变电站自动同期检测装置应具备哪些功能？

答：（1）能检测和比较断路器两侧电压互感器二次电压的幅值、相角和频率，自动捕捉同期点，发出合闸命令；

（2）能对同期检测装置同期电压的幅值差、相角差和频差的设定值进行修改；

（3）同期检测装置应能对断路器合闸回路本身具有的时滞进行补偿；

（4）同期检测装置应具有解除/投入同期的功能；

（5）运行中的同期检测装置故障应闭锁该断路器的控制操作。

▶3-3-69 变电站自动化当地功能检查包括哪些工作？

答：（1）数据采集和处理功能：YX变位和SOE，模拟量数据检查。

（2）监控和保护连接功能检查：保护投退、信号复归、故障上送等。

（3）调整控制功能检查：所有控制的开关投断检查，无功电压联调的检查等。

（4）监控系统的检查：人机接口功能、打印显示、事故报警、自诊断、GPS对时、双机切换等。

（5）和站内其他装置通信检查：直流电源、UPS、保护管理机、小电流接地、保安系统等。

（6）以上检查可从装置自身显示，后台系统，测试用的便携机等观察、分析、判别是否符合规程要求，YC检查还要配合现场检验设备完成，以上检查通过后即可和主站进行系统调试。

▶3-3-70 变电站综合自动化有什么特点？

答：（1）功能综合：变电站二次功能几乎均可融于其中。

（2）结构分布：可以按一次设备单元如开头变压器分布也可以按功能块分布如遥测、遥信单元。

（3）总线（网络）连接：将各个装置以总线（网络）方式连接，构成一个多CPU并行工作的群体。

（4）单元智能：各功能模块除完成自身工作外，还具有自诊断和与相关设备通信功能，互相协调工作，避免冗余配置。

（5）管理一体：通过后台机（或网关）可以很方便地了解全站运行情况，并可打印记录和进行操作控制。

▶3-3-71 变电站远动装置包括哪些设备？

答：（1）RTU（远动终端）；

（2）远动专用变送器，功率总加器及其屏、柜；

（3）远动装置到通信设备接线架端子的专用电缆；

（4）远动终端输入和输出回路的专用电缆；

（5）远动终端专用的电源设备及其连接电缆；

（6）遥控执行屏，继电器屏、柜；

（7）远动转接屏等。

▶3-3-72 计算机干扰渠道有哪些？应重点解决哪几种？

答：（1）空间干扰，即通过电磁波辐射进入系统；

（2）过程通道干扰，干扰通过与计算机相连接的前向通道、后向通道及与其他主机的相互通道进入；

（3）供电系统干扰，一般情况下空间干扰在强度上远小于其他两种渠道串入的干扰，而且空间干扰可用良好的屏蔽、正确的接地与高频滤波加以解决，故应重点防止的干扰是电源系统与过程通道的干扰。

▶3-3-73 监控系统提高抗干扰有哪些措施？

答：（1）外部抗干扰措施。

1）电源抗干扰措施：在机箱电源线入口处安装滤波器或UPS。

2）隔离措施：交流量均经小型中间电压、电流互感器隔离；模拟量、开关量的输入采用光电隔离。

3）机体屏蔽：各设备机壳用铁质材料，必要时采用双层屏蔽对电场和磁场。

4）通道干扰处理：采用抗干扰能力强的传输通道及介质，合理分配和布置插件。

（2）内部抗干扰措施。

1）对输入采样值抗干扰纠错。

2）对软件运算过程上量的核对。

3）软件程序出轨的自恢复功能。

▶3-3-74 为了防止计算机病毒的侵害，应注意哪些问题？

答：（1）应谨慎使用公共和共享的软件；

（2）应谨慎使用外来的软盘；

（3）新机器要杀毒后再使用；

（4）限制网上可执行代码的交换；

（5）写保护所有的系统盘和保存文件；

（6）除非是原始盘，绝不用软盘去引导硬盘；

（7）要将用户数据或程序写到系统盘上；

（8）绝不执行不知来源的程序。

▶3-3-75 已投入运行的RTU当地遥信位置显示不对，可能有几种故障原因？

答：（1）开关的辅助触点或继电器触点机械位置是否正确，氧化现象是否严重；

（2）遥信电缆、从开关机构箱、端子箱、YX转换柜，保护盘引出的有关电缆均应检查分析是否有问题；

（3）遥信电源是否正常；

（4）遥信板检查，检查器件自身好坏以及遥信板的接触和相关引线好坏。

▶3-3-76 如何判断远动专线（模拟）通道的好坏？

答：（1）观察远动信号的波形，看波形的失真情况；

（2）环路测量通道信号衰减幅度；

（3）测量通道的信噪比；

（4）测量通道的误码率。

▶3-3-77 在进行监控系统调试时，如果某个测控装置的任何信息均不能上送，应如何查明问题原因？

答：（1）装置检修压板在投入位置；

（2）装置IP地址未设或设置错误；

（3）装置网络未连接好；

（4）电源是否接通。

▶3-3-78 在监控系统中发现某一个开关位置与实际不符，应如何检查故障？

答：（1）首先查看画面与数据库，确定画面与数据库连接的正确性，是否有人工封锁。

（2）查看当地监控后台机前置程序中该遥信量是否与实际值一致，若一致，检查远动工作站的原始接收值，转发配置是否正确，遥信表与主站是否对应。

（3）若不一致，再检查测控装置显示的遥信量是否与实际一致，若一致检查装置网线是否松脱或接触不良、通信板是否故障；若不一致，则检查装置遥信板卡是否有故障（器件本身的好坏以及遥信板的接触和相关引线的好坏），检查该遥信对应的端子是否松动、遥信电源是否工作正常。

（4）找其他专业配合检查开关的辅助触点或继电器触点位置是否正确，是否有锈蚀或松动、必要时检查遥信电缆（从开关机构箱、端子箱、遥信转换柜、保护盘引出的有关电缆）。

（5）检查时可以从测控屏点对应端子，查看后台机是否有变位和信息上送。

▶3-3-79 运行中的自动化设备应具备有哪些技术资料？

答：（1）在安装及调整中已校正的设计资料（竣工原理图、竣工安装图、技术说明书、电缆清册等）；

（2）制造厂提供的技术资料（说明书、合格证明和出厂试验报告等）；

（3）调整试验报告；

（4）符合实际情况的现场接线图、原理图和现场调试、测试记录；

（5）设备投入试运行和正式运行的书面批示；

（6）设备的专用校验规程；

（7）试制或改进的自动化设备应有经批准的试制报告或设备改进报告；

（8）各类设备的运行记录；

（9）设备故障和处理记录；

（10）相应机构间使用的变更通知单和整定通知单；

（11）软件资料，如程序框图、文本及说明书、软件介质及软件维护记录簿等。

▶3-3-80 集中监控技术原则中对继电保护和自动装置的设备选用是如何规定的？

答：（1）继电保护及自动装置应选用性能稳定、质量可靠的产品；

（2）新建变电站二次设备采取分散或采用分散集中安装方式；

（3）备自投装置、母差保护、低频低压装置应实现运行方式的自适应；

（4）继电保护及自动装置应逐步实现远方投停方式；

（5）高频保护通道应具备自测试功能，或具备远方遥控测试及复归功能；

（6）各种保护及自动装置压板安装位置应合理，便于操作维护，压板名称应规范统一；

（7）电能计量装置应实现远方抄表；

（8）变电站配置接地选线装置，装置应灵敏可靠；

（9）继电保护及自动装置运行环境满足运行规程要求。

▶3-3-81 变电站监控系统的验收包括哪几个方面？并详细论述验收的具体内容。

答：包括系统功能验收、屏体安装验收、资料验收。

（1）系统功能验收包括以下内容：

1）数据采集和处理功能：遥信变位和SOE，模拟量数据检查。

2）监控和保护连接功能检查：保护投退、信号复归、故障上送等。

3）调整控制功能检查：所有控制的开关投断检查，无功电压联调的检查等。

4）监控系统的检查：人机接口功能、打印显示、事故报警、自诊断、双机切换、报表显示等。

5）站内其他装置通信检查：五防、直流电源、UPS、保护管理机、小电流接地、电能表等智能设备。

6）GPS对时功能检查：保证全站时钟一致。

7）UPS功能检查：交直流切换、双机切换等。

8）与各级调度远动功能的检查：双机双通道切换、遥测、遥信、遥控功能。

（2）屏体安装验收包括以下内容：

1）外观检查：安装牢固，外观无损坏。

2）标识检查：线缆布线整齐，标志清晰。

3）接地检查：设备外壳、框架、各种电缆的金属外皮与接地系统牢固可靠连接，屏体接地铜排满足要求。

4）信号电缆检查：采用抗干扰屏蔽电缆，屏蔽线接地。

（3）资料验收包括以下内容：

1）遥测、遥信、遥控调试报告；

2）各级调度调试报告；

3）各智能设备调试报告；

4）出厂资料（包括测控装置、监控后台、远动设备说明书及监控系统组屏图）；

5）变电站全套二次竣工图纸；

6）监控系统软件（包括系统软件、应用软件、组态软件、数据库备份等）。

第四节　交直流系统

▶3-4-1　直流系统由哪些主要部件构成？

答： 直流系统的主要构成有充电装置、电池组、微机监控器。

▶3-4-2　风电场直流系统一般有几个电压等级？

答： 一般有220、48、24V等电压等级。

▶3-4-3　直流系统在发电厂中起什么作用？

答： 直流系统在发电厂中为控制、信号、继电保护、自动装置及事故照明等提供可靠的直流电源。它还为操作提供可靠的操作电源。直流系统的可靠与否，对发电厂的安全运行起着至关重要的作用，是发电厂安全运行的保证。

▶3-4-4　什么是浮充电运行方式？

答： 直流系统正常运行主要由充电设备供给正常的直流负载，同时还以不大的电流来补充蓄电池的自放电。蓄电池平时不供电，只有在负载突然增大（如断路器合闸等），充电设备满足不了时，蓄电池才少量放电，这种运行方式称为浮充电方式。直流系统正常时采用浮充电方式运行。

▶3-4-5　什么是均充电运行方式？

答： 均充电是指为补偿蓄电池在使用过程中产生的电压不均匀现象，使其恢复到规定的范围内而进行的充电。

▶3-4-6　为什么要定期对蓄电池进行充放电？

答： 定期充放电也叫核对性放电，就是对浮充电运行的蓄电池，经过一定时间要使其极板的物质进行一次较大的充放电反应，以检查蓄电池容量，并可以发现老化电池，及时维护处理，以保证电池的正常运行，定期充放电一般是一年不少于一次。

▶3-4-7　什么是UPS系统？有几路电源？分别取自哪里？

答： 交流不间断供电电源系统称为UPS系统。

一般UPS系统输入有三路电源：

（1）工作电源：取自厂用低压400V母线。

（2）直流电源：取自直流220V母线。

（3）旁路电源：取自保安（或备用）电源母线。

▶3-4-8 UPS电源的组成是什么？

答： UPS由整流器、逆变器、静态开关、控制、保护回路组成。

▶3-4-9 UPS的作用是什么？

答： （1）应急使用，防止电网突然断电而影响正常工作，给后台监控系统造成损害；

（2）消除市电网上的电涌、瞬间高电压、瞬间低电压、暂态过电压、电线噪声和频率偏移等"电源污染"，改善电源质量。

▶3-4-10 UPS工作原理是什么？

答： UPS是一种含有储能装置，以逆变器为主要元件，稳压稳频输出的电源保护设备。当任何时候交流市电欠压或突然失电，则由电池组通过隔离二极管开关向直流回路馈送电能，从电网供电到电池供电没有切换时间。当电池能量即将耗尽时，不间断电源发出声光报警，并在电池放电下限点停止逆变器工作。

▶3-4-11 UPS装置运行中有哪些检查项目？

答： （1）UPS装置柜内应清洁、无杂物；

（2）开关、电缆各部接头无过热、松动、打火现象；

（3）装置运行无异常音响、无放电声音；

（4）装置冷却风扇运行良好，环境温度不超过40℃；

（5）装置显示屏各信号灯、告警灯及告警音响正常。

▶3-4-12 UPS电源的使用操作规范有哪些？

答： （1）UPS电源的摆放场所应避免阳光直射，并留有足够的通风空间，同时，禁止在UPS输出端口接带有感性的负载；

（2）使用UPS电源时，保证所接的火线、中性线、地线符合要求，不得随意改变其相互的顺序；

（3）严格按照正确的开机、关机顺序进行操作，避免因负载突然加上或突然减载时，UPS电源的电压输出波动大，而使UPS电源无法正常工作；

（4）禁止频繁地关闭和开启UPS电源，一般要求在关闭UPS电源后，至少等待6s后才能开启UPS电源，否则，UPS电源可能进入"启动失败"的状态，即UPS电源进入既无市电输出，又无逆变输出的状态；

（5）禁止超负载使用，UPS电源的最大启动负载最好控制在80%之内，如果超载使用，在逆变状态下，时常会击穿逆变三极管。

▶3-4-13 蓄电池正常检查项目有哪些？

答： （1）各接头连接线无松动、打火现象；

（2）电瓶瓶体完整无裂纹、无腐蚀现象；

（3）电瓶各密封处无漏酸；

（4）电瓶无过热、膨胀现象。

▶3-4-14　直流系统一般规定有哪些？

答：（1）直流母线不允许脱离蓄电池组只由充电装置供电运行；

（2）直流母线不允许长期只由蓄电池组供电运行，事故情况下，蓄电池组带直流母线运行，电压不得低于额定值的85%；

（3）直流系统允许一点接地，但不允许长时间接地运行，应尽快查找接地点，进行消除；

（4）在并列切换操作前，必须将两段母线电压调整一致，方可进行并列切换操作；

（5）直流系统在正常运行方式下，Ⅰ、Ⅱ段直流母线不允许经负荷回路并列，但负荷侧倒电源操作除外；

（6）浮充电方式运行的蓄电池组因故发生过放电或长期停用后应进行均充。

▶3-4-15　什么是直流系统控母、合母？二者的区别是什么？

答：控母是二次继电保护电源，合母是开关分合闸电源。

控母是给直流支路中对电压波动要求比较高的设备，由于它通常是通过降压硅链或者降压模块实现由相对较高电压稳定为220V电压的，所以通常无法提供太大电流。

合母是供给直流支路中电压要求不高，但要求大电流的设备，由于合闸母线通常是和电池连接在一起的，所以能提供瞬间极大的电流，驱动合闸开关动作（通常是老式的合闸开关）。

▶3-4-16　直流合闸母线接带哪些负荷？

答：直流合闸母线主要是接大的直流动力负荷，如断路器合闸及储能电源、直流润滑油泵、UPS的直流电源及事故照明等。该系统正常情况下不带负荷或接带瞬时负荷，因此只保留浮充电电流。事故情况下靠蓄电池放电维持直流母线电压。

▶3-4-17　直流控制母线接带哪些负荷？

答：控制母线上连接的是控制、监测、信号等回路，一般情况负荷较小且稳定。

▶3-4-18　直流系统中合闸母线电压低的原因可能有几种？

答：（1）充电装置停运或故障造成直流系统电压降低；

（2）多台设备同时合闸造成电压低；

（3）直流动力负荷启动；

（4）蓄电池老化容量下降等。

直流系统中合闸母线电压低最严重的直接后果会造成开关合不上闸，直接影响一次系统的安全运行和事故处理。

▶3-4-19　直流系统接地有何危害？

答：在直流系统中，发生一极接地并不引起任何危害，但是一极接地长期工作是不允许的，因为当同一极的另一地点再发生接地时，可能使信号装置、继电保护和控制装置误动作或拒动作，或者发生另外一极接地时，将造成直流系统短路，造成严重后果。因此不允许直流系统长期带电接地运行。所以，当发生直流系统一点接地后，必须尽快查找出来进行处理。

3-4-20 直流系统发生正极接地或负极接地对运行有哪些危害？

答：直流系统发生正极接地有造成保护误动作的可能。因为电磁操作机构的跳闸线圈通常都接于负极电源，倘若这些回路再发生接地或绝缘不良就可能会引起保护误动作。

直流系统负极接地时，如果操作回路中再有一点发生接地，就可能使跳闸或合闸回路短路，造成保护或断路器拒动、烧毁继电器、使熔断器熔断等。

3-4-21 造成直流系统接地的原因有哪些？

答：（1）二次回路绝缘材料不合格、绝缘性能低，或年久失修、严重老化；

（2）存在某些损伤缺陷，如磨伤、砸伤、压伤、扭伤或过流引起的烧伤等；

（3）二次回路及设备严重污秽和受潮、接地盒进水，使直流对地绝缘严重下降；

（4）小动物爬入或小金属零件掉落在元件上造成直流接地故障，如老鼠、蜈蚣等小动物爬入带电回路；

（5）某些元件有线头、未使用的螺栓、垫圈等零件，掉落在带电回路上。

3-4-22 哪些部位容易发生直流接地？

答：（1）控制电缆线芯细，机械强度小，若施工时不小心会伤到电缆绝缘造成接地；

（2）室外电缆，其保护管中容易积水，时间长了造成接地；

（3）变压器的气体继电器接线处，因变压器渗油或防水不严，造成绝缘损坏接地；

（4）有些光字牌或照明的灯座，若更换灯泡不当，也易造成灯座接地；

（5）断路器的操作线圈等，若引线不良或线圈烧毁后绝缘破坏发生接地；

（6）室外开关箱内端子排被雨水浸入，室内端子排因房屋漏雨或做清洁打湿，均能造成接地；

（7）工作环境较恶劣的地方，设备端子受潮或积有灰尘等，由此造成绝缘能力降低引起接地。

3-4-23 查找直流系统接地应注意什么？

答：（1）两人进行，一人操作，一人监护；

（2）查找接地时必须使用高内阻电压表，禁止用灯泡查找接地点，以防直流回路短路；

（3）在切断各专用直流回路时，不论回路接地与否，应立即合入；

（4）查找过程中，切勿造成另一点接地；

（5）当直流系统一点接地时，禁止在二次回路上工作。

3-4-24 直流系统接地有何现象？如何处理？

答：（1）现象：

1）警铃响，发出"直流接地"信号；

2）直流母线对地电压一极升高或为母线电压；另一极降低或为零。

（2）处理：

1）切换绝缘监察装置、在线监测装置，确定接地极和接地回路；

2）询问各岗位有无操作；

3）切换有操作的支路；

4）切换绝缘不良或有怀疑的支路；

5）根据天气、环境及负荷重要性依次进行查找；

6）选择浮充电装置；

7）选择蓄电池及直流母线；

8）查找出接地点后，联系有关人员处理。

▶**3-4-25　直流母线短路有何现象？如何处理？**

答：（1）现象：

1）出现弧光短路；

2）直流母线电压降至零；

3）蓄电池和整流装置电流剧增；

4）蓄电池熔断器熔断，整流装置跳闸。

（2）处理：

1）断开整流装置交流开关；

2）断开整流装置直流开关；

3）如为整流装置短路，应由蓄电池供给直流负荷，迅速查明原因，清除故障后恢复原系统运行；

4）如为母线短路，则应将母线停电，待故障消除，测绝缘合格后，恢复原系统运行。

▶**3-4-26　蓄电池着火如何处理？**

答：（1）立即断开蓄电池出口开关；

（2）及时转移直流负荷或倒母线，防止保护误动；

（3）用二氧化碳或干粉灭火器灭火，注意防酸。

▶**3-4-27　直流负荷干线熔断器熔断时如何处理？**

答：（1）因接触不良或过负荷时熔断者，更换熔断器送电；

（2）因短路熔断者，测绝缘寻找故障消除后送电，故障点不明用小定值熔断器试送，消除故障后恢复原熔断器定值。

▶**3-4-28　直流母线电压消失，如何处理？**

答：（1）直流母线电压消失，则蓄电池出口熔丝必熔断，很可能由母线短路引起。

（2）若故障点明显，应立即将其隔离，恢复母线送电。

（3）若故障点不明显，应断开失电母线上全部负荷开关，在测母线绝缘合格后，用充电装置对母线送电；正常后再装上蓄电池组出口熔断器，然后依次对各负荷测绝缘合格后送电。

（4）如同时发现某个负荷熔断器熔断或严重发热，则应查明该回路确无短路后，方可对其送电。

（5）直流母线发生短路后，应对蓄电池组进行一次全面检查。

▶3-4-29　在什么情况下蓄电池室内易引起爆炸？如何防止？

答：蓄电池在充电过程中，水被分解产生大量的氢气和氧气，如果这些混合的气体，不能及时排出室外，一遇火花，就会引起爆炸。

预防的方法是：

（1）密封式蓄电池的加液孔上盖的通气孔，经常保持畅通，便于气体逸出；

（2）蓄电池内部连接和电极连接要牢固，防止松动、打火；

（3）室内保持良好的通风；

（4）蓄电池室内严禁烟火；

（5）室内应装设防爆照明灯具，且控制开关应装在室外。

▶3-4-30　为什么交直流回路不能共用一条电缆？

答：交直流回路都是独立系统，直流回路是绝缘系统而交流回路是接地系统，若共用一条电缆，两者之间一旦发生短路就会造成直流接地，同时影响交直流两个系统，平时也容易互相干扰，还有可能降低对直流回路的绝缘电阻。

第五节　通信系统

▶3-5-1　什么是电力通信？

答：利用光及有线、无线或其他电磁系统，为电力系统运行、经营和管理等活动需要的各种符号、信号、文字、图像、声音或任何性质的信息进行传输与交换，满足电力系统要求的专用通信。

狭义的电力通信仅指系统通信，主要提供发电厂、调度、集控中心等单位之间的通信连接，满足生产和管理等方面的通信要求。

▶3-5-2　什么是电力通信网？

答：是指由多种传输、交换、终端等设备组成的电力行业专用通信网络，包括基础网（光纤、数字微波、电力线载波、接入系统等）、支撑网（信令网、同步网、网管网等）和业务网（数据通信网络、交换系统、电视电话会议系统等）。

▶3-5-3　电力系统目前有哪些主要通信业务？

答：调度电话、行政电话、电话会议通道、电话传真、远动通道、继电保护通道、交换机组网通道、保护故障录波通道、电量采集通道、电能采集通道、计算机互联信息通道、图像或系统监控通道等。

▶3-5-4　什么是通信调度？

答：为保障电力通信网安全、稳定、优质、经济运行，对通信网运行进行组织、指挥、指导和协调工作的通信部门，包括通信调度、电路方式、设备检修、事故处理、统计考核、运行分析等管理工作。

▶3-5-5　电力系统信息传输信道分为哪几类？

答：电力系统信息传输信道分为两大类，一类是有线通信，另一类是无线通信。

有线通信分为光纤通信、载波通信，其中载波通信包括架空明线载波通信、电缆载波通信和电力线载波通信。

无线通信分为微波中继通信、卫星通信、散射通信、短波通信。

▶3-5-6　什么是光纤通信网？

答：光波作为信息载体，以光导纤维作为传输媒介的通信方式，满足电力生产调度、运行管理和经营，为电力系统服务的专用光纤通信网络，是电力通信网的主要组成部分。

▶3-5-7　光纤通信系统的组成是什么？

答：由数据源、光发送端、光学信道和光接收机组成。

▶3-5-8　什么是PCM？

答：在光纤通信系统中，光纤中传输的是二进制光脉冲"0"码和"1"码，它由二进制数字信号对光源进行通断调制而产生。而数字信号是对连续变化的模拟信号进行抽样、量化和编码产生的，称为PCM（pulse code modulation），即脉冲编码调制。

▶3-5-9　什么是光传输设备？

答：光传输设备就是把各种各样的信号转换成光信号在光纤上传输的设备，因此现代光传输设备都要用到光纤。常用的光传输设备有光端机、光调制解调器、光纤收发器、光交换机、准同步数字系列（PDH）、同步数字系列（SDH）、分组传送网（PTN）等类型的设备。

▶3-5-10　什么是SDH光传输设备？

答：SDH光传输设备是一种将复接、线路传输及交换功能融为一体并由统一网管系统操作的综合信息传送网络。SDH光传输设备可实现网络有效管理、实时业务监控、动态网络维护、不同厂商设备间的互通等多项功能，能大大提高网络资源利用率、降低管理及维护费用、实现灵活可靠和高效的网络运行与维护。

▶3-5-11　SDH传输网由哪几种基本网元组成？

答：SDH传输网由终端复用器（TM）、分插复用器（ADM）、再生器（REG）以及同步数字交叉连接设备（SDXC）等四种基本网元组成。

▶3-5-12　设备可使用的时钟源一般有哪几种？

答：一般有外部时钟、线路时钟、支路时钟、设备自震荡时钟。

▶3-5-13　SDH设备中的同步定时单元模块有什么作用?

答：作用是从外接时钟提取时钟信息，自身晶体时钟提供时钟同步信息，提供给其他设备时钟同步信息，以及这些时钟同步信息的处理。

▶3-5-14　通信电源的组成是什么?

答：通信电源是为通信设备供电的装置，包括通信交流供电系统、通信直流供电系统、太阳能电池组等。

▶3-5-15　通信交流供电系统的组成是什么?

答：主要由交流配电柜、不间断电源设备（简称UPS）、逆变器、电源监控等设备组成。

▶3-5-16　通信直流供电系统的组成是什么?

答：主要由高频开关电源、蓄电池组、直流配电、电源监控等设备组成，为通信设备提供-48V直流电源。

▶3-5-17　什么是冗余?

答：是指设$N+M$台整流模块并联工作，其中N台用以供给负载所需电流，M台为后备模块（或称冗余模块）。

▶3-5-18　什么是高频开关整流器?

答：采用功率半导体器件作为高频变换开关，经高频变压器隔离，组成将交流转变成直流的主电路，且采用输出自动反馈控制并设有保护环节的开关变换器。

▶3-5-19　什么是直流放电回路全程压降?

答：从直流系统的蓄电池端子到负载设备的端子通以额定电流时的电压降。

▶3-5-20　通信电源系统基本配置原则是什么?

答：（1）调度机构、220kV及以上厂站必须安装通信直流供电系统，传送220kV及以上线路继电保护、安全稳定自动装置业务的通信设备，宜采用通信直流供电系统供电。

（2）总调、中调、地调三级调度机构，220kV及以上电压等级的变电站，总调、中调调度管辖范围内的发电厂，通信直流供电系统应双重化配置，配置两套独立的高频开关电源，每套高频开关电源配置独立的蓄电池组。

（3）高频开关电源整流模块应满足$N+M$冗余配置，其中N只主用，$N\leqslant 10$时，1只备用；$N>10$时，每10只备用1只，整流模块数量应不少于3只。主用整流模块总容量应大于负载电流和电池的10h充电电流之和。

（4）110kV及以下电压等级新建变电站应采用DC/DC供电方式，DC/DC模块采用双重化配置，每套变电站操作电源柜应配置DC/DC模块，任一套故障时，另一套应具备承载全部负载的能力。DC/DC模块应满足$N+1$冗余配置，其中N只主用，$N\leqslant 10$时，1只备用。48V输出开关由变电站操作电源统一配置。

（5）通信设备、通信网管等系统需要交流电源时，应使用UPS供电或由逆变器供电。总调、中调、地调三级调度机构的调度数据网、综合数据网、通信网管需要使用交流电源时，应接入两套UPS电源或逆变器，每套UPS配置独立的蓄电池组，禁止直接使用市电。

（6）当具备条件时，通信直流电源系统两路交流输入应从不同变压器出线的交流母线取电。交流电源不可靠的站点除应增加蓄电池容量外，还应配置太阳能、柴油机等其他备用电源。

（7）调度机构宜配置独立的交流配电柜。厂站、通信中继站等需要供电的设备较少时，不宜配置交流配电柜。

（8）调度机构的每套高频开关电源宜配置独立的直流配电柜。如机房空间有限，厂站、通信中继站可两套高频开关电源共用一套直流配电柜，但需要进行分区，并采取必要的隔离措施。

（9）双重化配置的通信直流供电系统，任一套高频开关电源故障时，另一套高频开关电源应具备承载全部负载并同时对本组电池充电的能力。

（10）直流供电回路全程压降应小于下列值：48V电源为3.2V，24V电源为2.6V；采用太阳能电池的供电系统时，太阳能电池至直流配电柜的直流导线电压降按1.7V计算。

▶3-5-21　通信电源系统运行条件有什么？

答：（1）环境条件。

1）环境温度：–5～40℃；

2）相对湿度：不高于90%；

3）大气压力范围为：70～106kPa；

4）满足满负荷使用时的通风散热要求；

5）强烈振动和冲击，无强电磁干扰，不得有爆炸危险介质，周围介质不含有腐蚀性金属和破坏绝缘的有害气体及导电介质。

（2）电气条件。交流电源电压波动范围：

1）220V（单相）波动范围：187～242V；

2）380V（三相）波动范围：323～418V；

3）频率范围：50×（1±5%）Hz。

▶3-5-22　通信电源设备防雷保护措施有哪些方面？

答： 除电源设备自身采取的过电压保护措施外，通信电源设备防雷保护在施工安装时应注意：

（1）对于380V交流中性线应在电源室与接地母线相连接；

（2）各种电源设施的各类接地线应分别与电缆沟内接地装置连接，接地装置应与机房环形接地母线连（焊）接，楼内各层屏蔽分层与该层接地装置连接；

（3）直流电源的"＋"极在电源侧和通信设备侧均应直接接地；

（4）应在通信设备的输入端进行防护，而不是在电源设备的输出端进行防护；

（5）楼内电源线最好穿金属管保护，金属管与各层地线相连；

（6）各接地引线应以最短距离与接地母线相连；

（7）防雷保护元件应定期检查和更换。

▶3-5-23　通信系统有什么常用的故障定位方法?

答:(1)告警性能分析法;

(2)配置数据分析法;

(3)环回法;

(4)替换法。

▶3-5-24　通信系统防雷的运行维护每年应开展哪些工作?

答:(1)每年雷雨季节前应对接地系统进行检查和维护。主要检查连接处是否紧固、接触是否良好、接地引下线有无锈蚀、接地体附近地面有无异常,必要时应挖开地面抽查地下隐蔽部分锈蚀情况,如果发现问题应及时处理。

(2)接地网的接地电阻宜每年进行一次测量。

(3)每年雷雨季节前应对运行中的防雷元器件进行一次检测,雷雨季节中要加强外观巡视,发现异常应及时处理。

▶3-5-25　电网对风电场远动通道有什么要求?

答:风电场至省调的远动通道采用调度数据网为主用通道,以2M专线为备用通道。

110kV风电场若不具备调度数据网通信条件,可暂时采用具备两路不同路由的2M专用通道。

▶3-5-26　远动通信规约有何要求?

答:(1)风电场实时信息与省调、省调备调调度自动化系统使用调度数据网及2M专线通道传输时,通信规约使用《中国南方电网远动传输规约配套标准实施细则》;

(2)风电场风功率预测信息与省调调度自动化系统使用调度数据网及2M专线通道传输时,通信规约使用FTP传输协议。

▶3-5-27　什么是FTP传输协议?

答:FTP传输协议(file transfer protocol)是TCP/IP协议组中的协议之一。FTP协议包括FTP服务器、FTP客户端两个组成部分。在传输文件时,FTP客户端程序先与服务器建立连接,然后向服务器发送命令,服务器收到命令后给予响应,并执行命令。FTP的目标是提高文件的共享性和可靠高效地传送数据。

▶3-5-28　通信规约参数有什么配置要求?

答:风电场远动工作站与省调、省调备调调度自动化系统通信采用南方电网远动传输规约,通道参数要求为:

(1)风电场2M接入网络配置要求:①成帧模式,非成帧;②封装协议,点对点协议(PPP)。

(2)遥信起始地址为1H,遥测起始地址为4001H,遥控起始地址为b01H,遥调起始地址为b81H。RTU站地址调试时由中调指定。

▶3-5-29　远动信息传输规约的基本工作模式有哪三种?

答:(1)循环传输方式,发送站按规定的顺序,周期性地将远动信息传送给主站,循环不需主站干预；

（2）自发传输模式，当发送端发生事件时向主站发送信息，主站收到后回送确认信息，若未收到确认，发送端延时重发；

（3）问答传输模式，主站轮询各子站，进行问答通信，子站如有事件发生，可通知主站要求抢先发送。

▶**3-5-30　南方电网对风电场实时数据通道有什么要求?**

答：110kV及以上电压等级并网的风电场，自动化实时数据传输需具备双通道，分别通过电力调度数据网及2M专线通道方式接入安全Ⅰ区的省调调度自动化系统，见图3-5-1。

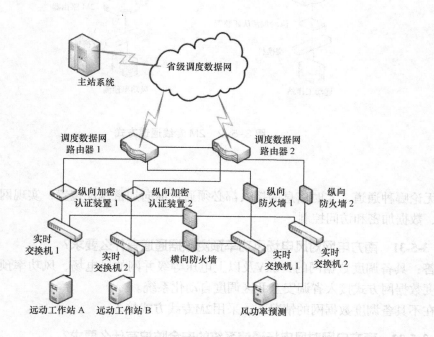

图3-5-1　双通道方式

对于不具备电力调度数据网的110kV并网风电场，可暂时仅通过2M专线通道方式实现与主站系统的实时数据交换，待地区调度数据网建设投运以后，再接入调度数据网，实现双通道传输，见图3-5-2。

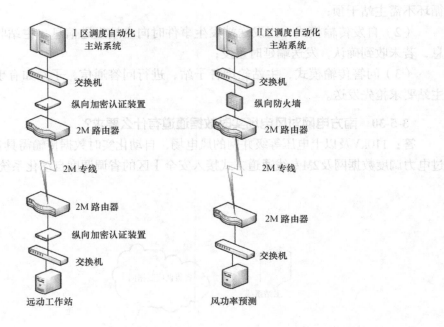

图 3-5-2 2M 专线通道方式

无论哪种通道，实时信息的接入都必须通过纵向加密认证装置，实现网络层双向身份认证、数据加密和访问控制。

▶ **3-5-31 南方电网对风电场风功率预测数据通道有什么要求？**

答： 具备调度数据网的110kV及以上电压等级并网的风电场，风功率预测信息通过电力调度数据网方式接入省调安全Ⅱ区调度自动化系统。

在不具备调度数据网的情况下，采用2M专线方式接入。

▶ **3-5-32 南方电网对风电场通信系统的安全防护有什么要求？**

答： 通信系统安全防护工作应当坚持安全分区、网络专用、横向隔离、纵向认证的原则，风电场宜采用以下安全防护措施以保障电力监控系统和电力调度网络的安全：

（1）横向隔离。在生产控制大区的安全Ⅰ区与安全Ⅱ区之间采用具有访问控制功能的设备、防火墙或者相当功能的设施，实现逻辑隔离。在生产控制大区与管理信息大区之间设置一套经国家指定部门监测认证的电力专用横向单向安全隔离装置。

（2）纵向认证。在生产控制大区（包括安全Ⅰ区和安全Ⅱ区）与广域网的纵向交接处设置两套经国家指定部门监测认证的电力专用纵向加密装置或者加密认证网关及相应设施。

▶ **3-5-33 电力通信现场作业人员应具备哪些基本条件？**

答： （1）作业人员应身体健康、无妨碍工作的疾病，精神状态良好；

（2）作业人员应具备必要的通信知识，掌握通信专业工作技能；

（3）作业人员应熟悉电网颁发文件的相关内容，并经考试合格；

（4）所有进入现场的作业人员必须按照规定着装并正确使用劳动防护用品；

（5）特殊工种作业人员必须持证上岗；

（6）临时作业人员进入现场前，应接受必要的安全技能培训，工作现场必须有专人带领和监护，从事指定的作业，不应从事不熟悉的作业。

▶3-5-34 通信调度的故障处理有什么原则？

答：（1）在电路故障时，对于重要用户，应立即组织处理。如不能短时间恢复，应采取迂回转接电路进行恢复，电力调度电话可采取电力通信以外的通信方式联系。

（2）电路、设备恢复正常后，现场维护人员应将中断原因、部位、处理结果及恢复时间通知调度值班员。经调度值班员确认正常后，记为中断的终止时间。如电路、设备恢复正常后，维护人员未能及时通知调度员时，则以通信调度值班员发现电路、设备正常时间为中断的终止时间。

（3）通信调度值班员发现电路中断或接到用户报告，应及时通知有关维护单位处理。受理单位应立即组织处理，如遇疑难故障一时难以恢复时，应报通信调度批准后，采取迂回、转接电路，保证用户的正常使用。

（4）对于中断时间较长，责任不明或认为有必要进行调查时，通信调度值班员有权提出"通信电路故障情况调查"，报通信主管部门批准后，派有关专业技术人员进行事故调查。调查结束后应写出书面调查报告，交批准部门和申请部门备案。

第六节 远程集控中心

▶3-6-1 什么是风电集控中心？

答：是单个或多个风电场的远程集中运行管理单位，负责对控制范围内各风电场进行集中运行监视、遥控、遥调操作及设备运行等管理，是下属风电场的异地值班单位，简称集控中心。

▶3-6-2 什么是受控风电场？

答：指集控中心监控范围内的，汇集到一个升压站的一期或多期风电项目的总和。

▶3-6-3 什么是运维部门（班）？

答：指驻守在受控风电场内或满足到达风电场时间要求的风电场附近，负责按照集控中心值班员命令或调度机构值班调度员的调度命令，对风电场内一、二次设备进行巡视检查、操作、事故和异常处理的班组。

▶3-6-4 集控中心的定位是什么？

答：（1）集控中心作为风电场的异地值班单位，承担受控风电场"主控室"的职能。

（2）集控中心作为调度机构的调度对象，属于调度系统的一部分，接受相应调度机构的调度指挥和专业管理。

（3）集控中心在技术上和组织上必须提供可靠保证，以满足调度运行管理和风电场运行管理的要求。

（4）集控中心对受控风电场的发电计划、设备检修统一管理，对风电场发电计划和设备检修有建议权。

（5）集控中心必须严格执行《南方电网调度管理规程》等规章制度，认真履行受控风电场与电网签订的《并网调度协议》，做好受控风电场的运行监控。

▶3-6-5 集控中心的职责是什么？

答：（1）负责受控风电场运行监控、设备管理、风功率预测等相关工作。

（2）负责按调度机构要求抄录、收集、整理和汇总受控风电场数据和信息，按规定形成报表等资料上报调度机构，并对所报数据和信息的及时性和正确性负责。

（3）负责按规定填写电气操作票，接受调度机构下达的调度命令，对执行调度命令的正确性负责。

（4）负责按调度命令要求对受控风电场的调度管辖设备进行操作，并对操作的正确性和及时性负责。操作的方式包括遥控操作、遥调操作和命令现场人员操作。

（5）根据工作需要及调度要求，负责安排运维部门（班）到受控风电场现场进行相关工作或操作；在相关工作结束后，负责安排运维部门（班）离开现场。调度电话、行政电话、电话会议通道、电话传真、远动通道、继电保护通道、交换机组网通道、保护故障录波通道、电量采集通道、电能采集通道、计算机互联信息通道、图像或系统监控通道等。

（6）负责组织各受控风电场制定年度、月度、日发电计划、检修计划编制并报送调度审批。负责各受控风电场运行监控，负责各受控风电场操作，负责各受控风电场事故、缺陷等异常处理，负责相关报表报送。

（7）负责将调度机构已批准的发电计划、检修申请传达至受控风电场。督促各受控风电场发电按计划执行；负责向调度机构汇报检修申请执行过程的时间节点、办理延期，并负责协调受控风电场设备的检修工作。

（8）受控风电场设备发生事故或异常时，根据相关信息做出判断，及时、正确汇报相应调度机构以及事故抢修、缺陷处理单位，在值班调度员的统一指挥下进行处理，并督促有关部门及时处理受控风电场存在的缺陷。

（9）负责与调度机构联系和协调受控风电场继电保护、安自装置、通信、自动化月度统计报表、事故报告等专业管理工作。

（10）编制集控中心事故应急处理预案，定期开展反事故演习。

（11）参与受控风电场厂新建、扩建、改建工程的竣工验收及启动投产等相关工作。

▶3-6-6 集控中心有什么值班要求？

答：（1）为确保电网与风电场的安全稳定运行，风电场出力调整、运行维护、设备操作、事故及异常处理必须及时和正确。集控中心的值班人员配备必须满足风电场正常运行和事故及异常处理的需要。

1）省调直调的风电场应设置省调专席，省地共调风电场分属不同地（市）调度时须分设对应专席。每个席位均需安排人员值班。

2）每个运行值班人员监控的风电场数不超3个，一个班最少人数不少于2个。

（2）集控中心、风电场运维部门（班）具备相应调度机构受令资格，相关业务联系人员名单及联系方式应书面提报相关调度机构。

（3）受控风电场应设有具备调度机构受令资格的值班人员，以满足特殊情况下调度机构直接对风电场下达调度命令的需要。

▶3-6-7　集控中心通信有什么要求？

答：（1）集控中心至调度机构、风电场、巡维班驻地的通信均应满足独立双通道的要求。

（2）集控中心光设备应纳入云南电网光纤网管系统统一管理。

（3）集控中心应配置一套调度交换机，通过2M或VoIP中继两点接入电网调度交换系统。

（4）集控中心需配置2路以上不同接入方式的调度电话，集控中心还要求增配不同运营商网络的移动电话各1部，作为应急使用。

（5）集控中心应配置一套视频会议系统，接入电网视频会议系统，并按要求参加调度会议。

（6）集控中心应配置两套通信直流电源系统，保证各个通信设备双电源供电。蓄电池应满足所有通信设备连续6h可靠供电要求。集控中心通信电源系统告警信息应满足远程监控的要求。

▶3-6-8　集控中心调度自动化要求有哪些？

答：（1）集控中心必须具备完善、可靠的技术支持系统，采用双机双备份等模式确保监控系统的正常运行，满足集控中心和调度机构对受控风电场一、二次设备进行实时远方运行监视、调整、控制等调度业务要求。

（2）集控中心监控系统应具有为适应远方操作而设立的防误操作功能。

（3）管辖调度机构的调度自动化、电能量信息采集直接从风电场端进行采集。

（4）管辖调度机构AGC、AVC对风电场机组采用"直采直控"的控制方式，信息采集与控制指令均不经过集控中心。风电场侧AGC、AVC应符合《中国南方电网自动发电控制（AGC）技术规范（试行）》和《南方电网自动电压控制（AVC）技术规范（试行）》的相关要求。

（5）集控中心应配置一套综合数据网设备，并接入云南电网内网，能够登录相应调度机构OMS开展调度业务。

（6）除应急使用的移动电话外，集控中心和受控风电场主控室内用于调度业务联系的所有电话必须接入录音系统。

（7）集控中心的二次系统须按《电力监控系统安全防护规定》（中华人民共和国国

家发展和改革委员会令 第14号）配置安全防护设施，确保二次系统信息安全。

（8）受控风电场应配备图像监控系统，遥视信息能够实时、可靠传输至集控中心、运维部门（班）驻地，以满足检查现场设备的要求。

（9）受控风电场的监控系统、管理制度等软、硬件设施应满足调度机构的相关规定，监控系统随时保持完好。

（10）集控中心自动化设备供电电源系统建设依照《南方电网调度自动化系统不间断电源配置规范》要求配置，系统结构宜采用双机双母线带母联运行接线方式。UPS蓄电池应满足所有自动化设备连续不小于2h可靠供电要求，自动化电源系统告警信息应接入集控中心监控系统或机房电源监控系统。

（11）受控风电场接入集控中心的远动信息至少应包括升压站信息、AGC信息、AVC信息、风电场统计信息、测风塔信息、风机信息、风功率预测信息、风电场重要历史信息、电源管理单元（PMU）装置异常故障等信息。

▶3-6-9 继电保护及安全自动装置信息传送有什么要求？

答：（1）集控中心应配置继电保护故障信息系统分站，确保受控风电场继电保护装置的异常信息、具体动作信息和故障录波信息能够及时上传至保信分站。

（2）继电保护故障信息系统子站设在受控风电场，要求数据信息同时发送至相应调度机构的保信主站（分站）系统和集控中心的保信分站系统。

（3）受控风电场的故障录波器按云南电网的相关技术要求实现远传，要求数据信息同时发送至相应调度机构的故障录波主站（分站）系统和集控中心的故障录波主站（分站）系统。

（4）集控中心应及时收集、分析和处理受控风电场的继电保护及安自装置的异常信息、具体动作信息和故障录波信息，并按时上报调度机构，确保满足事故处理的快速反应要求。

（5）受控风电场的继电保护、安自装置、直流系统、通信通道及二次回路等二次系统的异常告警信息应实时上传至集控中心的监控系统，其信息的采集量要求不少于受控风电场就地后台监控系统的采集量，确保集控中心的运行值班人员能够监视受控风电场二次系统的实时运行工况。

▶3-6-10 风功率预测系统有什么要求？

答：（1）风电场风功率预测系统相关信息一般由风电场直送省调，具备条件的可由集控中心传送省调。

（2）集控中心主机处理分析后的风功率预测数据须上传省调。

▶3-6-11 集控中心调度运行管理有什么要求？

答：（1）集控中心值班员与调度机构值班调度员进行调度业务联系时，双方相互通报姓名，使用规范调度术语，设备应冠以受控风电场名和设备双重命名（设备名称和编号），严格履行报名、下令、记录、复诵、录音的规定，严禁只凭经验和记忆执行调度命令。

（2）集控中心值班人员进行调度业务联系时通报姓名要求为××集控中心××（姓名），不得省略××集控中心。

（3）集控中心值班人员接到调度命令后，负责落实受控风电场执行调度命令所需的人员和相关条件，确保在规定的时间内安全、正确地执行调度命令。

（4）调度机构值班调度员直接向集控中心下达某个受控风电场加、减出力或开、停机组的调度命令。对于接入同一站点的多个风电场，值班调度员也可向集控中心下达几个受控风电场加、减出力的总容量，再由集控中心分配后执行。出力变化超过100MW时需提前15min汇报省调当值调度员。

（5）受控风电场应具备在线有功功率和无功功率自动调节功能，并参与电网有功功率和无功功率自动调节，确保有功功率和无功功率动态响应品质符合相关规定。风电场侧AGC、AVC的投退及控制模式切换由调度机构值班调度员根据系统需要，下令至集控中心值班人员。

（6）集控中心负责按调度机构给定的无功电压曲线，监视并控制风电场母线运行电压在合格范围内。

（7）受控风电场内属调度机构管辖设备的继电保护、安全自动装置的定值通知单及参数调整由调度机构直接向风电场下达。

（8）受控风电场相关设备（包括但不限于母线、主变压器、风电机组、无功补偿设备等）在紧急状态或故障情况下退出运行，以及因安自装置、频率、电压、电流、有功、无功等电气保护动作导致风机脱网或设备跳闸时，集控中心应立即向当值调度员汇报。查明原因、分析整改，并经调度机构认可，得到当班调度员同意后方可将相关设备恢复并网。

（9）受控风电场应参与地区电网无功平衡及电压调整，保证并网点电压满足电网调度机构下达的电压控制曲线。当受控风电场内无功补偿设备因故退出运行时，集控中心应立即向电网调度机构汇报，并按调度命令控制风电场运行状态。

（10）调度机构原则上按调度管辖范围划分对集控中心下达调度命令，进行调度操作和运行管理。未经设备管辖调度机构同意，集控中心不得擅自操作、改变调度管辖范围内设备的运行状态。

（11）集控中心同时接到多级调度机构的调度命令而不能同时执行时，应及时汇报下达调度命令的最高一级调度机构值班调度员，由最高一级调度机构值班调度员根据操作任务的性质和影响，从全局出发确定执行命令的次序，并及时通知相应下级调度。

（12）集控中心的调度联系、运行操作、事故及异常处理应遵循相关规程、规定，保证信息传递准确、及时，操作安全、高效。

（13）调度机构按要求向集控中心下达调度命令，集控中心接到命令后，按远程设备配置情况及受控风电场人员配置情况统一安排进行操作，确保操作能够按要求执行完毕，并严防一切形式的误操作。

（14）当遇有危及人身、设备安全的紧急情况，集控中心和受控风电场可按照现场运行规程先行处理，处理告一段落后集控中心应立即报告相应的值班调度员。

▶**3-6-12　集控中心自动化系统和设备缺陷处理时限应满足哪些要求？**

答：（1）紧急缺陷应立即安排处理并在2h内消除或降低缺陷等级。

（2）重大缺陷应在24h内处理并在72h内消除或降低缺陷等级。

（3）一般缺陷应在72h内处理，暂时不影响系统运行或电网监控的缺陷可安排在月度检修计划中处理，处理时间不得超过2个月。

▶**3-6-13　二次系统安全防护管理有什么要求？**

答：（1）集控中心应加强电力二次系统安全防护资料的保密管理，采取专人管理、文档加密等管理和技术手段加强管控，避免资料外泄。

（2）集控中心应定期检查、备份电力二次系统安全防护策略，妥善保存运行日志和测试记录，建立完整的资料档案，并保持同步更新。

（3）电力二次系统安全防护结构或策略发生重大变化前，由集控中心和风电场向所辖调度机构提出书面申请，说明影响范围，经批准后方可实施，工作中不得影响安全防护整体水平。

（4）电力二次系统安全防护设备退出运行后，集控中心应对有关存储介质进行清理，按要求物理清除有关涉密资料。

（5）集控中心应按要求进行电力二次系统安全防护水平安全评估工作，所辖调度机构对安全防护评估工作的实施进行监督、管理。安全防护评估贯穿于电力二次系统的规划、设计、实施、运维和废弃阶段。电力二次系统在上线投运之前、升级改造之后必须进行安全评估，已投入运行的系统应按要求定期进行安全评估，评估结果应及时向上级系统运行部汇报、备案。

（6）集控中心不满足电力二次系统安全防护要求的，应实施技术改造。未完成技术改造而导致电力二次系统网络信息安全事件的将按有关规定追究责任。

▶**3-6-14　事故及异常处理有什么要求？**

答：（1）调度机构值班调度员是事故处理的指挥者。当受控风电场发生设备跳闸事故时，集控中心值班员应在跳闸后3min内向管辖该设备的调度机构值班调度员汇报事故发生的时间、设备跳闸等概况，接受值班调度员的指挥进行事故处理。同时立即通知运维部门（班）到现场检查一、二次设备情况，跳闸后15min内，集控中心应将一、二次设备动作情况汇报值班调度员。

（2）在未得到集控中心或运维部门（班）对相关一、二次设备检查无异常的汇报前，值班调度员原则上不对跳闸设备进行强送。

（3）运维部门（班）到达事故相关受控风电场现场后，集控中心可申请受控风电场直接接受值班调度员的指挥，进行事故处理操作。事故处理告一段落后由集控中心向调度机构提出申请，经调度机构同意后，受控风电场方可恢复为集控模式。

（4）在运行监视过程中，集控中心发现设备异常时，应立即按规定汇报管辖该设备的调度机构值班调度员，在当值调度员统一指挥下进行缺陷处理。

（5）集控中心相关专业人员应按相关要求，在8h内和24h内编制完成事件快报和事件分析报告并报调度机构。

第四章

风 电 机 组

第一节 通用部分

▶**4-1-1 机舱主要由哪些部件构成?**

答:机舱主要由主轴、齿轮箱、联轴器、发电机、偏航系统、冷却系统、液压系统、控制柜、维护吊车及主机架、机舱罩、整流罩等构成。

▶**4-1-2 机舱内设备布置原则是什么?**

答:(1)操作和维修方便;

(2)尽量保持机舱平衡,使机舱的重心位于机舱的对称面内,偏塔筒轴线一方。

▶**4-1-3 机舱底座常用结构有哪两种? 有何优缺点?**

答:常用底座采用焊接构件或铸件。焊接机舱底座一般采用板材,焊接结构具有强度高、质量小、生产周期短和施工简便等优点,但其尺寸稳定往往由于热处理不当受到影响。铸件底座一般采用球墨铸铁,铸件尺寸稳定,吸震性和低温性能较好。

▶**4-1-4 机舱底座的功能是什么?**

答:主传动链和偏航机构固定的基础,并能将载荷传递到塔筒上去。

▶**4-1-5 机舱罩的功能是什么?**

答:用于机舱内设备的保护,也是维修人员高处作业的安全屏障。

▶**4-1-6 导流罩的功能是什么?**

答:导流罩是置于轮毂前面的罩子,其作用是减少轮毂的阻力和保护轮毂中的设备。

▶**4-1-7 风轮的作用是什么?**

答:风轮的作用是把风的动能转换成风轮的旋转机械能,并通过传动链传递给发电机,进而转换为电能。风轮是风电机组最关键的部件,它决定风电机组的工作效率,风轮的成本占风电机组总造价的20% ~ 30%,其设计寿命为20年。

▶**4-1-8 风轮的主要参数有哪些?**

答:风轮的主要参数为叶片数量、风轮直径、轮毂高度、风轮扫掠面积、风轮锥角、风轮仰角、风轮偏航角、风轮实度。

▶**4-1-9　什么是风轮扫掠面积?**

答：指风轮在旋转平面上的投影面积。

▶**4-1-10　什么是风轮直径?**

答：指风轮在旋转平面上的投影圆的直径，风轮直径的大小与风轮的功率直接相关。

▶**4-1-11　什么是轮毂高度?**

答：指风轮旋转中心到基础平面的垂直距离。

▶**4-1-12　什么是风轮锥角?**

答：指叶片中心线相对于旋转轴垂直平面的倾斜角度。

▶**4-1-13　什么是风轮仰角?**

答：指风轮的旋转轴线和水平面的夹角。

▶**4-1-14　风轮锥角和仰角有什么作用?**

答：具有锥角的目的是在运行状态下减小离心力引起的叶片弯曲应力，具有仰角的目的是防止叶尖与塔架碰撞。

▶**4-1-15　什么是风轮实度?**

答：指叶片在风轮旋转平面上投影面积的总和与风轮扫掠面积的比值，实度大小取决于叶尖速比。

▶**4-1-16　轮毂的主要功能是什么? 铸造材料是什么?**

答：轮毂的功能是固定风机桨叶，并将固定好的桨叶与主轴相连，传递并承受所有来自叶片的载荷。

轮毂的铸造材料多用球墨铸铁制造。

▶**4-1-17　轮毂从外形分哪几种? 分别运用于何种风电机组类型?**

答：水平轴三叶片机组的刚性轮毂有三叉形和球形两种外形。三叉形刚性轮毂多用于失速型风电机组，球壳状刚性轮毂用于变桨变速风电机组。

▶**4-1-18　什么是叶片的扭角？**

答：扭角为叶片翼型几何弦与参考几何弦的夹角，也可以定义为叶片各剖面弦线和风轮旋转平面的扭角。

▶**4-1-19　在翼型的描述里，几个重要参数分别是什么?**

答：参考几何弦、中弧线、前缘、后缘、弦线、弦长、重心。

▶**4-1-20　什么是参考几何弦?**

答：参考几何弦指在叶片设计过程中叶片展向某一确定位置处的几何弦，叶片其他位置的几何弦以此位置为参考。一般定义为0°位置，即该处几何弦与风轮旋转平面平行。

▶**4-1-21　什么是叶片面积、叶片?**

答：叶片面积通常理解为叶片在旋转平面上的投影面积。

叶片弦长为叶片径向各剖面翼型的弦长。叶片根部剖面的翼型弦长称为根弦，叶片尖部剖面的翼型弦长称为尖弦。

▶**4-1-22　叶片设计包含哪两部分？**

答：（1）气动设计（外形设计）；

（2）结构设计。

▶**4-1-23　叶片设计规则主要有哪些？**

答：极限变形、固有频率、叶片轴线的位置、积水、防雷击保护等。

▶**4-1-24　叶片设计应重点注意哪几个方面？**

答：（1）叶片在挥舞、摆振和扭转方向上的固有频率，应避开转速激振频率；

（2）在计算叶片的固有频率时，应考虑轮毂的刚性；

（3）在叶片运行时，由于离心力场的作用，其固有频率会提高。

▶**4-1-25　在载荷设计中，动载荷的设计要考虑哪几个方面？**

答：（1）由阵风频谱的变化引起的受力变化；

（2）风剪切影响引起的叶片动载荷；

（3）偏航过程引起的叶片上作用力的变化；

（4）弯曲力矩变化，由于自重及升力产生的弯曲变形；

（5）在最大转速下，机械、空气动力制动、风轮转动情况下；

（6）电网周期性变化。

▶**4-1-26　叶片空气动力刹车设计原则是什么？**

答：空气动力刹车系统一般采用失效–安全型设计原则，在风电机组的控制系统和安全系统正常工作时，空气动力刹车系统才可以恢复到机组的正常运行位置，机组可以正常投入运行；如果风电机组的控制系统或安全系统出现故障，则空气动力刹车系统立即启动，使机组安全停机。

▶**4-1-27　叶片空气动力刹车怎样实现安全停机？**

答：主要通过叶片形状的改变使气流受阻碍，变桨距风电机组叶片旋转大约90°（顺桨），定桨距风电机组主要是叶尖部分旋转，产生阻力，使风轮转速快速下降。

▶**4-1-28　叶片主体结构是什么？**

答：水平轴风电机组风轮叶片的结构主要是梁、壳。

▶**4-1-29　叶片制造材料主要有哪些？有哪些优点？**

答：用于制造叶片的主要材料有玻璃纤维增强塑料（GRP）、碳纤维增强塑料（CFRP）、木材、钢和铝等。

目前绝大多数叶片都采用复合材料制造，基体树脂根据化学性质不同分为环氧树脂、不饱和聚酯树脂、乙烯基树脂等。复合材料具有可设计性强、易成型性好、耐腐蚀性强、维护少、易修补等优点。

▶**4-1-30　为了满足产量、性能和品质要求，制造叶片的工艺方法主要有哪几种？**

答：主要有真空灌注技术和预浸料技术两种。

▶4-1-31　叶片根部结构分哪两种形式？

答：分为螺纹件预埋式和钻孔组装式两种。

▶4-1-32　叶片损坏的形式有哪几种？

答：有普通损坏型、前缘腐蚀、前缘开裂、后缘损坏、叶根断裂、表面裂缝、雷击损坏等。

▶4-1-33　叶片常用的无损检测方法有哪几种？

答：有磁粉探伤、渗透探伤、超声波探伤、金属磁记忆、射线检测等。

第二节　传动链

▶4-2-1　什么是风电机组传动链？

答：风电机组传动链是指将风轮获得的动力以机械方式传递给发电机的整个轴系及其组成部分，由主轴、齿轮箱、联轴器等组成。

▶4-2-2　传动装置分为哪几种？

答：有两点式、三点式、一点式和内置式4种。

▶4-2-3　直驱型风电机组传动系统是怎么布置、运转的？

答：直驱型风电机组的发电机分为外转子和内转子两种形式。当采用外转子发电机时，风轮一般直接与转子法兰盘相连，外转子直接由风轮轮毂驱动，由于转速较低，支撑轴承可采用润滑脂润滑，简化了机舱结构，更便于维护。当发电机采用内转子发电机时，风轮也直接驱动转子，连接在与发电机转子相连的主轴上。发电机只承受风轮传来的转矩，不承受其他载荷，设计制造相对简单。

▶4-2-4　主轴在传动系统中有什么作用？

答：在主流机型中，主轴是风轮的转轴，支撑风轮并将风轮的扭矩传递给齿轮箱，将轴向推力、气动弯矩传递给底座。

▶4-2-5　对于主轴的工艺有什么要求？

答：常用的主轴材料有42CrMoA（属于超高强度钢）和34CrNiMo6（属于低碳低合金高强钢）等。根据风电场的气候环境情况，材料还应具有耐低温冲击和抗冷脆性能。主轴毛坯应是锻件，经反复锻打改善金属的纤维组织以提高其承载能力，经过适当的热处理后应使成品材质均匀和具有规定的机械强度，并且要求无裂纹和其他缺陷。精加工后各台阶过渡处均为光亮无刀痕的圆角，以防止发生应力集中。

▶4-2-6　主轴承如何检查？

答：当风轮缓慢转动时，听轴承盖内是否有轴承噪声或振动。如果有异常噪声或主轴承运行不平稳，尝试以下方法检查主轴承游隙：停止风电机组，让风轮缓慢转动，观察主轴承与轴承盖之间的运动；尝试在轴承盖上安装一个数字千分表，把探头放在主轴承上，并作与前面所述相同的测试，如果游隙超过厂家规定值，说明轴承磨损，需要进一步处理。

▶**4-2-7 简述手动给主轴承注油的方法。**

答：（1）风轮缓慢转动，手动或电动加油脂，直到新油脂或轴承盖内的油脂被挤出或达到额定值后停止加油；

（2）加快风轮转速到大约额定转速的2/3并保持，直到没有油脂再被挤出；

（3）清理集油盒及轴承端盖密封处废油脂。

▶**4-2-8 主轴承损坏有哪些原因？**

答：（1）载荷大，载荷冲击；

（2）安装不良；

（3）润滑不良；

（4）进入异物；

（5）轴承内圈与外圈发生倾斜；

（6）轴承箱精度不良；

（7）叶轮偏心；

（8）叶片动平衡超差。

▶**4-2-9 主轴巡视有哪些重点检查内容？**

答：（1）检查主轴与轮毂连接部位固定螺栓；

（2）检查主轴承的唇式密封；

（3）检查主轴端盖螺栓；

（4）检查主轴承座和底盘的连接螺栓；

（5）检查主轴前后轴承温度差异；

（6）检查主轴运转时是否存在异声。

▶**4-2-10 什么是联轴器？**

答：联轴器是用来连接不同机构中的两根轴（主动轴和从动轴），使之共同旋转以传递转矩的机械零件，它具有补偿画轴线的相对位移或位置偏差，从而减小振动与噪声，以及提高轴系动态性能等特点。

▶**4-2-11 风电机组各个部位分别采用什么型号的联轴器？**

答：风电机组低速端多采用刚性联轴器，高速端采用挠性联轴器。

▶**4-2-12 弹性联轴器可分几种？**

答：分为膜片式联轴器和连杆式联轴器两种。

▶**4-2-13 高弹性联轴器性能有什么基本要求？**

答：（1）承载能力大，有足够的强度。要求联轴器的最大允许用转矩为额定转矩的3倍以上。

（2）具有较强的补偿功能，能够在一定范围内补偿两半轴发生的轴向、径向和角向位移，并且在偏差补偿时产生的反作用力的越小越好。

（3）具有高弹性、高柔性，能够把冲击和振动产生的振幅降低到允许的范围内，并且在旋转方向应具备减缓振动和冲击的功能。

（4）工作可靠、性能稳定，要求使用橡胶弹性元件的联轴器还应具有耐热性好、不易老化、寿命长等特性。

（5）联轴器必须具有100Ω以上的绝缘电阻，并能承受2kV的电压，防止发电机通过联轴器对齿轮箱内的齿轮、轴承等造成电腐蚀及避开雷击的影响。

（6）便于安装、维护和更换。

▶4-2-14 对弹性联轴器有什么要求？

答：（1）强度高，承载能力大。由于风电机组的传动轴系有可能发生瞬时尖峰载荷，故要求联轴器的许用瞬时最大转矩为许用长期转矩的3倍以上。

（2）弹性高，阻尼大，具有足够的减振能力。把冲击和振动产生的振幅降低到允许的范围内。

（3）具有足够的补偿性，满足工作时两轴发生位移的需要。

（4）工作可靠、性能稳定，对具有橡胶弹性元件的联轴器还应具有耐热性、不易老化等特性。

▶4-2-15 弹性联轴器的重点检查部位有哪些？

答：（1）检查联轴器外观；

（2）检查橡胶接头是否有裂痕或老化；

（3）检查连杆固定螺栓的力矩；

（4）检查连杆有无裂纹；

（5）检查定位环是否移位或变形。

▶4-2-16 联轴器定检项目有哪些？

答：（1）检查表面的防腐涂层是否有脱落；

（2）检查表面清洁度；

（3）检查连接螺栓无松动；

（4）检查联轴器是否安装防护罩，防护罩固定是否牢固；

（5）检查轴的平行度误差是否在允许范围内；

（6）检查联轴器膜片是否有损坏，并且检查相应的连接法兰确保没有损坏。

▶4-2-17 什么是齿廓啮合基本定律、定传动比的齿廓啮合基本定律？齿廓啮合基本定律的作用是什么？

答：一对齿轮啮合传动，齿廓在任意一点接触，传动比等于两轮连心线被接触点的公法线所分两线段的反比，这一规律称为齿廓啮合基本定律。若所有齿廓接触点的公法线交连心线于固定点，则为定传动比齿廓啮合基本定律。

作用：用传动比是否恒定对齿廓曲线提出要求。

▶**4-2-18 渐开线是如何形成的？有什么性质？**

答：发生线在基圆上纯滚动，发生线上任一点的轨迹称为渐开线。

性质：

（1）发生线滚过的直线长度等于基圆上被滚过的弧长；

（2）渐开线上任一点的法线必切于基圆；

（3）渐开线上愈接近基圆的点曲率半径愈小，反之愈大，渐开线愈平直；

（4）同一基圆上的两条渐开线的法线方向的距离相等；

（5）渐开线的形状取决于基圆的大小，在展角相同时基圆愈小，渐开线曲率愈大，基圆愈大，曲率愈小，基圆无穷大，渐开线变成直线；

（6）基圆内无渐开线。

▶**4-2-19 什么是轮系？**

答：由一对齿轮组成的机构是齿轮传动的最简单形式。但是在机械传动中，为了获得较大的传动比，或者为了将输入轴的一种转速变换为输出轴的多种转速等原因，常采用一系列互相啮合的齿轮将输入轴和输出轴连接起来。这种由一系列齿轮组成的传动系统称为轮系。

▶**4-2-20 什么是定轴轮系和周转轮系？**

答：定轴轮系：传动时每个齿轮的几何轴线都是固定的，这种轮系称为定轴轮系。

周转轮系：当轮系运转时其中至少有一个齿轮的几何轴线是绕另一齿轮的固定几何轴线转动的，这种轮系称为周转轮系。

▶**4-2-21 什么是风电机组齿轮箱？**

答：齿轮箱是在风力发电机组中应用很广泛的一个重要的机械部件。其主要功用是将风轮在风力作用下所产生的动力传递给发电机并使其得到相应的转速。通常风轮的转速很低，远达不到发电机发电所要求的转速，必须通过齿轮箱齿轮副的增速作用来实现，故也将齿轮箱称之为增速箱。

▶**4-2-22 风力发电设备常用的齿轮机构有哪些？各有什么特点？**

答：风力发电设备常用的齿轮机构有平行轴内、外圆柱齿轮传动、行星齿轮传动、锥齿轮传动和蜗轮蜗杆传动等。

（1）平行轴圆柱齿轮外啮合传动。在相互平行的两轴之间传递运动；主、从动齿轮旋转方向相反；圆柱齿轮可以是直齿，也可以是斜齿；斜齿轮传动比直齿轮平稳、噪声低。

（2）内啮合圆柱齿轮传动。小齿轮在齿圈内旋转，两者的旋转方向相同。

（3）行星齿轮传动。行星轮轴绕中心轴旋转，行星轮既与内齿轮啮合，又与中心轮（太阳轮）啮合，承担动力分流的任务。

（4）锥齿轮传动。能实现相交轴之间的传动。

（5）蜗轮蜗杆传动。用于在空间相互垂直而不相交的两轴间的传动。

▶**4-2-23 齿轮箱有哪些作用？**

答：（1）加速减速。就是常说的变速齿轮箱。

（2）改变传动方向。如两个扇形齿轮可以将力垂直传递到另一个转动轴。

（3）改变转动力矩。同等功率条件下速度越快的齿轮，轴所受的力矩越小，反之越大。

（4）离合功能。可以通过分开两个原本啮合的齿轮，达到把发动机与负载分开的目的，如刹车离合器等。

（5）分配动力。如用一台发动机，通过齿轮箱主轴带动多个从轴，从而实现一台发动机带动多个负载的功能。

▶**4-2-24　组成齿轮箱的部件有哪些？**

答：由输入轴、输出轴、行星齿轮、斜齿、太阳轴、加热系统、油位计、温度传感器、机械泵、油路分配器、润滑系统、散热系统等组成。

▶**4-2-25　齿轮箱的主要参数有哪些？**

答：有传动比、充油量、净重、输入转速、输出转速、运行温度、润滑压力等。

▶**4-2-26　齿轮箱油冷系统由什么组成？**

答：由油泵、过滤器、热交换器、压力继电器组成。

▶**4-2-27　风电机组的齿轮箱常采用什么方式润滑？**

答：风电机组的齿轮箱常采用飞溅润滑或强制润滑，一般以强制润滑为多见。

▶**4-2-28　齿轮箱润滑油的作用是什么？**

答：（1）对轴承齿轮起保护作用；

（2）减小磨损和摩擦，具有高的承载能力，防止胶合；

（3）吸收冲击和振动；

（4）防止疲劳、点蚀、微点蚀；

（5）冷却、防锈、抗腐蚀。

风力发电齿轮箱属于闭式齿轮传动类型，其主要的失效形式是胶合与点蚀，故在选择润滑油时，重点是保证有足够的油膜厚度和边界膜强度。

▶**4-2-29　齿轮箱的机械泵分为几种？**

答：齿轮泵可分为外啮合齿轮泵和内啮合齿轮泵两种。

▶**4-2-30　齿轮箱内部检查的内容有哪些？**

答：当齿轮箱放空油并按要求正确清洗后，检查内部部件的状况：

（1）检查齿轮箱内部，视觉观察齿轮箱和轴承是否有磨损；

（2）通过行星齿轮箱前部叶轮端的观察孔检查齿轮和齿圈是否有裂痕；

（3）使风电机组偏离风向缓速转动，观察每个齿轮的情况；

（4）缓慢转动风轮，检查齿轮咬合是否有异音，盘车是否灵活；

（5）对环形齿轮边缘的残留油进行肉眼检查。检查油中是否有可见的金属屑或其他污染物。

▶**4-2-31　什么是齿轮的点蚀现象？**

答：齿轮的点蚀是齿轮传动的失效形式之一。即齿轮在传递动力时，在两齿轮的工作面上将产生很大的压力，随着使用时间的增加，在齿面便产生细小的疲劳裂纹。当裂纹中渗入润滑油，在另一个轮齿的挤压下被封闭的裂纹中的油压力就随之增高，加速裂纹的扩展，直至轮齿表面有小块金属脱落，形成小坑，这种现象被称为点蚀。轮齿表面点蚀后，造成传动不平稳和噪声增大。齿轮点蚀常发生在闭式传动中，当齿轮强度不高，且润滑油稀薄时尤其容易发生。

▶4-2-32　什么是齿轮的胶合现象？

答：互相啮合的轮齿齿面，在一定的温度或压力作用下，发生黏着，随着齿面的相对运动，使金属从齿面上撕落而引起严重的黏着磨损现象称为胶合。

▶4-2-33　齿轮箱常见故障有哪几种？

答：（1）齿轮损伤；
（2）齿轮折断，断齿又分过载折断、疲劳折断以及随机断裂等；
（3）齿面疲劳；
（4）胶合；
（5）轴承损伤；
（6）断轴；
（7）油温高等。

▶4-2-34　齿轮箱压力润滑故障原因有哪些？

答：（1）机械泵卡涩；
（2）润滑油中混有杂质铁屑等；
（3）压力测点接线松动；
（4）油管堵塞；
（5）压力回路泄压。

▶4-2-35　齿轮箱油温高原因有哪些？

答：（1）齿轮油劣化；
（2）齿轮箱充油量过多或过少；
（3）齿轮油散热油路堵塞；
（4）散热片表面堵塞，散热不畅；
（5）齿轮箱油泵故障；
（6）温控阀故障；
（7）传感器故障；
（8）齿轮箱加热装置失灵，长期加热；
（9）轴承异常。

▶4-2-36　齿轮箱运行异声原因有哪些？

答：（1）齿面点蚀或断齿；
（2）机械泵故障；
（3）轴承损坏或间隙过大；

（4）润滑不良；

（5）齿轮箱进入异物。

▶4-2-37 齿轮箱振动异常原因有哪些?

答：（1）扭力臂减震块变形；

（2）收缩盘力矩松动；

（3）联轴器耳盘损坏；

（4）对中不良；

（5）断齿或齿面点蚀；

（6）轴承损坏等。

▶4-2-38 齿轮箱轴承损坏原因有哪些?

答：（1）润滑不良；

（2）齿轮箱进入异物；

（3）对中不良；

（4）冲击过载；

（5）自然磨损。

▶4-2-39 齿轮箱断齿原因有哪些?

答：断齿常由细微裂纹逐步扩展而成，根据裂纹扩展的情况和断齿原因，断齿可分为过载折断、疲劳折断以及随机断裂等。

过载折断总是由于作用在齿轮上的应力超过其极限应力，导致裂纹迅速扩展，常见的原因有突然冲击超载、轴承损坏、轴弯曲或较大硬物挤入啮合区等；另外，还有材质缺陷、齿面精度太差、轮齿根部未作精细处理等。

疲劳折断是轮齿在过高的交变应力重复作用下，从危险截面（如齿根）的疲劳源引发的疲劳裂纹不断扩展，使轮齿剩余截面上的应力超过其极限应力，造成瞬时折断。

随机断裂的原因通常是材料缺陷、点蚀、剥落或其他应力集中造成的局部应力过大，或较大的硬质异物落入啮合区。

▶4-2-40 哪些情况应对齿轮箱油进行特别检查分析?

答：（1）环境温度引起箱体内壁产生水珠，使油污染形成沉淀；

（2）齿轮箱内油的温度经常在80℃以上；

（3）因间断性的重载引起油温急速上升；

（4）齿轮箱在极度潮湿的情况下工作。

▶4-2-41 风电机组初次运行时应对齿轮箱进行哪些检查?

答：（1）安装位置的准确性；

（2）紧固件紧固的可靠性；

（3）齿轮箱中的油面高度是否符合要求，油的牌号及黏度是否符合要求；

（4）叶轮、发电机转向是否正确；

（5）联轴器防护罩、接地线及其防护装置是否装好；

（6）润滑系统、冷却系统及监控系统；

（7）管路连接的正确性；

（8）管路连接的各紧固件紧固的可靠性；

（9）油泵转向的正确性；

（10）压力表、监测仪表、控制装置、开关等是否牢固可靠。

▶4-2-42　齿轮箱异常高温如何检查？

答： 首先要检查润滑油供应是否充分，特别是在各主要润滑点处，必须要有足够的油液润滑和冷却；其次要检查各传动零部件有无卡滞现象；还要检查机组的振动情况，前后连接接头是否松动等。

▶4-2-43　齿轮箱油位如何检查？

答： 检查齿轮箱内的油位要在齿轮箱停止至少10min后。有油量计的通过齿轮箱的油量计确定油位，拔出油量计并擦干净，将它拧回去再拔出以得到正确读数。没有油量计的通过油位计浮标刻度或观察孔显示。一般油位计浮标顶到头，且窥油孔可以看到油就表示油位正常。

▶4-2-44　齿轮箱定检项目有哪些？

答： （1）主轴与齿轮箱的连接；

（2）齿轮箱的噪声有无异常；

（3）油温、油色、油位是否正常；

（4）润滑冷却系统是否有泄漏；

（5）箱体外观是否异常；

（6）过滤器是否需要更换；

（7）定期要求油品公司对润滑油进行化验；

（8）检查弹性支撑是否老化；

（9）各螺栓是否松动；

（10）打开观察盖板，检查齿轮啮合情况；

（11）高速轴刹车盘处的连接情况；

（12）各传感器、电加热器是否正常工作。

▶4-2-45　长时间使用齿轮箱加热装置对齿轮油有何危害？

答： （1）造成润滑油温度高，影响传动过程中的润滑效果；

（2）造成润滑油局部过热，温度过高油品急剧劣化，影响使用寿命。

▶4-2-46　如何对齿轮油取样？

答： 使用规定的油品取样瓶，在齿轮箱过滤器放油阀处按规定要求提取油样，在油样上贴标签并标明所采样机组号，取样过程中及取样后保持油样清洁。

第三节 发电机

▶4-3-1   什么是风力发电机组的发电机?

答：发电机是风电机组中机械能转化为电能的主要装置，它不仅直接影响到输出电能的品质和效率，而且也影响到整个风能转换系统的性能和结构。

▶4-3-2   目前并网型风电机组常用的发电机有哪些?

答：有鼠笼式异步发电机、双馈式异步发电机及永磁同步发电机等。

▶4-3-3   什么是异步发电机?

答：为了保证发电机的运行，其转子必须由外界提供一个机械转矩以克服转子绕组在定子磁场中受到的电磁转矩，使转子的旋转速度永远高于定子磁场的旋转速度（同步转速），这种发电机称为异步发电机。

▶4-3-4   异步发电机工作原理是什么?

答：电机定子接通电源，吸收无功功率，产生旋转磁场；转子由原动机拖动旋转，当转速高于同步转速时，则电磁转矩的方向与旋转方向相反，异步发电机将进入发电状态，转子上的机械能，通过气隙磁场的耦合作用，转化为定子向电源输出的有功电流，从而实现机械能向电能的转化。

▶4-3-5   异步发电机主要由哪些部件构成? 基本结构是什么样的?

答：异步发电机主要由定子、转子、端盖、轴承等组成。定子由定子铁芯、定子三相绕组和机座组成，其中定子铁芯是发电机的磁路部分，由经过冲制的硅钢片叠成，定子三相绕组是发电机的电路部分，镶嵌放在定子铁芯槽内，机座用于支撑定子铁芯，承受运行时产生的反作用力，也是内部损耗热量的散发途径。转子由转子铁芯、转子绕组及转轴组成，其中转子铁芯和转子绕组分别作为发电机磁路和发电机电路的组成部分参与工作。

▶4-3-6   异步发电机三相对称指的是什么?

答：三相对称指的是：各相绕组在串联匝数上彼此相等，在发电机定子内表面空间位置上，彼此错开120° 电角度；在该绕组内通以三相对称的交流电后，发电机定子将产生一个沿一定方向旋转的磁场，并且产生旋转磁场的转向与通入绕组三相交流电的相序有关，该旋转磁场的转速我们称为同步转速。

▶4-3-7   单相异步电动机获得旋转磁场的条件是什么?

答：（1）电机具有在空间位置上的相差90° 电角度的两相绕组；

（2）两相绕组中通入相位差为90° 的两相电流；

（3）两相绕组所产生的磁势幅值相等。

▶4-3-8   什么是转差率?

答：同步转速，同步转速n_1和转子转速n的差值称为转差，转差与同步转速n_1的比值称为转差率，用s表示。

▶**4-3-9 按照转差率的正负、大小，异步电机可分为电动机、发电机、电磁制动3种运行状态，具体是如何分辨的？**

答：（1）电动机状态。电磁转矩克服负载转矩做功，从电网吸收电能，转化成机械能，此时$0<s<1$。

（2）发电机状态。原动机拖动电机转子旋转，使其转速高于同步转速n_1，电磁转矩的方向与转子转向相反，此时电磁转矩为制动性质，通过气隙磁场的耦合作用，将转子的机械能转换为电能，$s<0$。

（3）电磁制动状态。由于机械负载或其他原因，转子逆着旋转磁场转动，转轴从原动机吸收机械功率的同时，定子又从电网吸收电功率，二者都变成了转子内部的损耗，此时$s>1$。

▶**4-3-10 鼠笼式异步发电机的结构是什么样的？**

答：鼠笼式异步发电机采用的是鼠笼式转子。鼠笼式转子的铁芯外圆均匀分布着槽，每个槽中有一根导条，伸出铁芯两端，用两个端环分别把所有导条的两端都连接起来，起到导通电流的作用。假设去掉铁芯，整个绕组的外形好像一个"鼠笼"。

▶**4-3-11 软启动并网过程是如何实现的？**

答：当发电机接近到同步转速附近时，发电机经一组双向晶闸管与电网相连，在计算机的控制下，双向晶闸管的触发延时角由180°～0°逐渐打开；双向晶闸管的导通角则由0°～180°逐渐增大，通过电流反馈对双向晶闸管的导通角实现闭环控制，将并网时的冲击电流限制在允许的范围内，使得异步发电机通过晶闸管平稳地并入电网。并网瞬态过程后，当发电机的转速与同步转速相同时，控制器发出信号，利用一组断路器将晶闸管短接，异步发电机的输出电流将不经过双向晶闸管，而是通过已闭合的断路器流入电网。发电机并入电网后，立即在发电机端并入功率因数补偿装置，将发电机的功率因数提高到0.95以上。

▶**4-3-12 双馈异步发电机结构是怎样的？**

答：双馈式异步发电机定子三相绕组由外接电缆引出固定于定子接线盒内，直接与电网相连；转子三相绕组输出电缆通过集电环室的接线盒接至一台双向功率变流器，变流器与电网相连，向转子绕组提供交流励磁。变流器将频率、幅值、相位可调的三相交流电通过电刷和集电环向发电机转子提供三相励磁电流，变流器以近1/3发电机额定功率，就可以实现发电机全功率恒频输出，通过改变励磁电流的频率、幅值和相位就可实现发电机有功功率、无功功率的独立调节，并可实现双向功率控制。

▶**4-3-13 双馈风电机组的工作原理是什么？**

答：双馈发电机（doubly-fed induction generator，DFIG）具有定子、转子双套绕组，转子绕组上加有集电环和电刷，可以从定子、转子两侧回馈能量。当采用交流励磁时，转子的转速与励磁电流的频率有关，从而使得交流励磁发电机的内部电磁关系既不同于异步发电机又不同于同步发电机，却兼有同步发电机和异步发电机的特点，控制灵活性好，具有较强的无功调节能力。采用变速恒频发电方式，可按照捕获最大风能的要求，在风速变化的情况下实时调节风力机转速，使之始终运行在与该风速对应的最佳转速上，从而提高了机组发电效率，优化了风力机的运行性能，还可使发电机组与电网系统之间实现良好的柔性连接，比传统的恒速恒频发电系统更容易实现并网操作及运行。

▶4-3-14 双馈异步发电机有哪三种运行状态？

答：（1）亚同步运行状态。在此种状态下转子转速小于同步转速（$n < n_1$），由滑差频率为f_2的电流产生的旋转磁场转速n_2与转子的转速方向相同。

（2）超同步运行状态。在此种状态下转子转速大于同步转速（$n > n_1$），改变通入转子绕组的频率为f_2的电流相序，则其所产生的旋转磁场转速n_2的转向与转子的转向相反。为了实现n_2转向反向，在亚同步运行转速超同步运行时，转子三相绕组能自动改变其相序，反之，也是一样。

（3）同步运行状态。在此种状态下转子转速等于同步转速（$n = n_1$），滑差频率$f_2 = 0$，这表明此时通入转子绕组的电流的频率为0，也即是直流电流，因此与普通同步发电机一样。

▶4-3-15 同步发电机工作原理是什么？

答：将转子通以直流电进行励磁，或在转子上安装永磁体建立起励磁磁场，即主磁场。当原动机拖动转子旋转，励磁磁场随转子一起旋转并顺次切割定子各项绕组所产生的磁力线。由于定子绕组与主磁场之间的相对切割运行，根据电磁感应原理，定子绕组中将会感应出大小和方向按周期性变化的三相对称交变感应电势。

▶4-3-16 同步发电机按照励磁方式可分几种？分别应用于什么机型？

答：同步发电机按照励磁方式的不同，有永磁同步发电机和电励磁同步发电机两种，主要用于直驱型和半直驱动型风电机组。

▶4-3-17 电励磁同步发电机有什么优缺点？

答：优点是通过调节励磁电流来调节磁场，从而实现变速运行时发电机电压恒定，并可满足电网低电压穿越的要求；但应用该类型的发电机要全功率整流，成本高。

▶4-3-18 永磁同步发电机有什么优缺点？

答：直驱型的风电机组发电机转子与风轮直接相连，省去了传动机构，因转速低，所以发电机具有较大的尺寸和质量。同功率的用于半直驱的发电机尺寸和质量较直驱型的发电机小。永磁同步发电机的磁场不可调，需要全功率变流器，成本较高。

▶4-3-19 发电机铭牌三类性能指标是什么？

答：（1）电气性能；

（2）绝缘及防护性能；

（3）机械性能。

▶4-3-20 发电机有什么电气性能？

答：电机类型、工作制、额定功率、额定电压、极数、相数、额定转速、发电机转速范围、额定效率、功率因数、定子接线方式。

双馈电机包括转子电压、转子堵转电压、转子接线方式等。

永磁电机包括励磁方式。

▶4-3-21 发电机监控信号及保护有哪些?

答:电压、电流、功率、温度、转速、防雷接地等。

▶4-3-22 什么是集电环?

答:集电环也称为导电环、集电环、集流环、汇流环等,它可以用在任何要求连续旋转,同时又需要从固定位置到旋转位置传输电源和数据信号的电力系统中。集电环能够提高系统性能,简化系统结构,避免导线在旋转过程中造成扭伤。

▶4-3-23 集电环、整流子、换向器分别应用于哪种类型的电机?

答:集电环用在交流同步电机和交流绕线式电机上,而整流子和换向器使用在直流电动机上的。

▶4-3-24 发电机集电环火花过大有什么原因?

答:(1)集电环与电刷接触处发生腐蚀;

(2)电刷压力过大;

(3)集电环表面脏;

(4)电刷磨损严重。

▶4-3-25 集电环电刷接触不良会有什么后果?

答:可能会打火或直接烧损集电环及电刷,具体如下:

(1)接触电阻变大,励磁电流减小;

(2)使电刷和集电环过热,严重时会着火;

(3)电刷和集电环之间打火,导致集电环发生电蚀,磨损增大等。

▶4-3-26 发电机的集电环有什么作用?

答:发电机的集电环是转子线圈的接线端,是将励磁的直流电通过电刷与该2个环接触输送给转子激磁的。

▶4-3-27 集电环维护应做哪些准备工作?

答:维修集电环时,停止风电机组运行,断开发电机电路上的断路器或电扇电源,激活紧急停机按钮,用电压表检查单元是否带电并检查加热器和风扇是否关掉,并等待5min后才能移开侧盖进行工作。

▶4-3-28 发电机集电环更换步骤是什么?

答:(1)断开风机转子侧开关;

(2)拆卸旋转编码器保护罩;

(3)拆卸发电机尾部联轴器锁紧顶丝;

(4)拆卸旋转编码器支架;

(5)拆卸集电环接线柱与发电机转轴中电缆的连接,拆卸相应附件;

(6)拆卸加长轴,将电刷全部取出;

（7）使用丝杠、千斤顶、专用工具将集电环拔出，注意拔集电环时丝杠前端严禁站人；

（8）对集电环进行加热，加热过程应均匀，以免集电环局部受热炸裂，回装集电环；

（9）回装电刷、集电环接线柱与发电机转轴中电缆的连接（注意如果连接螺栓外露应加装相应的绝缘保护）；

（10）回装加长轴，完成后使用对中工具校对旋转编码器与加长轴的同心度；

（11）回装旋转编码器，旋转编码器支架及旋转编码器护罩；

（12）进行发电机电极测试，完成发电机集电环的更换。

▶4-3-29 发电机电刷有什么作用？

答：发电机的相电刷主要是提供励磁电流给转子，发电机的转子相当于一个旋转的磁铁，如果电刷磨损严重，励磁电流不能到达转子，就没有旋转磁场，就会发不出电来。接地电刷的主要作用是把转子中产生的静电荷导入大地，起保护作用。

▶4-3-30 电刷检查项目有哪些？

答：（1）电刷表面清洁，无火花，电刷在刷握里无摆动，发卡及跳动现象，无过热；

（2）电刷连接软线是否完整，接触是否紧密，无过热；

（3）弹簧压力正常，电刷边缘无剥落现象，声音正常；

（4）集电环表面应无过热，温度不超过120℃。

▶4-3-31 更换发电机电刷有什么注意事项？

答：（1）工作前应使用万用表测量是否存在电压，在确保无电压后才可工作；

（2）使用风机急停按钮，确保风机不会发生转动；

（3）做好个人防护，使用防尘面具，穿防护服；

（4）更换过程中应确保电刷各个固定螺栓紧固牢靠；

（5）更换过程中还应注意电刷刷辫的方向，避免刷辫与旋转部位摩擦，造成风机故障；

（6）更换完成后应认真检查集电环室内无遗留工具及杂物。

▶4-3-32 发电机电刷维护有什么注意事项？

答：（1）运行一周后，每隔6个月进行一次定期检查。关停电机后，逐个取下电刷并检查，正常状态下电刷表面应光滑清洁。

（2）检查电刷长度，测量电刷损耗和剩余长度。

（3）如果SCADA系统报警，经检查电刷接触面磨损减少1/2，或长度不足5mm，或铜辫断股超过1/3时，更换有问题的电刷。更换电刷时，应使用同一型号的新电刷替换；新电刷必须能在刷握里活动自如，如有声响或卡涩，取下电刷检查刷握，刷握压力应为 $p=20kPa+$（20%~70%），如果电刷压力达不到，更换损坏的刷握。刷握压力可以用测力计进行测量。

（4）检查电刷的同时要检查集电环状态，尤其是集电环、刷握、连线、绝缘和刷架，进行必要的清洁。

（5）更换电刷前应预磨电刷，方法为：用砂纸或玻璃纸包住集电环，按电机旋转的方向将电刷按组排列预磨。预磨开始用粗粒的砂纸粗磨，然后使用细砂进行精磨。粗磨两个方向都可以进行，精磨只能按电机旋转方向进行。电刷接触面最少要达到集电环接触面的80%。磨完后，清扫整个集电环室。

▶**4-3-33 什么原因可能造成电机扫膛？**

答：（1）轴承磨损或破裂；

（2）轴承走内圆或走外圆；

（3）轴弯曲；

（4）加工质量（公差太大）；

（5）装配质量（尤其是没有端盖，转子由座式轴承支撑的电机）。

▶**4-3-34 有什么避免电动机扫膛的措施？**

答：（1）选购高质量电机；

（2）选用高质量的轴承；

（3）选用符合要求的润滑油脂；

（4）按规定检查、加注、更换润滑油脂；

（5）定期或在线检测轴承温度和振动，有条件定期做铁谱分析；

（6）对于大型或重要电机可以安装电动机磨损状态监测报警装置，该装置通过检测电动机气隙磁场的变化监视电动机偏心程度的变化，可早期发现问题，及时安排检修，避免扫膛发生。

▶**4-3-35 什么是轴电流？**

答：根据同步发电机结构及工作原理，由于定子铁芯组合缝、定子硅钢片接缝、定子与转子空气间隙不均匀，轴中心与磁场中心不一致等，机组的主轴不可避免地要在一个不完全对称的磁场中旋转。这样，在轴两端就会产生一个交流电压。

▶**4-3-36 产生轴电流原因及要求是什么？**

答：正常情况下要求机组转动部分对地绝缘电阻大于0.5MΩ，如果在大轴两端同时接地就可能产生轴电流。

▶**4-3-37 发电机轴承过热有哪些原因？如何处理？**

答：（1）轴承型号不对。应更换轴承。

（2）滚珠损坏。应更换轴承。

（3）润滑脂过多或不足。维持适量的润滑脂。

（4）轴承与轴配合过松（走圈内）或过紧。过松时，可用金属喷镀或镶套筒；过紧时，则需重新加工。

（5）轴承与端盖配合过松（走外圈）或过紧。过松时，可用金属喷镀或镶套筒；过紧时，则需要重新加工。

（6）润滑脂牌号不对。更换润滑脂。

▶**4-3-38　发电机轴承温度过高有哪些原因？如何处理？**

答：（1）原因：

1）轴承损坏；

2）轴承润滑脂过多、过少或有杂质；

3）轴承与轴、轴承与端盖配合过松或过紧；

4）发电机两侧端盖或轴承盖没有装配好（不平行）；

5）轴承温度传感器故障；

6）冷却通道堵塞或冷却系统故障。

（2）处理：

1）更换轴承；

2）检查发电机润滑泵是否运行正常，其油位是否正常，并对发电机前后轴承的废油脂进行清理，必要时调整或更换润滑脂；

3）修整到合适的配合；

4）将两侧端盖或轴承盖止口装平，旋紧螺栓；

5）检查发电机冷却通道是否堵塞，冷却风扇旋向是否正确。

▶**4-3-39　更换发电机轴承基本步骤及注意事项是什么？**

答：（1）断开风机定子开关及转子开关。

（2）拆卸联轴器及保护罩，应防止机械伤害。

（3）拆卸发电机相应辅助件。拆卸转速传感器码盘、转速传感器、温度传感器等相应辅助件。

（4）拆卸轴承端盖。

（5）拆卸发电机端盖固定螺栓。

（6）使用千斤顶将发电机大轴支起，以免发电机端盖与轴承分离时发电机转子与定子接触，造成发电机内部绝缘损坏。

（7）拆卸发电机轴承，使用丝杠拔拆时，丝杠前方严禁站人，对轴承进行局部加热应防止火灾的发生。

（8）使用轴承加热器对新轴承进行加热，加热时人员应远离轴承加热器以免磁辐射对工作人员造成伤害。

（9）回装发电机轴承，注意轴承加热温度较高，工作人员应使用隔热手套以免烫伤。

（10）回装发电机端盖，回装时应使用之前的方法将发电机大轴支起，以确保轴承端盖能正确安装。

（11）回装轴承端盖、转速传感器、码盘、温度传感器等相应附件。

（12）回装发电机相应附件。

（13）完成发电机的回装工作后，对发电机绝缘进行测试，以确认发电机绝缘合格。

（14）对风机进行电极测试，转速测试，齿轮箱与发电机重新对中，完成发电机轴承的更换。

▶**4-3-40 发电机冷却系统有哪些冷却方式?**

答:发电机冷却方式有水冷和空气冷却两种。

▶**4-3-41 水冷发电机是怎样进行冷却的?**

答:发电机冷却水自发电机壳体水套经水泵强制循环,通过热交换器和蓄水箱后返回发电机壳体水套,所使用的冷却水是防冻液和蒸馏水按一定比例混合,调整冰点应满足当地最低气温要求。

▶**4-3-42 空冷发电机是怎样进行冷却的?**

答:发电机中所产生的废热通过闭回路的内部空气回路被输送到热交换器,在热交换器中被冷却。

▶**4-3-43 导致风力发电机绝缘能力降低的原因有哪些?**

答:(1)电机温度过高;

(2)机械性损伤;

(3)电机受潮;

(4)发电机灰尘过多、导电微粒或其他污染物侵蚀电机绕组。

▶**4-3-44 发电机外壳带电原因有哪些?**

答:(1)接地不良;

(2)绕组受潮,绝缘电阻过低;

(3)绝缘损坏,定子线圈碰铁芯;

(4)接地板有污垢;

(5)引出线绝缘磨破。

▶**4-3-45 发电机的试验项目有哪些?**

答:(1)温升试验;

(2)过载试验;

(3)工作特性曲线的测定;

(4)电机最大转矩的测定;

(5)噪声的测定。

▶**4-3-46 发电机温度绕组高故障有什么原因?如何处理?**

答:(1)故障原因:

1)电机过载;

2)冷却介质温度过高(运行环境温度超过40℃);

3)线圈匝间短路;

4)温度传感器故障。

(2)故障处理:

1)通风散热,停机冷却至正常温度;

2)检查绕组三相电阻是否平衡;

3）检查温度传感器及线路有无故障，若有则进行维修或更换。

▶**4-3-47 发电机无法启动并网的原因有哪些？如何处理？**

答：（1）原因：

1）定子绕组有一相开路；

2）定子绕组匝间及相间短路；

3）转子开路；

4）定子接线错误；

5）负载或传动机械有故障；

6）发电机编码器故障；

7）导电轨故障；

8）变频器参数设置不当。

（2）处理：

1）检查定子绕组，查出断路处，加以修复；

2）测量定子绕组每相电阻和各相空载电流是否平衡，查出短路所在处，加包绝缘；

3）按铭牌上规定的接法和接线图，检查定子绕组接线，纠正连接错误；

4）把发电机和负载分开，如发电机能正常启动，应检查被拖动机械，消除障碍；

5）检查变频器参数，进行调整。

▶**4-3-48 发电机振动大有哪些原因？怎么处理？**

答：（1）与原动机耦合不好，应重新耦合好；

（2）定子线圈绝缘损坏或硅钢片松动，应更换绝缘或定子；

（3）转子平衡不好，应重校动平衡；

（4）发电机系统振动太大，应调整系统振动；

（5）转子断条，应更换转子；

（6）旋转部分松动，应检查转子，对症处理。

▶**4-3-49 发电机噪声大有哪些原因？怎么处理？**

答：（1）装配不好，应重新装配好；

（2）轴承损坏，应更换轴承；

（3）定子线圈绝缘损坏或硅钢片松动，应更换定子或绝缘；

（4）旋转部分松动，应检查后对症处理。

▶**4-3-50 发电机巡检时有哪些项目？**

答：（1）检查发电机及轴承声音，应该是均匀的转动声音，没有异声；

（2）轴承的温度在规定的范围内，应小于80°；

（3）定子绕组的温度在规定的范围内；

（4）电刷的长度不小于5mm，电刷不打火，集电环光滑且颜色正常；

（5）发电机的地脚螺栓不松动；

（6）发电机接线盒内无异味；

（7）检查发电机地脚上的橡胶元件与金属部分间是否有铁锈或裂纹。

▶4-3-51 发电机定检项目有哪些？

答：（1）发电机运行无异常噪声和振动；

（2）发电机无异常过热，散热系统良好；

（3）发电机轴承润滑良好；

（4）各接线端接线良好，无松动虚接现象；

（5）各连接螺栓紧固。

▶4-3-52 系统要对发电机运行情况进行监测和保护需要具备哪些功能？各有什么特点？

答：（1）温度监测。电机设置温度传感器PT100测量定子三相绕组温度，轴承温度传感器PT100检测电机前后轴承温度；绕组保护PTC（有的双馈电机设置）、加热器电源（220V、750W）、所有电刷磨损传感器以及通风轴流风机电源等信号线均连接于辅助接线盒中，接线参考电机辅助接线盒接线图（鼠笼型发电机仅有PT100和加热器）。

（2）速度监测。双馈电机设置速度传感器，空心轴速度传感器固定于电机转子非传动端力矩支架上，用于检测电机转速信号并传输给变频器。速度传感器小轴跳动不超过0.05mm，所有的输入输出线均与变频器连接。转速编码器类型及分辨率、转速编码器工作电压、转速编码器输出信号等参数说明和使用说明。

（3）防雷。一般双馈电机设置定子和转子防雷击熔断保护，分别设置在定子和转子接线盒侧面的接线盒内。

（4）接地。笼型电机接地点位于机座地脚侧和转子接线盒内，双馈电机接地点分别设置在定、转子接线盒内和辅助接线盒内。接地线时应使用防松垫圈和平垫圈保证连接面应紧密连接，并使用合适的防锈剂（如抗酸石蜡油膏防腐）。注意接地导线的截面积应符合装机标准要求。

▶4-3-53 发电机点检工作要点是什么？

答：（1）前、后轴承温度。要求：一般低于70℃，前、后轴承温度大致相等。

（2）温度传感器、定子绕组温度传感器。要求：处于允许工作温度范围，即-50～180℃。

（3）外观检查。要求：表面漆膜无龟裂、起泡、剥落；无大量灰尘、无油污。

（4）动力电缆引出线。要求：引出线完好，线鼻处无发热现象；电缆固定牢靠，无破损现象。

（5）接地线。要求：接地良好，无锈蚀。

（6）扇叶。要求：无摩擦声、叶片无松动。

（7）弹性支撑。要求：数量齐全、无破损、性能正常。

（8）弹性支撑与底座连接螺栓。要求：数量齐全、无断裂、连接可靠（运行中应增加定位标志）。

（9）前后轴承密封及注油。要求：按照规定注入相应型号的油脂及油脂量，不得随意更改油品型号和油脂数量；轴承密封必须可靠，如发现有油脂渗出情况应及时处理；有自动加油机的应确保油量满足一个维护周期的用量；如果是重新更换轴承，则在重新安装好轴承后，应适当增加油脂的数量，一般不宜超过一倍。

（10）通管道。要求：所属配件安装牢固，无破损。

（11）传感器接线盒。要求：接线紧固，无松动。

第四节　变流器

▶4-4-1　什么是IGBT？其特点是什么？

答：绝缘栅双极型晶体管（insulated gate bipolar transistor，IGBT）是由BJT（双极型三极管）和MOS（绝缘栅型场效应管）组成的复合全控型电压驱动式功率半导体器件，兼有金氧半场效晶体管（MOSFET）的高输入阻抗和电力晶体管（GTR）的低导通压降两方面的优点。GTR饱和压降低，载流密度大，但驱动电流较大；MOSFET驱动功率很小，开关速度快，但导通压降大，载流密度小。IGBT综合了这两种器件的优点，驱动功率小而饱和压降低。

▶4-4-2　如何检测IGBT管的好坏？

答：（1）判断极性。首先将万用表拨在$R \times 1\text{k}\Omega$挡，用万用表测量时，若某一极与其他两极阻值为无穷大，调换表笔后该极与其他两极的阻值仍为无穷大，则判断此极为栅极（G）。再用万用表测量其余两极，若测得阻值为无穷大，调换表笔后测量阻值较小。在测量阻值较小的一次中，则判断红表笔接的为集电极（C），黑表笔接的为发射极（E）。

（2）判断好坏。将万用表拨在$R \times 10\text{k}\Omega$挡，用黑表笔接IGBT的集电极（C），红表笔接IGBT的发射极（E），此时万用表的指针在零位。用手指同时触及一下栅极（G）和集电极（C），这时IGBT被触发导通，万用表的指针摆向阻值较小的方向，并能站住指示在某一位置。然后再用手指同时触及一下栅极（G）和发射极（E），这时IGBT被阻断，万用表的指针回零。此时即可判断IGBT是好的。

（3）任何指针式万用表皆可用于检测IGBT。注意判断IGBT好坏时，一定要将万用表拨在$R \times 10\text{k}\Omega$挡，因$R \times 1\text{k}\Omega$挡以下各挡万用表内部电池电压太低，检测好坏时不能使IGBT导通，而无法判断IGBT的好坏。此方法同样也可以用于检测功率场效应晶体管（P-MOSFET）的好坏。

（4）逆变器IGBT模块检测。将数字万用表拨到二极管测试挡，测试IGBT模块C_1e_1、C_2e_2之间以及栅极G与e_1、e_2之间正反向二极管特性，来判断IGBT模块是否完好。

以六相模块为例。将负载侧U、V、W相的导线拆除，使用二极管测试挡，红表笔接P（集电极C_1），黑表笔依次测U、V、W，万用表显示数值为最大；将表笔反过来，黑表笔接P，红表笔测U、V、W，万用表显示数值为400左右。再将红表笔接N（发射极e_2），黑表笔测U、V、W，万用表显示数值为400左右；黑表笔接P，红表笔测U、V、W，万用表显示数值为最大。各相之间的正反向特性应相同，若出现差别说明IGBT模块性能变差，应予更换。IGBT模块损坏时，只有击穿短路情况出现。

红、黑两表笔分别测栅极G与发射极E之间的正反向特性，万用表两次所测的数值都为最大，这时可判定IGBT模块门极正常。如果有数值显示，则门极性能变差，此模块应更换。当正反向测试结果为零时，说明所检测的一相门极已被击穿短路。门极损坏时电路板保护门极的稳压管也将击穿损坏。

▶4-4-3 四象限IGBT变频器的组成有哪些？

答：（1）电网侧变频器；

（2）直流电压中间电路；

（3）设备侧变频器；

（4）控制电子单元。

▶4-4-4 双馈风机中Crowbar的作用是什么？

答：Crowbar用来防止在电网出现异常情况如在电网失压或电网短路时出现过电压。传动单元可以安装有源或无源Crowbar，Crowbar包括Crowbar单元和一个大功率的电阻器。

▶4-4-5 双馈风机中无源Crowbar的作用是什么？

答：无源Crowbar测量直流电压，如果直流电压超过1210V，就会触发Crowbar，传动单元立即从电网分离。

▶4-4-6 双馈风机中有源Crowbar的作用是什么？

答：对于要求传动单元在电网电压瞬变时仍然在网的场合，必须使用有源Crowbar，通过产生容性无功功率来支撑电网。Crowbar可以根据电网电压对转子侧变流器的影响开通或关断，这就保证了传动单元即使在电网电压快速变化时都能正常工作。如果电网电压瞬变的时间超过预先设定的时间3~5s，传动单元将故障跳闸。

▶4-4-7 双馈风机中du/dt电抗器的作用是什么？

答：du/dt滤波器用于抑制转子绝缘上出现的电压尖峰和快速瞬变电压。网侧变流器和转子侧变流器模块中都包含有du/dt滤波器。

▶4-4-8 DSP控制板的功能是什么？

答：实现网侧模块和转子侧模块的矢量控制算法，完成变流器运行的逻辑控制，完成对主控和人机界面的信息处理。

▶4-4-9 发电机码盘（编码器）的作用是什么？

答：用来实时精确测量电机转速。

▶4-4-10 双馈变流器网侧主熔断器作用是什么？

答：变流器网侧主回路主接触器前面主熔断器是未来在网侧过电流时，保护网侧功率模块，一般使用快速熔断器，选型时需要使用原始设计器件，不能使用非原始设计，不能选用非快速熔断器。

▶4-4-11 变流器主要功能是什么？

答：（1）变速恒频控制；

（2）最大风能跟踪；

（3）双向潮流控制；

（4）功率因数调节。

▶4-4-12 采用当前电力电子技术构造可满足要求的变换器有哪几种?

答： 采用当前电力电子技术构造可满足要求的变换器主要有两电平电压型双PWM变换器、交—直—交电压源、电流源并联型变换器、晶闸管相控交—交直接变换器、矩阵式变换器及多电平变换器五种。

▶4-4-13 双馈异步发电机变流器由哪几部分组成?

答： 由机侧变流器、直流电压中间电路、电网侧变流器组成，变流器由IGBT模块和控制电子单元组成。

▶4-4-14 网侧变流器的作用是什么?

答： （1）保证其良好的输入特性，即输入电流的波形接近正弦，谐波含量少，功率因数符合要求，理论上网侧PWM变流器可获得任意可调的功率因数，这就为整个系统的功率因数的控制提供了另一个途径。

（2）保证直流母线电压的稳定，直流母线电压的稳定是两个PWM变换器正常工作的前提，是通过对输入电流的有效控制来实现的。

▶4-4-15 转子变流器的作用是什么?

答： （1）给双馈异步风力发电机（DFIG）的转子提供励磁分量的电流，从而可以调节DFIG定子侧所发出的无功功率。

（2）通过控制DFIG转子转矩分量的电流控制DFIG的转速或控制DFIG定子侧所发出的有功功率，从而使DFIG运行在风力机的最佳功率曲线上，实现最大风能捕获运行。

▶4-4-16 两电平电压型双PWM变换器用作变速恒频双馈风力发电用变流器有什么优势?

答： （1）三相电压型PWM变换器是三相变换器中最常用的一种，因此，关于它的研究是最充分的，控制技术是最成熟的，相关的文献和可利用的资料最多。

（2）许多功率器件的生产商专门针对这种结构的变换器设计了功率模块，并已大批量生产，因此，与需要特殊设计的功率器件的其他形式的变换器相比，功率器件的成本会节省很多。

（3）主电路简单，性能可靠，有现成的控制方案可供借鉴，硬件、软件的开发周期短。

（4）在交—直—交的结构中，两个变换器之间的直流母线电容使两个变换器实现解耦，这使得两个变换器可以独立地分开控制而不会相互干扰。

（5）电压型双PWM变换器的电压传输比高，对转子侧输出电压的控制能力强，这是DFIG在电网故障下不间断运行所希望的。

▶4-4-17 永磁同步发电机的电压控制（可控整流+可控逆变）方式有什么特点?

答： 可控整流解决了永磁同步发电机负载变化时输出电压的波动问题，不像二极管整流方式需要附加直流调压。可控整流能大大减小直流环节的谐波，从而减小滤波电容的容量。该方式可以完全独立地控制电能的有功功率和无功功率，能电动运行，甚至能作为静止无功发生器工作。其缺点是发电机定子绕组要承受较高的du/dt与电压尖峰，需要做绝缘加强。

▶**4-4-18 定桨距恒速风电机组的软并网中为保证三相反并联晶闸管正常工作，晶闸管移相触发电路需要满足哪些条件?**

答：（1）三相电路中，任何时刻至少需要一相的正向晶闸管与另外一相的反向晶闸管同时导通，否则不能构成电流回路。

（2）为保证在电路起始工作时使两个晶闸管同时导通，以及在感性负载与触发延迟角较大时仍能满足（1）的要求，需要采用大于60°的宽脉冲或双窄脉冲的触发电路。由于双窄脉冲触发可以降低变压器及线路损耗，且比宽脉冲触发可靠，一般采用双窄脉冲触发方式。

（3）晶闸管的触发信号除了必须与相应的交流电源有一致的相序外，各触发信号之间还必须保持一定的相位关系。晶闸管的导通序列为VTH6→VTH1→VTH2→VTH3→VTH4→VTH5→VTH6，相邻两个晶闸管的触发脉冲相位差为60°，每一时刻两个晶闸管同时导通。

▶**4-4-19 大多数双馈异步风电机组实现无冲击并网的步骤是什么?**

答：（1）机组在自检正常的情况下，叶轮处于自由运动状态，当风速满足启动条件且叶轮正对风向时，变桨执行机构驱动桨叶至最佳桨距角。

（2）叶轮带动发电机转速至切入转速变桨机构不断调整桨距角，将发电机空载转速保持在切入转速上。此时，风电机组主控制器若认为一切就绪，则发出命令给双馈变流器，使之执行并网操作。

（3）变流器在得到并网命令后，首先以预充电回路对直流母线进行限流充电，在电容电压提升至一定程度后，电网侧变流器进行调制，建立稳定的直流母线电压。

（4）机组侧变流器进行调制。在基本稳定的发电机转速下，通过机组侧变流器对励磁电流大小、相位和频率的控制，使发电机定子空载电压的大小、相位和频率与电网电压的大小、相位和频率严格对应，在这样的条件下闭合主断路器，实现准同步并网。

▶**4-4-20 风力发电机与变频器之间的控制交互的原理是什么?**

答：在定子侧，多相电机通过一个同步开关连接到690V供电电源上。在转子一端，电机由一个标准PWM逆变器—电机侧PWM逆变器（MPR）供给适宜于特定速度的电压和频率。直流回路中的间接转差功率通过另外一个标准PWM逆变器—网侧PWM逆变器（NPR）输入或输出至供电电源。发电机是通过逆变器控制器进行磁场控制的。控制算法依供电电压设置。一旦测量到该电压，复合电压就被转换为幅值和角度值。在发电机被连接到供电电源之前，供电电压的幅值被直接用作同步励磁闭环控制的设定值。测量值结合相位角编码器提供的输入信号计算转子相位Φ_G。该相位与供电电压相位Φ_L的差值称为Φ_r，被用于正确校准转子电气系统。脉冲调制发电机产生了转子电压系统和直流回路电压。

▶4-4-21 双馈变流器并网点保护结构（一、二级结构保护）的意义是什么？

答：双馈变流器一级结构是指网侧采用主接触器，定子回路采用断路器式并网开关，二级结构是在一级结构的基础上，在网侧和定子侧总的输出端加一个主断路器，在一级结构并网开关位置采用并网接触器。一级结构存在的问题为：并网开关会频繁动作，导致并网开关位置处的断路器很快达到寿命次数，需要定期维护和更换，同时断路器在停机时如果脱不开，会导致机侧功率模块损坏。

二级结构优点：由于在并网开关处使用接触器，寿命可达50万次，不存在寿命问题，同时前端主断路器在风机存在故障或短路时，能及时脱扣，保护变流器，更安全可靠。

▶4-4-22 什么是低电压穿越能力？

答：低电压穿越（LVRT）能力是指风电机组端电压跌落到一定值（并网点电压跌至20%额定电压时能够不脱网运行625ms能力；电压跌落后2s内恢复到额定电压的90%时，风机连续运行不脱网）的情况下风电机组能够维持并网运行的能力。

▶4-4-23 GB/T 19963—2011《风电场接入电力系统技术规定》对风电场低电压穿越的要求有哪些？

答：（1）风电场内的风电机组具有在并网点电压跌至20%额定电压时能够保持并网运行625ms的低电压穿越能力；

（2）风电场并网点电压在发生跌落后2s内能够恢复到额定电压的90%时，风电场内的风电机组保持并网运行。

▶4-4-24 双馈异步发电机变流器同步的条件有哪些？

答：同步条件有5个，且这5个条件必须同时满足：波形相同、频率相同、幅值相同、相位相同、相序一致。

▶4-4-25 两极对双馈电机同步转速、额定转速分别是多少？

答：同步转速为1500r/min，额定转速约为1800r/min。

▶4-4-26 双馈发电机定子功率、幅值、相位等用于控制什么？

答：由变流器通过控制转子励磁电流的频率、幅值、相位等来控制定子的输出。

▶4-4-27 维护变流器时为什么停机后5min才能开始工作？

答：因为母线电容上存在1000V直流的高压，停机5min后母线电容会通过放电电阻将母线电压泄放到安全电压以下。

▶4-4-28 变速恒频是如何实现的？

答：变流器根据转子的旋转频率适时调节转子励磁电流的频率来实现的。

▶4-4-29 双馈变流器转子功率流向和速度有什么关系？

答：同步转速以下运行时，功率从电网流向变流器再流向转子，同步转速以上运行时，功率从转子流向变流器然后流向电网。

▶4-4-30 双馈变流器和全功率变流器流过的功率哪个大?

答: 全功率变流器流过的功率和额定容量是一致的,而双馈变流器流过的功率只有额定容量的1/4左右,因此全功率变流器流过的功率大一些。

▶4-4-31 变流器上电前需要完成哪些检查和准备工作?

答: (1)确保相关开关状态正确闭合;

(2)确保变流器内没有异物;

(3)确保电网、定子和转子功率电缆连接正确;

(4)确保位于并网柜内的用户配电端子排,控制柜内的用户信号端子排电缆接线正确;

(5)如用户不需要检测网侧进线电流,必须确保用户信号端子排短接;

(6)确保码盘信号电缆连接正确;

(7)确认码盘供电电压;

(8)确保水冷系统正常工作。

▶4-4-32 维护变流器前应该注意哪些事项?

答: 维护变流器之前须确保变流器不带电,并进行以下操作:

(1)控制变流器脱网停机;

(2)断开用户电网前端箱式变压器开关,此时控制柜前门板上,两个指示灯应为熄灭状态;

(3)手动关闭并网柜内的UPS;

(4)断开配电变压器前级相关的开关和用户配电开关;

(5)手动关闭并网柜内的UPS。

完成以上操作等待5min后,方可进行维护工作。

▶4-4-33 在变流器投产六个月和之后每一年需检查水路连接,主要检查项目有哪些?

答: (1)检查管路连接螺栓的牢固性;

(2)检查密封处的密封性(包括各阀门、软管连接螺母、各软管接头、自动排气阀等);

(3)检查脱气罐自动放泄阀接头是否松动、放泄阀是否堵塞;

(4)检查管路连接密封圈的密封性;

(5)检查主管路软管。

▶4-4-34 变流器出厂两年后必须清洁功率电缆,应该注意哪些事项?

答: (1)为了防止电缆连接处锈蚀,禁止使用水等导电液体清洁功率电缆,同时禁止使用任何沾水织物清洁功率电缆连接头;

(2)用干燥织物或者干燥毛刷清扫功率电缆绝缘外皮的积尘,功率电缆金属接头及固定螺栓使用干燥的刷子清洁;

(3)功率电缆连接的铜排、电磁元件端口也需要进行相应的积尘清理;

(4)如发现锈蚀的紧固螺栓,请及时更换。

▶4-4-35 变流器出厂三年后必须更换UPS，以保证变流器的正常工作，简述更换UPS的步骤。

答：（1）打开并网柜前门；

（2）去掉UPS固定螺钉，抽出UPS；

（3）从UPS上拔下UPS的电源输入插座和电源输出插座；

（4）连接新UPS的电源输入插座和电源输出插座；

（5）将新UPS从控制柜前方推入，拧紧UPS固定螺钉。

▶4-4-36 变流器出厂三年后必须更换模块软管，其步骤是什么？

答：（1）打开放泄阀，对整机系统内的冷却液进行泄空；泄空过程中，可拆开功率柜上门板。

（2）泄空结束后，用扳手卡住模块软管的接头螺母缓慢转动，待接头螺母完全松动后，再用手拧开接头螺母，同时在螺母下方放置一个水杯，防止在拧开螺母的过程中有水溅出。

（3）用扳手在主管路侧拧开模块软管的另一端接头。

（4）重复步骤（2）、（3），拆卸另外模块软管。

（5）以相反步骤安装新软管，在安装过程中，对齐接头，用手将接头螺母拧入螺纹接头，再用扳手紧固。

（6）紧固螺母后，使用力矩扳手进行力矩校核，艾默生WF1022型水冷变流器建议力矩为50N·m。

（7）重新注液，进行试运行，若有泄漏，不可重复拧紧螺纹接头，需拆除软管重新安装。

▶4-4-37 如何更换风扇及气液换热器？

答：（1）风扇的更换步骤如下：

1）打开需要更换风扇的机柜的前门或后门；

2）拔掉与前门或后门连接的所有风扇的电缆插头；

3）拧下风扇的固定螺钉，将风扇稍微倾斜取出；

4）按照以上步骤的逆向安装新风扇。

（2）气液换热器风机的更换步骤如下：

1）拔掉气液换热器风机的电缆插头；

2）拧下气液换热器风机箱体的固定螺钉，通过把手将气液换热器风机箱体取出；

3）拆开气液换热器风机箱体，取出风机；

4）将新风机放入气液换热器风机箱体；

5）按照以上步骤的逆向安装气液换热器风机。

▶4-4-38 变流器报转子过电流有哪些原因？

答：（1）发电机转子电缆接线交叉短路；

（2）发电机定转子电缆接线有接错情况；

（3）发电机转子集电环电刷积累碳粉过多、电刷弹出电刷支架或电刷磨损严重导致转子侧短路或接地；

（4）Crowbar内部被击穿；

（5）发电机编码器信号干扰。

▶4-4-39 变流器巡回检查项目有哪些？

答：（1）变流器有无绝缘焦味；

（2）变流器运行声音有无异常；

（3）变流器冷却风扇运行是否正常，有无异声；

（4）变流器柜四周有无杂物；

（5）变流器清洁干净；

（6）检查触摸屏变流器部分控制参数显示正常、状态正常；

（7）变流器内各部件连接良好、端子无松动、电缆无放电烧焦痕迹；

（8）检查各变流器柜接地良好；

（9）检查各柜通风、散热良好；

（10）检查触摸屏内各部参数显示正常，无告警信息。

第五节　主控系统

▶4-5-1 风机控制系统的设计原则是什么？

答：（1）高安全性；

（2）高可靠性；

（3）最大电能输出（叶片和最大风能捕获）；

（4）降低动载荷（优化设计）；

（5）易于扩展（不同需要之间的灵活选择）；

（6）便于维护（远程诊断，故障追忆）。

▶4-5-2 风机控制系统涉及的范围是什么？

答：控制系统涉及的范围包括主控系统软硬件设计、变距系统软硬件设计、变流系统设计、通信链路设计（本机和风场监控）、防雷及布线设计、安全系统设计（安全链及故障处理）、外围传感设计。

▶4-5-3 风机主控制系统必须具备的功能有哪些？

答：（1）根据风速信号自动进入启动状态或从电网切出；

（2）根据功率及风速大小自动进行转速和功率控制，使机组通行在预先设定的最佳功率曲线上；

（3）根据风向信号自动偏航对风；

（4）发电机超速或转轴超速，能紧急停机；

（5）当电网故障，发电机脱网时，能确保机组安全停机；

（6）电缆扭曲到一定值后，能自动解缆；

（7）当机组运行过程中，能对电网、风况和机组的运行状况进行检测和记录，对出现的异常情况能够自行判断并采取相应的保护措施，并能够根据记录的数据，生成各种图表，以反映风力发电机组的各项性能；

（8）对在风电场中运行的风力发电机组还应具备远程通信的功能；

（9）能对功率因数进行自动补偿；

（10）能够接受远程调度，对机组输出的无功功率和有功功率进行控制；

（11）能够凭借电力电子装置实现故障时低电压穿越。

▶**4-5-4　风机控制系统由哪些部分组成？**

答：（1）塔底控制柜；

（2）机舱控制柜；

（3）变桨控制柜；

（4）变流器；

（5）集电环；

（6）传感器；

（7）执行设备。

▶**4-5-5　塔底柜、机舱柜、变桨柜是如何实现通信的？**

答：（1）塔底控制柜作为主控制系统的主站，控制器采用嵌入式PC。塔底控制柜的通信接口有两个，一个是Profibus通信接口，实现与变流柜之间的通信；另一个是多模光纤通信接口，实现与机舱控制柜之间的通信。塔底控制柜配有触摸屏一台，用于系统管理和监控。

（2）机舱控制柜内的站点主要用于采集机舱各部件的I/O信号，同时与变桨系统进行数据交互。机舱控制柜有两个通信接口，一个是与塔底控制柜实现光纤通信；另一个是Profibus通信接口，实现与变桨系统之间的通信。

▶**4-5-6　塔底控制柜控制哪些机构？**

答：主要控制塔底柜冷却风扇、塔底通风风扇、变流器风扇及塔底主电源等执行机构。

▶**4-5-7　机舱控制柜控制哪些机构？**

答：主要控制液压站、齿轮箱、发电机、风轮、偏航及风扇、照明等执行机构。硬件系统由总线端子构成，主要采用的总线端子有数字量输入端子、数字量输出端子、模拟量输入端子、特殊功能端子、供电端子、安全模块端子。这些总线端子与总线耦合器一起组成站点，各个站点之间通过通信线缆相连接与变流柜从站、变桨从站以及CPU模块构成整个风机的控制系统。

▶**4-5-8　机舱与变流柜之间有哪些通信？**

答：总功率电流二次信号、安全链正常信号、塔底紧停按钮信号、塔底复归安全链信号、变频器超速、变频器正常、变频器在运行范围内、变频器准备并网、变频器错误、变频器电网连接、变频器电网错误、变频器开关跳闸、变频器功率减小、变频器加热、UPS报警、变频器复位、发电机转速、给定功率因数等。

▶4-5-9　集电环单元的作用是什么？

答：集电环单元是机电部件，包括固定部分、集电环及转动部分。固定部分与齿箱箱体相连，电源和数据通信线从固定部分接入。通过集电环将电源和数据等传输到转动部分，最后通过导线传到轮毂。变桨系统的电源供给和控制信号由集电环单元传递。

▶4-5-10　集电环的外观检查内容有哪些？

答：（1）检查集电环各插头固定是否牢固。

（2）检查万向节转动是否灵活。如转动不灵活，将万向节拆下，在关节轴承处涂抹少量润滑脂，反复转动关节轴承至润滑脂充分浸润关节轴承内部，重新装回万向节（注：集电环支撑杆与万向节需形成相似90°直角）。

（3）检查电缆保护胶皮是否磨损严重，如磨损严重需更换；没做电缆保护的，需垫胶皮。

（4）集电环晃动裕度检查，用手晃动集电环无法使之横向摆动。

▶4-5-11　集电环维护时有什么注意事项？

答：在打开集电环外壳之前，应先断电，并确认完成工作装好外壳以后才能再次通电；每次维护完成后都要对集电环所有螺栓（含集电环与中空轴连接部分）进行力矩检查并作防松标记。

（1）检查电刷及滑道的润滑。集电环体必须使用专用润滑油润滑。如果没有油膜，必须用不掉纤维的布擦干净，然后喷润滑油。整个滑道应该被油湿润，使得在电刷上形成油滴。注意：滑动道上或电刷上不得有纤维或粗颗粒。杂物会把电刷抬起，引起传输中断，甚至导致电刷打火而使集电环损坏。

（2）电刷和电刷板更换。损坏的电刷板、损坏或者变蓝的电刷都必须更换。电刷的更换：把电刷从电刷装置中取出，用新的取代。电刷板的更换：松开端子盒中的电缆以后，板就可以拧下来。新板要装上电刷，然后调整，使电刷对中于轨道上的槽。螺钉涂抹螺纹紧固胶，并拧紧。

更换电刷或者电刷板以后，集电环应该重新清洁并上油。

维护完成后，重新装好集电环外壳。不能有异物进入壳体里，不要有电缆被壳体压住。检查壳体上的密封件，如有必要，进行更换。在集电环工作前，应再次检查所有连接是否正确牢固。

▶4-5-12　集电环应如何清洗？

答：由于集电环清洗会影响集电环的通信质量，根据现场需要进行清洗，尽量减少清洗次数。

（1）拆集电环。断开主电源开关及备用电源开关，将拆下的集电环摆放平稳，最好避开机舱斜坡部分，可以在下面铺白布，防止摔倒损伤和灰尘进入。

（2）清洗集电环。将集电环平放，滑道可以完全看到。向滑道喷无水乙醇，边喷边转动集电环。在之后的清洗过程中，注意保持滑道的湿润，采用小起子将脱脂棉按在电刷不接触的滑道上同时转动集电环逐个清洗滑道。注意：电刷下是否有淤积的污渍，若有使用毛刷轻轻除去；清洗要仔细，多转动几圈；转动集电环时要两人配合好，匀速转动，保持集电环平稳，以免伤及电刷。

（3）清洗完后用热风枪烘干集电环，边吹边转动。待集电环吹干以后逐个滑道滴加润滑油（每个滑道只滴一滴，加过多容易吸灰尘并且有可能影响通信），滴加润滑油后转动集电环使润滑油分布均匀，也可以边滴加边转动。

（4）安装滑道盖子。滑道盖子也要用无水乙醇清洗干净。密封橡胶圈如果破损要必须更换，先将旧的橡胶圈取掉并清理干净，然后换上新的橡胶圈，注意对齐螺纹孔，盖上盖用螺钉紧固，上螺钉前要涂一些密封胶，紧固时要对角拧丝上劲。

▶**4-5-13 控制系统中有哪些传感器？**

答：（1）测量控制柜和机舱罩内的空气温度，以及机舱外环境空气温度的温度传感器；

（2）测量介质（油、水）温度的温度传感器；

（3）各种管道系统中的压力传感器；

（4）在润滑剂不足或润滑油液位太低时，发出警报的液位检测传感器；

（5）高速轴制动器摩擦片厚度检测传感器；

（6）偏航控制的位置编码器；

（7）机舱振动传感器；

（8）风轮转速编码器；

（9）风速、风向传感器。

以上传感器为控制系统提供数据，由控制系统确定当前的工作模式及风机相关的各设备的工作情况，在正常情况下时风机正常工作发电，在危险情况下将风机安全停机。

▶**4-5-14 接近式开关转速传感器的工作原理是什么？**

答：金属物体与传感器间的距离变化，改变了其电感或电容值；安装在风力机组的低速轴和高速轴附近，感受金属物体的距离，发出相应的脉冲数。

▶**4-5-15 旋转编码器的工作原理是什么？**

答：增量型编码器（旋转型）工作原理为由一个中心有轴的光电码盘，其上有环形通、暗的刻线，有光电发射和接收器件读取，获得四组正弦波信号组合成A、B、C、D，每个正弦波相差90°相位差（相对于一个周波为360°），将C、D信号反向，叠加在A、B两相上，可增强稳定信号；另每转输出一个Z相脉冲以代表零位参考位。由于A、B两相相差90°，可通过比较A相在前还是B相在前，以判别编码器的正转与反转，通过零位脉冲，可获得编码器的零位参考位。

▶**4-5-16 温度传感器PT100的工作原理是什么？**

答：PT100传感器是可变电阻器，随着温度的增加电阻器的阻值增加。PT100传感器是利用铂电阻的阻值随温度变化而变化、并呈一定函数关系的特性来进行测温。

▶**4-5-17　风电机组有几种测温方式？重点测温部位是什么？**

答： 风机在线测温常用的是PT100测温，利用PT100在一定温度范围内电阻的线性变化测温。重点测温部位有发电机绕组、轴承、齿轮箱轴承及油温、液压站油温、环境温度、直流母排等。

风机巡视检查有红外线测温、红外成像、粘贴测温纸等。巡视重点部位有一次电缆接头、开关柜、定子转子接线盒等。

▶**4-5-18　齿轮箱油温的控制策略是什么？**

答： 齿轮箱箱体内安装有PT100温度传感器。运行前，应保证齿轮油温高于10℃（根据润滑油的要求设定），否则加热至10℃再运行。正常运行时，润滑油泵始终工作，对齿轮和轴承进行强制喷射润滑油。当油温高于60℃时，油冷却系统启动，油被送入齿轮箱外的热交换器进行自然风冷或强制风冷。当油温低于45℃时，冷却油回路切断，停止冷却。

▶**4-5-19　风机发电机温升控制策略是什么？**

答： 发电机的三相绕组及前后轴承里各安装有一个PT100温度传感器。发电机通常为H级绝缘、F级考核，定子额定温升要求小于105K，发电机在额定功率状态下运行3～4h后达到这一稳定温升。当绕组温度高于150～155℃时，风电机组将会因温度过高而停机；当绕组温度降到100℃以下时，风电机组又会被允许重新启动并入电网（如果自启动条件仍然满足）。发电机温度的控制点可根据当地情况进行现场调整。

▶**4-5-20　风机监测的电力参数包括哪些？**

答： 包括电网三相电压、机组输出的三相电流、电网频率等参数。无论风电机组是处于并网还是脱网状态，这些参数都会被监测，用于判断风电机组的状态、启动条件及故障情况，还用于统计风电机组的有功功率、无功功率、功率因数和总发电量。此外，还可根据电力参数（主要是有功功率和无功功率）来确定对机组功率因数的补偿。

（1）电压。机组监测电压的幅值和相位，并由此判断过电压、欠电压、过频、欠频、三相不平衡、相位突变等故障。

（2）电流。机组也监测电流的幅值和相位，并据此判断过电流和三相不平衡故障，这些监测参数一般为短时判据，一旦出现，机组就必须停机。

（3）有功功率和无功功率。通过分别测量电压相角和电流相角，经过移相补偿算法、平均值算法处理后，用于计算机组的有功功率和无功功率。

▶**4-5-21　风机监测风况参数有哪些？**

答： （1）风速。风速通过机舱外的风速仪测得。通常风电机组中央控制器每秒采集一次来自于风速仪的风速数据，每10min计算一次平均值，用于判别启动风速（$v>3m/s$）和停机风速（$v>25m/s$）。安装在机舱顶上的风速仪处于叶轮的下风向。

（2）风向。风向标安装在机舱顶部两侧，主要用于测量风向与机舱中心线的偏差角。一般采用两个风向标，以互相校验，排除可能产生的错误信号。控制器根据风向信号启动偏航系统。当两个风向标不一致时，偏航会自动中断。当风速低于3m/s时，偏航系统不会启动。

▶4-5-22 风机机组状态参数有哪些?

答:有转速、温度、机舱振动、电缆扭转、机舱制动状况、油脂(在润滑油油脂缺乏或润滑油路堵塞时,自动润滑系统应向主控系统报警)等参数。

▶4-5-23 风力发电机控制系统执行部分的工作原理是什么? 其组成是什么?

答:执行部分即将控制器所发出的指令通过各类设备转换为相应的执行动作,实现所需达到的工作;基本工作原理是通过指令控制各继电器或开关的断与合,使电动机、液压阀等动作,相应机构动作。主要包括变频装置、变桨机构、偏航机构、制动装置、冷却系统。

▶4-5-24 变速恒频发电机组的三段控制要求是什么?

答:(1)低风速段输出功率小于额度功率,按输出功率最大化要求进行变速控制。

(2)中风速段为过渡区段,发电机转速已达到额定值,而功率尚未达到额定值。桨距角控制投入工作,风速增加时,控制器限制转速上升,而功率则随着风速增加上升,直到达到额定功率。

(3)高风速段风速增加时,转速靠桨距角控制,功率靠变流器控制。

▶4-5-25 双馈风机的安全系统是如何实现的?

答:风机的安全系统通过安全链实现,安全链是独立于控制器的硬件保护措施,它总是优先于控制系统,即使控制系统发生异常,也不会影响安全链的正常动作。安全链采用反逻辑设计,将可能对风机造成致命伤害的重要机构部件的控制端串联成一个回路。当回路中任意一个触点发生故障,安全链断开,引起紧急停机,风机瞬间脱网,从而最大限度地保证风机的安全。

变桨系统和机械刹车由风机的控制系统和安全系统共同控制,安全系统优先于控制系统。

▶4-5-26 双馈风机安全链回路是如何组成的?

答:风电机组安全链保护系统具有振动、过速和电气过负荷等极限状态的安全保护作用,其保护动作直接触发安全链,而产生机组紧急停机动作,不受计算机控制。

安全链中串接的安全信号通过安全输入端子和安全输出端子和CPU进行数据交互,安全系统的逻辑功能则通过安全逻辑端子实现。

▶4-5-27 双馈风机安全链中串接的信号包括哪些?

答:(1)塔底急停按钮:安装于塔底控制柜面板上。

(2)塔底主电源故障(400VAC):通过相位监测器监测电网电压,当电网电压过低或过高时发出主电源故障信号。

(3)机舱紧停按钮:安装于机舱控制柜面板上。

(4)机舱远程紧停按钮:安装于机舱紧停按钮盒上。

(5)风轮超速1紧停:风轮转速超过18.5r/min(根据设定),超速模块发出信号。

(6)风轮超速2紧停:风轮转速超过19r/min(根据设定),超速模块发出信号。

（7）机舱振动紧停：机舱振动过大，机舱振动开关断开。

（8）变桨系统紧停：变桨系统安全链断开，通过断开安全继电器给控制器变桨紧停信号。

（9）偏航扭缆紧停：偏航扭缆限位开关动作。

（10）变流器紧停按钮：安装在变流器控制柜面板上。

（11）变流器并网开关故障：变流器并网开关失效。

安全链断开后，只能通过塔底控制柜门上的复位按钮进行复位，机舱柜门上的复位按钮和远程复位都不能对安全链进行复位。

▶**4-5-28 简述双馈风机制动系统的控制策略。**

答：制动系统是风力发电机组安全保障的重要环节，通过风轮刹车片制动，由液压系统执行。制动功能按照失效保护的原则进行，即失电时处于制动保护状态。

制动系统将制动程序分为正常停机、快速停机、紧急停机三个级别。此外，对轻级别的故障风机将会给出报警信号。风机在运行过程中，如果在同一个时间激活多个状态代码，那么风机将执行这些状态代码中级别最高的制动程序。

当某一个制动程序执行时间超过设定值时，将启动高一级别的制动程序，这样就避免了制动失败时对风机造成的影响，提高了风机安全的可靠性。当正常停机程序或快速停机程序失败时，将启动紧急停机程序。

▶**4-5-29 风机什么情况下执行正常停机？**

答：当出现温度越限、避雷器故障、振动故障、齿轮箱故障、发电机电刷故障、执行设备保护信号断开、风速计或风向标失效等故障时系统将执行正常停机。

（1）桨叶以4°/s的速度变桨至89°；

（2）当风轮转速低于8.3r/min时或瞬时输出功率小于0kW（延时2s）或30s平均输出功率小于0kW（延时0.5s）或10m平均输出功率小于0kW（延时0s）时，变流器脱网；

（3）当风轮转速低于2r/min时，正常停机结束。

▶**4-5-30 风机什么情况下执行快速停机？**

答：当出现电网故障、通信故障、变流器并网断路器故障、熔断器故障、液压压力故障、风轮转速超限等故障时系统将执行快速停机。

（1）桨叶以5.5°/s的速度变桨至89°；

（2）当风轮转速低于8.3r/min时或瞬时输出功率小于0kW（延时2s）或30s平均输出功率小于0kW（延时0.5s）或10m平均输出功率小于0kW（延时0s）时，变流器脱网；

（3）当风轮转速低于2r/min时，快速停机结束。

▶**4-5-31 风机什么情况下执行紧急停机？**

答：当出现变流器并网故障、变桨系统故障、风轮转速超限、安全链断开、制动程序1或2超时等故障时系统将执行紧急停机。

（1）变流器脱网；

（2）桨叶以7°/s的速度变桨至89°；

（3）当风轮转速小于5r/min时，液压系统执行风轮制动；

（4）当风轮转速低于2r/min时，紧急停机结束。

▸4-5-32　双馈风机共有几种运行模式？

答：共有初始化模式、停机模式、服务模式、待机模式、自检测模式、空转模式、启动模式、切入模式、发电模式、共振模式、变桨润滑模式11种模式。

▸4-5-33　什么是风力发电机组的初始化模式？

答：当风力发电机组控制器在重新启动、参数修改、程序更改等情况发生之后，需要进入初始化模式。

（1）执行初始化程序读取参数文件，如果文件读取错误，将置出状态代码“初始化文件错误”；

（2）将读取到的参数赋给相对应的运行变量；

（3）初始化完成，进入停机模式。

▸4-5-34　什么是风力发电机组的停机模式？

答：由状态代码产生停机程序，机组将进入停机模式，在停机模式下：

（1）对于能够自动复位的状态代码，通过自动复位可进行复位；

（2）可通过手动复位的方式对状态代码进行复位，不同的状态代码对应了不同的复位权限；

（3）可通过SCADA系统对风机进行手动复位；

（4）操作“服务开关”，风机可实现服务模式和停机模式之间的切换；

▸4-5-35　什么是风力发电机组的服务模式？

答：服务模式用于对风机进行维护和试运行，当机舱控制柜门或塔底控制柜门上的维护钥匙开关打开时，系统进入服务模式。当维护钥匙开关锁定时，系统退出服务模式进入停机模式。

▸4-5-36　什么是风力发电机组的待机模式？

答：（1）执行自动偏航。

（2）如果60s平均风速大于3m/s，启动倒计时程序。倒计时时间由自启动倒计时和高速轴刹车倒计时剩余时间之间较大的数值作为倒计时时间。启动倒计时后，当风速大于3m/s时倒计时计数器减1，当风速小于3m/s时，倒计时计数器加1。

（3）当机组执行了紧急停机程序，则高速轴刹车倒计时激活，设置倒计时时间为120s。当风轮转速小于1r/min时，倒计时开始。倒计时满120s后，高速轴刹车倒计时关闭，高速轴刹车倒计时剩余时间置0。

（4）按下柜门面板或HMI上的“启动按钮”，则可跳过自启动倒计时。但是如果高速轴刹车倒数计时剩余时间大于0，则必须要等到高速轴刹车倒计时完成后才能进入自检测模式。

▸4-5-37　什么是风力发电机组的自检测模式？

答：在自检测程序模式下，控制器将对变桨系统进行测试，主要包括变桨速度、变桨位置以及高速轴刹车检测。可以选择在自检测程序开始之前，通过HMI上的按钮选择跳过测试，如果进入了自检测程序，检测过程将不能中途退出。

在所有的部件完成测试之后，风机转入空转模式。

▶4-5-38 什么是风力发电机组的空转模式？

答：（1）松开高速轴刹车。

（2）空转模式下，风机对外不输出功率，当风轮转速大于1.7r/min持续8s，而且60s偏航角度大于45°持续8s，则进入启动模式。

（3）如果控制器在空转模式下超过24h，或者10min平均风速小于3m/s，则退出空转模式，回到待机模式。

▶4-5-39 什么是风力发电机组的启动模式？

答：（1）提升风轮转速至并网转速。

（2）控制风轮转速，使得风轮转速介于切入转速±0.5r/min范围内，维持5s之后，控制器向变流器发出并网信号，进入"切入发电机模式"。

（3）如果风轮转速小于切入转速持续120s，则退出启动模式转入空转模式。

（4）如果风轮转速介于共振频率转速上下限之间持续20s，则退出启动模式转入空转模式。

▶4-5-40 什么是风力发电机组的切入模式？

答：（1）控制风轮转速在切入转速±0.5r/min范围内。

（2）控制器向变流器发出励磁指令，变流器收到励磁指令后对发电机进行励磁，并且检查主断路器或接触器两端的电压和频率，确认符合并网条件后进行并网，将并网信号反馈给控制器。

（3）控制器收到变流器发出的并网确认信号后，确认该信号并且进入发电模式。

▶4-5-41 什么是风力发电机组的发电模式？

答：（1）在发电模式下，主控制器根据转矩表向变流器输出转矩要求和功率因数，风机向电网输出功率。

（2）当风机出于发电模式下，若以下条件任意一个满足则风机脱网并转入空转模式：10min平均风速小于3m/s、持续120s有功功率为负值、持续120s风轮转速小于8.3r/min。

（3）如果风轮转速介于共振频率转速上下限之间持续20s，则进入共振模式。

▶4-5-42 什么是风力发电机组的共振模式？

答：（1）对于风机来说，由于塔架共振频率不能避免，因此需要加入共振模式，避免风机长时间工作在塔架共振频率范围内。

（2）在共振模式下，设定风轮转速设定值为共振频率转速下限，最大变桨速度为10°/s。

（3）在共振模式下，如果桨距角大于共振频率桨距角初始值持续20s，则退出共振模式。

▶4-5-43 什么是风力发电机组的变桨润滑模式？

答：（1）变桨润滑程序在待机模式、空转模式和发电模式下执行。

（2）在空转模式或发电模式下，如果桨距角变化值超过24h小于15°，则执行变桨润滑程序。

▶4-5-44 双馈风机的执行设备主要有哪些?

答:（1）泵：包括液压油泵、齿轮箱润滑泵（高速和低速）、齿轮箱冷却水泵、主轴承润滑泵、偏航轴承润滑泵、偏航齿轮润滑泵。

（2）风扇：包括塔底冷却风扇、塔底柜内冷却风扇、机舱冷却风扇、机舱柜内冷却风扇、齿轮箱水冷风扇、发电机空冷风扇、发电机集电环风扇。

（3）加热器：包括液压泵加热器、齿轮箱润滑油加热器、齿轮箱润滑油泵加热器、齿轮箱水冷却风扇加热器、齿轮箱冷却水泵加热器、发电机定子加热器。

▶4-5-45 触发什么条件，风机会进入降容运行?

答:（1）主控制器接收到变流器降容运行要求；

（2）发电机绕组温度高于125°；

（3）发电机轴承温度高于90℃；

（4）接收到SCADA的功率限制使能信号和功率设定点。

▶4-5-46 风电机组手动启动和停机方式有哪些?

答:（1）主控室操作。在主控室操作计算机启动键和停机键。

（2）就地操作。在塔基柜的控制盘上，操作启动或者停机按钮。

（3）机舱上操作。在机舱的控制盘上操作启动键或者停机键，但机舱上操作仅限于调试、维护时使用。

▶4-5-47 异常情况需立即停机应进行什么操作?

答:风电机组因异常需要立即停机时，其操作的顺序是利用主控计算机遥控停机；遥控停机无效时，则就地按停机按钮停机；在停机按钮无效时，使用紧急按钮停机；在上述操作仍无效时，断开风电机组主开关或连接此台机组的线路断路器，之后疏散现场人员，做好必要的安全措施，避免事故范围扩大。

▶4-5-48 运行人员监测风电机组的重要参数有哪些?

答:风速、风向、发电机转速、叶片角度、发电机功率、各部温度等。

▶4-5-49 运行人员如何判断变桨系统是否正常?

答:（1）观察3个桨叶角度是否相同；

（2）低风速时观察叶片角度是否在最大工作角；

（3）中风速时观察叶片角度是否接近最大工作角。

▶4-5-50 运行人员如何判断偏航系统是否正常?

答:（1）观察机舱角度是否接近解缆规定值；

（2）观察机舱角度与风向偏差是否超过允许值。

▶4-5-51 运行人员如何判断液压系统是否运行正常?

答:观察液压系统各项参数，如液压站油位、反馈信号和工作压力是否正常等。

4-5-52 运行人员如何判断出力是否正常?

答：（1）风速与功率不匹配；

（2）实际功率曲线与标准功率曲线是否匹配；

（3）与邻近风机出力是否有较大差距；

（4）未达到额定功率前，叶片角度未在最大工作角；

（5）机舱位置与风向偏差过大。

4-5-53 运行人员如何判断水冷系统是否运行正常?

答：（1）与邻近风机发电机温度有较大差异；

（2）观察电机参数是否正常；

（3）观察冷却水温度、压力是否正常等。

4-5-54 运行人员如何判断齿轮箱冷却系统是否正常?

答：（1）与邻近风机齿轮箱温度有较大差异；

（2）观察齿轮油压力是否正常；

（3）观察冷却器进出口温度是否正常等。

4-5-55 风电机组一次回路重点检查部位有哪些?

答：（1）发电机定子系统绝缘；

（2）转子系统绝缘；

（3）电缆有无破损；

（4）接触器及开关有无过热老化；

（5）母排有无过热老化。

4-5-56 如何防护风电机组扭缆时电缆磨损?

答：（1）对电缆易磨损部位加设防磨损护圈；

（2）定期检查电缆绑扎情况并做到及时处理。

4-5-57 风电机组通信故障有何原因?

答：（1）光缆或接头损坏；

（2）通信电子元器件故障；

（3）电磁干扰；

（4）部分连接部位松动；

（5）信号衰减等。

4-5-58 风力发电机组主开关跳闸原因有哪些?

答：（1）电网波动；

（2）电压不平衡；

（3）雷击；

（4）发电机损坏；

（5）开关本体故障；

（6）短路、过载等。

▶**4-5-59　在考虑风力发电机组控制系统的控制目标时，结合它们的运行方式重点实现哪些控制目标？**

答：（1）控制系统保持风力发电机组安全可靠运行，同时高质量地将不断变化的风能转化为频率、电压恒定的交流电送入电网；

（2）控制系统采用计算机控制技术实现对风力发电机组的运行参数、状态监控显示及故障处理，完成机组的最佳运行状态管理和控制；

（3）利用计算机智能控制实现机组的功率优化控制，定桨距恒速机组主要进行软切入、软切出及功率因数补偿控制，对变桨距风力发电机组主要进行最佳叶尖速比和额定风速以上的恒功率控制；

（4）大于开机风速并且转速达到并网转速的条件下，风力发电机组能软切入自动并网，保证电流冲击小于额定电流。

▶**4-5-60　从控制结构上来划分，主控系统可以分为哪四个部分？**

答：（1）电网级控制部分：主要包括总的有功和无功控制、远程监控等。

（2）整机控制部分：主要包括最大功率跟踪控制、速度控制、自动偏航控制等。

（3）变流器部分：主要包括双馈发电机的并网控制、有功无功解耦控制、亚同步和超同步运行控制等。

（4）变桨控制部分：分为统一变桨控制和独立变桨控制两种，大型风电机组大多采用了独立变桨方式。

▶**4-5-61　主控柜日常巡回检查项目有哪些？**

答：（1）检查主控柜固定螺栓有无松动、缺失；

（2）检查主控柜外观有无变形、柜门锁有无损坏；

（3）检查主控柜门上"急停按钮""主控人机界面"有无损坏、异常；

（4）检查主控柜风扇运行是否正常；

（5）检查主控柜内各开关、继电器、接触器等电气原件接线有无明显松动、放电等现象；

（6）检查主控柜内有无遗留的工具、图纸等多余物品。

▶**4-5-62　风机通信系统的日常维护检查项目有哪些？**

答：（1）检查光纤有无受力、磨损、挤压，做好光纤在旋转、拐角等情况下的防护工作；

（2）检查光端机、交换机运行环境温度，清理周围灰尘；

（3）检查光纤盒的密封及清洁内部灰尘；

（4）紧固光端机、交换机固定底座；

（5）使用99%的无水乙醇、专用清洁纸清洁通信光纤头；

（6）定期对通信回路进行检查测试。

▶4-5-63 主控制器温度过高该如何检查处理?

答:(1)检查主控制器运行中是否有放电、绝缘焦味;

(2)用测温仪检测控制器实际运行温度;

(3)检查调整主控柜三个冷却风扇启动定值(一般在达到室温时启动);

(4)测试主控柜冷却风扇功能是否正常;

(5)清洁主控柜冷却风扇滤网。

▶4-5-64 风力发电机组机远程端与风机端是如何通信的?

答:(1)在风电场中,由于风机与风机之间距离遥远,多采用光纤通信,形成一个冗余环,冗余环交换机通过光纤连接在一起组成冗余环网络。

(2)在风场端,风电场监控电脑通过路由器连接到各个线路的冗余环交换机,实现场端电脑与风机之间的通信在风机端。

(3)由于风机上下距离较长,所以也是采用光纤连接。风机主控系统具备双网口,一个网口用于机舱与塔基人机界面(HMI)通信,一个网口用于风场端通信。所以在机舱与塔底分别使用了两个光端机处理风机人机界面通信和风场通信,塔底风场端光端机通过连接冗余环交换机实现风机联网。

▶4-5-65 在风机SCADA监控软件上进行哪些操作?

答:(1)单台风机的数据更新;

(2)风场所有风机数据的更新;

(3)抄录风机历史记录中的故障编号、故障时间、恢复运行时间、总发电量、日发电量、总发电时间、日发电时间、系统运行时间等;

(4)在允许进行远程操作的情况下对风机复位和给风机限制功率。

第六节 变桨系统

▶4-6-1 什么是桨距角?

答:桨距角是指叶片弦长与旋转平面的夹角。

▶4-6-2 常用的轮毂有哪几种形式?各有什么特点?

答:(1)刚性轮毂:刚性轮毂的制造成本低、维护少、没有磨损,三叶片风轮大部分采用刚性轮毂,也是目前使用最广泛的一种形式。

(2)铰链式轮毂:铰链式轮毂常用于单叶片和二叶片风轮,铰链轴和叶片轴及风轮旋转轴互相垂直,叶片在挥舞方向、摆振方向和扭转方向上都可以自由活动,也可以称为柔性轮毂。

▶4-6-3 轮毂的主要安装部分包括哪些?

答:包括变桨系统、变桨控制系统、自动润滑系统、轮毂罩组件。

▶4-6-4 什么是失速调节？

答：失速调节是定桨距风电机组利用气流流经叶片翼型时，随着迎角的增加，翼型上的气流边界层逐渐从翼型表面分离，最终完全脱离翼型表面的过程。

▶4-6-5 什么是失速型风电机组的安装角？

答：定桨距风电机组的叶片以一个固定角度安装在轮毂上，这个角度称为安装角。

▶4-6-6 安装角对失速型风电机组有什么影响？

答：叶片的安装角度要尽量达到最佳，否则影响机组额定出力。一般情况在风电机组运行一段时间后需要对其进行调整，以适应当地的风速条件，提高机组出力水平。

▶4-6-7 什么是变桨距控制？有什么特点？

答：变桨距控制是应用翼型的升力系数与气流迎角的关系，通过改变叶片的桨距角而改变气流迎角，使翼型的升力变化来进行调节。

变桨距控制的优点是机组启动性能好、输出功率稳定、停机安全等；其缺点是增加了变桨距装置，控制复杂。

▶4-6-8 变桨系统的主要功能是什么？

答：变桨系统是安装在轮毂内作为空气制动或通过改变叶片角度（螺距）对机组运行进行功率控制的装置，它的主要功能是：

（1）变桨功能。即通过精细的角度变化，使叶片向顺桨方向转动，改变叶轮转速，实现机组的功率控制，这一过程往往是在机组达到其额定功率后开始执行。

（2）制动功能。即通过变桨系统，将叶片转动到顺桨位置以产生空气制动效果，和轴系的机械制动装置共同使机组安全停机。

▶4-6-9 变桨系统执行机构主要有哪两种？控制方式分哪几种？

答：按执行机构主要有液压变桨距和电动变桨距两种。

按其控制方式可分为统一变桨和独立变桨两种。在统一变桨基础上发展起来的独立变桨距技术，每个叶片根据自己的控制规律独立地变化桨距角，可以大大减小风力机组叶片负载的波动及转速的波动，进而减小传动机构和齿轮箱的疲劳度及塔架的振动，而输出功率能基本恒定在额定功率附近，具有结构紧凑简单、易于施加各种控制、可靠性高等优点。

▶4-6-10 变桨控制有什么优点？

答：（1）风速低于额定风速时，系统会选择最佳的叶片受风角度，以确保机组的电能输出在任何一个风速下都将达到最大。

（2）风速高于额定风速时，系统会调节叶片的受风角度，使机组的输出限定在额定功率，防止过载。叶片会沿其长度方向的轴线转动，以调整叶片的受风角度。

（3）停机时，使叶片处于顺桨状态，以保护叶片和机组的安全。

▶4-6-11 简述变桨控制系统的分类及策略。

答：（1）变桨控制系统使风轮的旋转速度和叶片角度随时根据风速的变化进行调

整。根据风速的不同，可以将控制分为4个阶段和两种控制方式，即并网前的速度控制和并网后的功率控制。

1）低风速（低于风机切入风速），控制系统将发电机与电网断开。当风速低于但是接近于机组切入风速时（如3m/s），控制系统将叶片角度调整到45°左右，此时的叶片角度将给予风轮启动转矩；当风速提高时，风轮的转速及发电机的转速也相应提高，叶片的角度相应地被控制器调小，直到发电机的联网达到最佳的条件。

2）中等风速（高于切入风速，小于额定风速），发电机连接到电网，但是功率没有达到额定值。风速高于启动风速而低于额定风速，控制系统确定最好的风轮转速及叶片角度，使电能的吸收率在每一个风速下达到最大。

3）高风速（高于额定风速，低于切出风速），机组发出额定功率。当风速超过额定风速时，风的动能足以满足机组产生额定功率的需要且有富余，系统会调整叶片的角度（调大叶片的角度），使功率达到额定值。

4）极高的风速（高于切出风速），发电机与电网断开，机组停止运转。如果风速超过切出风速，系统会将发电机和电网断开，并将叶片角度调节到顺桨位置（89°），然后控制系统将等待风速降低到再启动风速以下，重新启动风机。

（2）策略。风力发电机并网以后，控制系统会根据风速的变化，通过桨距调节机构，改变桨叶攻角以调整输出电功率，更有效地利用风能。在额定风速以下时，叶片攻角在0°附近，可认为等同于定桨距风力发电机，发电机的输出功率随风速的变化而变化。当风速达到额定风速以上时，变桨距机构发挥作用，调整叶片的攻角，以保证发电机的输出功率在允许的范围内。

▶**4-6-12　变桨系统传动常用的驱动方式有哪几种？各有什么优缺点？**

答：有伺服电机通过齿形皮带驱动、伺服油缸推动连杆驱动、电机齿轮减速器齿轮驱动三种。

齿形带传动比较平稳，但其刚性较弱；伺服液压传动的阀组要配备要求极高的液压伺服装置，此外要通过油缸连杆传动，环节过多易发生卡滞现象；发电机齿轮减速器传动通过小齿轮驱动大齿圈，比较容易实现远程控制。

▶**4-6-13　液压变桨系统主要由哪些部件组成？**

答：液压变桨距系统主要由动力源液压泵站、控制阀块、执行机构伺服液压油缸与蓄能器等组成。液压伺服变桨机构是使用3个独立的液压伺服油缸控制叶片绕自身轴线旋转，能够快速、准确地把叶片调节至预定位置。

▶**4-6-14　液压变桨系统工作原理是什么？**

答：桨叶通过机械连杆机构与液压缸相连接，桨距角的变化同液压缸位移成正比。当液压缸活塞杆向左移动到最大位置时，桨距角为90°，而活塞杆向右移动最大位置时，桨距角一般为-5°。液压缸的位移由电液比例阀进行精确控制。为了进行精确的液压缸位置控制，引入液压缸位置检测与反馈控制，如图4-6-1所示。

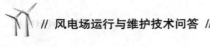
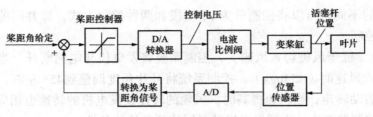

图 4-6-1 液压变桨系统工作原理

▶4-6-15 电机齿轮减速器驱动方式的工作原理是什么？

答：电机齿轮减速器驱动方式，风轮中每个叶片都设置一套减速传动装置和控制单元以及备用电源，同时配置了定期加注油脂润滑的电子油罐自动润滑系统。叶片变桨距回转轴承与偏航回转轴承类似。通常回转轴承带齿的内圈用法兰与叶片根部的法兰连接，而外圈则与轮毂相连，利用齿轮减速器驱动叶片转过相应的角度。回转轴承具有很高的承载能力，能有效地承受轴向力、径向力及颠覆力矩，以及吸收叶片产生的振动负荷。回转支撑轴承两端采用唇形环密封，并使用润滑脂润滑。

▶4-6-16 电动变桨系统主要由哪些部件组成？

答：由交流伺服系统、伺服电机、后备电源、轮毂控制器等构成，如图4-6-2所示。

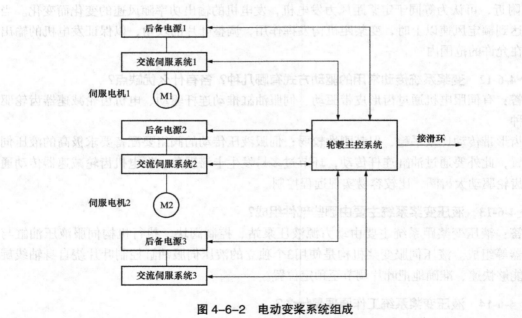

图 4-6-2 电动变桨系统组成

▶4-6-17 后备电源的组成是什么？有什么作用？

答：由蓄电池或超级电容构成UPS电源，作为后备电源。

变桨系统有时需要由备用电源供电进行变桨操作（比如变桨系统的主电源供电失效后），以确保机组发生严重故障或重大事故的情况下可以安全停机（叶片顺桨到89°位置）。由于机组故障或其他原因而导致备用电源长期没有使用时，风机主控就需要检查备用电源的状态和备用电源供电变桨操作功能的正常性。

▶4-6-18 电动变桨常见故障有哪些?

答:(1)叶片角度不一致;

(2)后备电源异常;

(3)变桨速度超限;

(4)变桨位置传感器故障;

(5)变桨限位开关故障;

(6)变桨充电器故障;

(7)变桨安全链故障;

(8)变桨电机温度故障;

(9)变桨驱动装置故障。

▶4-6-19 变桨驱动器的作用是什么?其工作过程是怎样的?

答:将三相400V交流电逆变整流为可控直流电,作用到变桨直流电机,实时驱动桨叶变桨至设定的桨角位置。

(1)变桨控制器的作用。变桨控制器是变桨系统的核心部件,它根据机组主控系统给定的角度和速度参数产生的模拟电压信号,来控制驱动变桨电机,实现对每个桨角转动角度和速度进行独立控制,并通过编码器反馈桨叶的角度和速度形成闭环控制,整个控制过程采用比例—积分—微分控制器(PID)控制。

(2)工作过程。在风力发电变桨系统中,驱动器与电机都处于实时待机状况,当主控系统给变桨系统发送变桨信号、桨角、位置,要求动作时:驱动器以400V交流电源作为主电源,经过整流逆变为受控的直流电作用于变桨直流电机同时PLC给定驱动器运转信号,驱动器开始准备驱动电机运行,而此时决定电机运转方向、速度大小的是PLC发送给驱动器的速度给定信号。电机运转过程中,电机A编码器实时把电机运转速度换算成桨叶角度值反馈给PLC系统。同时,测速发电机实时把电机速度值反馈给驱动器,系统形成电机转速、桨叶位置、电机电流等多闭环自动控制。

▶4-6-20 变桨驱动系统定检项目有哪些?

答:(1)检查表面清洁度;

(2)检查表面防腐层;

(3)检查变桨电机是否过热、有无异常噪声等;

(4)检查变桨齿轮箱润滑油;

(5)检查变桨驱动装置螺栓紧固。

▶4-6-21 变桨控制系统包括什么?

答:电池箱、轴箱、变桨主控箱、绝对编码器组件、极限开关组件、变桨电机。

▶4-6-22 轴控箱的作用是什么?

答:在变桨系统内有三个轴控箱,每个叶片分配一个轴控箱,箱内的变桨驱动器控制变桨电机速度和方向。

▶4-6-23　变桨主控箱的作用是什么?

答:变桨主控箱执行轮毂内的轴控箱和位于机舱内的机舱控制柜之间的连接工作。主控箱与机舱控制柜的连接通过集电环实现。机舱控制柜通过集电环向变桨中央控制柜提供电能和控制信号。另外,风机控制系统和变桨控制器之间用于数据交换的Profibus的连接也通过这个集电环实现。

变桨控制器位于变桨主控箱内,用于控制叶片的位置。另外,三个电池箱内的电池组的充电过程由安装在变桨主控箱内的中央充电单元控制。

▶4-6-24　什么是绝对值编码器?

答:每个变桨驱动系统都配有一个绝对值编码器安装在电机的非驱动端(电机尾部),还配有一个冗余的绝对值编码器安装在叶片根部变桨轴承内齿旁,它通过一个小齿轮与变桨轴承内齿啮合联动记录变桨角度。风机主控接收所有编码器的信号,而变桨系统只应用电机尾部编码器的信号,只有当电机尾部编码器失效时风机主控才会控制变桨系统应用冗余编码器的信号。

▶4-6-25　风力发电机组的限位开关都有哪些?

答:每个叶片对应91°限位开关和96°限位开关两个限位开关。91°作为主限位开关,96°限位开关作为冗余开关使用,冗余限位开关在主限位开关失效时确保变桨电机的安全制动。

▶4-6-26　什么是变桨电机?

答:变桨电机是直流电机,正常情况下电机受轴控箱变桨驱动器控制转动,紧急顺桨时电池备用电源供电,电机动作。

▶4-6-27　变桨轴承的维护检查项目有哪些?

答:(1)检查轴承内、外部是否有裂纹、气孔和泄漏;

(2)用清洗剂清洁轮毂内及叶根表面溢出油污;

(3)检查变桨轴承齿面是否有磨损和腐蚀;

(4)检查变桨轴承齿面啮合处有无残渣或颗粒物(给0°~90°扇面手动刷油);

(5)检查变桨轴承与轮毂连接螺栓力矩;

(6)清理、更换集油瓶;

(7)检查变桨轴承润滑系统,添加油脂。

▶4-6-28　简述变桨轴承手动加注油脂操作流程。

答:(1)对变桨轴承加注油脂,应根据机组运行情况对每个油嘴均匀加注。

(2)加注的时候松掉排油孔堵头,直到旧油从排油孔被挤出。

▶4-6-29　如何预防变桨轴承损坏?

答:(1)保证轴承有足够的润滑,确保润滑脂品质优良无污染、油路畅通、自动注油装置运行正常,手动加注油脂时注意清洁加油嘴;

(2)定期检查轴承螺栓的预紧力,防止螺栓松动导致轴承受力不均损坏。

▶4-6-30 导流罩损伤的原因有哪些?

答:(1)腐蚀;

(2)胶衣脱落;

(3)工器具及硬物撞击等;

(4)雷击。

▶4-6-31 什么是位置反馈故障保护?

答:为了验证冗余编码器的可利用性及测量精度,将每个叶片配置的两个编码器采集到的桨距角信号进行实时比较,冗余编码器完好的条件是两者之间角度偏差小于2°;所有叶片在91°与96°位置各安装一个限位开关,在0°方向不安装限位开关,叶片当前桨距角是否小于0°,由两个传感器测量结果经过换算确定。

▶4-6-32 当发生什么故障情况时,所有轴柜的硬件系统应保证三个叶片以10°/s的速度向89°方向顺桨,与风向平行,风机停止转动?

答:(1)系统掉电;

(2)任意轴柜内的从站与PLC主站之间的通信总线出现故障,由轮毂急停、塔基急停、机舱急停、振动检测、主轴超速、偏航限位开关串联组成的风机安全链以及与安全链串联的两个叶轮锁定信号断开(24VDC信号);

(3)无论任何一个编码器出现故障,还是同一叶片的两个编码器测量结果偏差超过规定的门限值;

(4)任何叶片桨距角在变桨过程中两两偏差超过2°;

(5)构成安全链、释放回路中的硬件系统出现故障;

(6)任意系统急停指令。

▶4-6-33 变桨电机刹车抱闸有什么条件?

答:(1)轴柜变桨调节方式处于自动模式下,桨距角超过91°限位开关位置;

(2)轴柜上控制开关断开;

(3)电网掉电且后备电源输出电压低于其最低允许工作电压;

(4)控制电路器件损坏。

▶4-6-34 进入轮毂内工作有什么安全措施?

答:(1)风速满足进入轮毂工作条件;

(2)合上轮毂内照明开关;

(3)按下紧急停机或将维护开关切至"维护"位置;

(4)锁好左、右风轮锁。

▶4-6-35 轮毂定检项目有哪些?

答:(1)轮毂内壁防潮,是否有雨水或凝结的露水;

(2)蓄电池是否有酸液泄漏;

(3)防雷电装置、轮毂内电缆是否完好;

(4)轮毂所有螺栓是否有丢失、损坏、松动。

▶4-6-36 轮毂内的巡回检查项目有哪些?

答：（1）检查有无绝缘焦味；

（2）检查各控制箱控制、信号电缆有无松动、放电痕迹；

（3）检查变桨电机运行声音是否正常；

（4）检查轮毂内有无杂物；

（5）检查轮毂中心润滑系统是否正常；

（6）检查并更换叶片集油瓶；

（7）检查叶片表面有无裂缝、针孔、雷击等现象。

▶4-6-37 轮毂调试包括哪些项目?

答：（1）风轮锁：手动完成风轮制动机械锁。

（2）轮毂、箱体检查：将所有箱体内、外的400V空开和电池开关打到OFF状态。

（3）轮毂内各桨叶盖板密封、有无树脂进入轮毂；齿轮、齿圈、码盘等各传动机构中有无异物；变桨所有箱体内中有无异物（工具、线缆、干燥剂等）；各箱体底座、变桨电机螺栓固定状况；接地线的工艺良好。

（4）限位开关行程检查：检查行程底座螺栓的紧固状况；检查行程压臂及滚珠的工作状况；检查行程连接线缆及插件是否良好；检查行程压臂的上下安装位置。

（5）插件检查：变桨系统控制箱、轴箱、电池箱、电机和行程相互之间的所有线缆插件连接、绝缘、卡扣；变桨系统控制箱与主控集电环的线缆插件连接、绝缘、卡扣；编码器线缆插件的连接、绝缘、紧固。

（6）静态调试：主要叶片零位调整，同步性试验，角度校验。

▶4-6-38 变桨蓄电池现场检测的技术要求是什么?

答：（1）出厂日期检查：检查其出厂日期，对使用年限超过（电池出厂日期）3.5年的进行强制更换。

（2）外观检查：检查蓄电池本体是否破裂、凹凸、腐蚀、漏液等情况，如有则记录并将损坏的蓄电池更换。

（3）连接及安装检查：检查蓄电池固定、安装、连接线是否有松动、接触不良等现象，如有则重新接线并进行紧固；对于蓄电池组的安装螺钉，力矩要求为15N·m（按实际规定执行）；更换的蓄电池组固定座内侧必须用专用的双面胶固定。

（4）电压检查：新更换的变桨电池需充电24h后，检查其3组蓄电池串联后的开路总电压和单个电池的开路电压；蓄电池电压标准为同一电池柜内任意两只电池电压偏差应小于0.5V，单节电池充满电后电压应大于12.5V。

（5）内阻检查：变桨电池在充满电的情况下内阻为 $25 \sim 30 \text{m}\Omega$，超过此范围则可判定电池异常，可直接更换。

▶4-6-39 轮毂中心润滑系统常见故障有哪些? 该如何处理?

答：（1）常见的故障有：润滑泵故障；润滑泵分油器、管路堵塞；润滑泵参数设置错误。

（2）检查处理：打开润滑泵参数设置窗口，观察润滑泵控制主板电源指示灯是否亮，如果亮起，则按下手动注油按钮测试润滑泵的功能，如其不能正常启动说明油泵电机烧坏，需更换；如主板指示灯不亮，应检查轮毂内开关是否跳开。

▶**4-6-40　引起变桨自主运行的主要原因有哪些？该如何处理？**

答：（1）原因：

1）通信集电环脏污引起；

2）发电机超速模块故障引起；

3）主控发出的变桨失败引起。

（2）处理：

1）该故障若能自动复位，则主要原因为通信集电环脏污引起，清洗、更滑通信集电环即可；

2）发电机超速模块故障引起的故障会伴随出现其他问题如"发电机超速"等，检查超速模块定值，复位或更换超速模块即可消除故障；

3）在出现"变桨自主运行"的时候，会伴随着出现"桨角不一致""收桨速度过慢"等故障，检查变桨回路接线端子或更换变桨控制器可以消除故障。

▶**4-6-41　引起变桨电机过电流的原因有哪些？如何处理？**

答：（1）原因：

1）变桨传动机构故障或卡涩引起；

2）变桨电机电流监测装置故障；

3）变桨电机电气刹车回路故障；

4）电机本体故障。

（2）处理：

1）进入控制系统看该故障发出后是否伴随有电机温度升高的现象，如有则应重点检查变桨齿轮箱卡涩、变桨齿轮夹有无异物；

2）检查电机电流测量单元是否正常；

3）检查变桨电气刹车回路有无断线、接触器有无卡涩现象，常见的是变桨命令触发后电机的电气刹车没有打开导致电机过流；

4）排除外部故障后再检查电机内部是否绝缘老化或被破坏导致短路。

▶**4-6-42　引起机组变桨错误的原因有哪些？如何处理？**

答：（1）原因：

1）变桨通信集电环故障；

2）变桨控制器信号中断；

3）变桨控制器内部故障；

4）变桨控制器本体故障。

（2）处理：

1）此故障一般与其他变桨类故障一起发生，可进入轮毂检查主控器是否损坏，一般主控器故障，会导致无法手动变桨，若可以手动变桨，可证明变桨控制器正常，则检查信号输出的线路是否有虚接、断线等。

2）检查变桨通信集电环内是否进油或脏污，进油会使集电环与插针之间形成油膜，导致变桨通信信号时断时续，此种情况一般清洗集电环后故障可消除；还需检查其插针是否有损坏、固定不稳等现象，此种情况应该更换通信集电环。

▶**4-6-43　变桨电机温度过高的原因有哪些？如何处理？**

答：（1）原因：

1）变桨电机过载：变桨齿轮箱异物卡塞、轮齿断裂等造成。

2）变桨电机发生故障，短路造成过电流。

3）变桨电源电压低，造成电机过电流。

4）变桨电机温度变送器故障。

（2）处理。先检查可能引起故障的外部原因：变桨齿轮箱卡涩、变桨齿轮夹有异物；再检查因电气回路导致的原因，常见的是变桨电机的电气刹车没有打开，可检查电气刹车回路有无断线、接触器有无卡涩等。排除了外部故障再检查电机内部是否绝缘老化或被破坏导致短路。

▶**4-6-44　变桨角度有差异的原因是什么？如何处理？**

答：（1）原因。变桨电机上的旋转编码器（A编码器）得到的叶片角度将与叶片角度计数器（B编码器）得到的叶片角度作对比，两者不能相差太大，相差太大将报错。

（2）处理。

1）由于B编码器是机械凸轮结构，与叶片的变桨齿轮啮合，精度不高且会不断磨损，在有大晃动时有可能产生较大偏差，因此先复位，排除故障的偶然因素。

2）如果反复报这个故障，需要进轮毂检查A、B编码器，检查的步骤是先看编码器接线与插头，若插头松动，拧紧后可以手动变桨，观察编码器数值的变化是否一致，若有数值不变或无规律变化，检查是否有断线的情况。编码器接线机械强度相对低，在轮毂旋转时，在离心力的作用下，有可能与插针松脱，或者线芯在半断半合的状态，这时虽然可复位，但转速一高，松动达到一定程度信号就失去了，因此可用手摇动线和插头，若发现在晃动中显示数值在跳变，可拔下插头用万用表测通断，不通的和时通时断的要处理，可重做插针或接线，如不好处理可直接更换新线。排除这两点说明编码器本体可能损坏，更换即可。由于B编码器的凸轮结构脆弱，多次发生凸轮打碎，因此对凸轮也应做检查。

▶**4-6-45　叶片没有到达限位开关动作设定值的原因是什么？如何处理？**

答：（1）原因。叶片设定在91°触发限位开关，若触发时角度与91°有一定偏差会报此故障。

（2）处理。检查叶片实际位置。限位开关长时间运行后会松动，导致撞限位时的角度偏大，此时需要一人进入叶片，一人在中控器上微调叶片角度，观察到达限位的角度，然后参考这个角度将限位开关位置重新调整至刚好能触发时，在中控器上将角度清回91°。限位开关是由螺栓拧紧固定在轮毂上，调整时需要2把小活动扳手或者8mm叉扳。

▶**4-6-46　某个桨叶91°或96°触发的原因是什么？**

答：有时候是误触发，复位即可，如果复位不了，进入轮毂检查是否有垃圾卡住限位开关，造成限位开关提前触发，或者91°限位开关接线或者本身损坏失效，导致96°限位开关触发。

▶**4-6-47　限位开关动作的原因是什么？如何处理？**

答：（1）原因。叶片到达91°触发限位开关，但复位时叶片无法动作或脱离限位开关。

（2）处理。首先手动变桨将桨叶脱离后尝试复位，若叶片没有动作，有可能的原因有：

1）机舱柜的手动变桨信号无法传给中控器；可在机舱柜中将中控器端子下方进线短接后手动变桨；

2）检查轴控柜内开关是否有可能因过流跳开，若有合上开关后将桨叶调至89°即可复位；

3）检查轴控柜内控制桨叶变桨的接触器是否损坏，如损坏则及时更换，同时检查其他电气元件是否有损坏。

▶**4-6-48　变桨控制通信故障的原因是什么？如何处理？**

答：（1）原因：轮毂控制器与主控器之间的通信中断，在轮毂中控柜中控器无故障的前提下，主要故障范围是信号线，从机舱柜到集电环，由集电环进入轮毂这一回路出现干扰、断线、航空插头损坏、集电环接触不良、通信模块损坏等。

（2）处理：用万用表测量中控器进线端电压为230V左右，出线端电压为24V左右，说明中控器无故障，继续检查。将机舱柜侧轮毂通信线拔出，将红白线接地，轮毂侧万用表一支表笔接地，如有电阻说明导通，无断路，有断路启用备用线，若故障依然存在，继续检查集电环，风机绝大多数变桨通信故障都由集电环引起。齿轮箱漏油严重时造成集电环内进油，油附着在集电环与插针之间形成油膜，起绝缘作用，导致变桨通信信号时断时续，冬季油变黏着，变桨通信故障更为常见。一般清洗集电环后故障可消除，但要从根源上解决的方法是解决齿轮箱漏油问题。集电环造成的变桨通信故障还可能是插针损坏、固定不稳等原因引起的，若集电环没有问题，需将轮毂端接线脱开与集电环端进线进行校线，校线的目的是检查线路有无接错、短接、破皮、接地等现象。集电环座要随主轴一起旋转，里面的线容易与集电环座摩擦导致破皮接地，也能引起变桨通信故障。

▶**4-6-49　变桨失效的原因是什么？如何处理？**

答：（1）原因：当风轮转动时，机舱柜控制器要根据转速调整变桨位置使风轮按定值转动，若此传输错误或延迟300ms内不能给变桨控制器传达动作指令，则为了避免超速会报错停机。

（2）处理：机舱柜控制器的信号无法传给变桨控制器主要由信号故障引起，影响这个信号的主要是信号线和集电环，检查信号端子有无电压，有电压则控制器将变桨信号发出，继续查机舱柜到集电环部分，若无故障继续检查集电环，再检查集电环到轮毂，分段检查逐步排查故障。

▶4-6-50　变桨机械部分常见故障原因是什么？如何处理？

答：（1）变桨机械部分的故障主要集中在减速齿轮箱上，保养不到位加上质量问题，使减速齿轮箱有可能损坏，在有卡涩转动不畅的情况下会导致变桨电机过电流并且温度升高，因此有电机过电流和温度高的情况频发时，要检查减速齿轮箱。

（2）轮毂内有给叶片轴承和变桨齿轮面润滑的自动润滑站，当缺少润滑油脂或油管堵塞时，叶片轴承和齿面得不到润滑，长时间运行必然造成永久地损伤，变桨齿轮与B编码器的铝制凸轮没有润滑，长时间摩擦，铝制凸轮容易磨损，重则将凸轮打坏，造成编码器不同步致使风机故障停机。

▶4-6-51　变桨电池充电器故障的原因是什么？如何处理？

答：（1）原因：轮毂充电器不充电，有可能充电器已经损坏，有可能由于电网电压高导致无法充电。

（2）处理：观察停机代码，一般轮毂充电器不工作引起三面蓄电池电压降低，将会一起报错。

▶4-6-52　三面变桨蓄电池柜同时报电压故障的原因是什么？

答：检查轮毂充电器，测量有无230V交流输入，有则说明输入电源没问题，再测量有无230V左右直流输出和24V直流输出，有输入无输出则需更换充电器，若是由电网电压短时间过高引起，则电压恢复后即可复位。

▶4-6-53　一面变桨蓄电池柜报电压故障的原因是什么？如何处理？

答：（1）原因：若只是单面蓄电池电压故障，则不是由轮毂充电器不充电导致，可能由于蓄电池损坏、充电回路故障等引起。

（2）处理：按下轮毂主控柜的充电实验按钮，三面轮流试充电，此时测量吸合的电流接触器的出线端有无230V直流电源，再顺着充电回路依次检查各电气元件的好坏，检查时留意有无接触不良等情况，确定充电回路无异常，则检查是否由于蓄电池故障导致不能充电。打开蓄电池柜，蓄电池有3组，每组6块蓄电池串联组成，单个蓄电池额定电压12V，先分别测量每组两端的电压，若有不正常的电压，则挨个测量每块蓄电池，直到确定故障的蓄电池位置，将损坏蓄电池更换，再充电数个小时（具体充电时间根据更换的数量和温度等外部因素决定），一般充电12h即可。

▶4-6-54　变桨系统故障导致机组飞车的原因是什么？有何预防措施？

答：（1）原因为：

1）蓄电池的原因。在风机因突发故障停机时，是完全依靠轮毂中的蓄电池来进行收桨的。因此轮毂中的蓄电池储能不足或电池失电，导致故障时，不能及时回桨，而会引发飞车。

蓄电池故障主要有两个方面的影响：由于蓄电池前端的充电器损坏，导致蓄电池无法充电，直至亏损；由于蓄电池自身的质量问题，如果1组中有1～2块蓄电池放亏，电池整体电压测量时属于正常范围中，但是电池单体电压测量后已非正常，这种蓄电池在出现故障后已不能提供正常电力，来有效地促使桨叶回收，而最终引发飞车事故。

2）信号集电环的原因。风机绝大多数变桨通信故障都由集电环接触不良引起。齿轮箱漏油严重时造成集电环内进油，油附着在集电环与插针之间形成油膜，起绝缘作用，导致变桨通信信号时断时续，致使主控柜控制单元无法接收和反馈处理超速信号，导致变桨系统无法停止，直至飞车；由于集电环的内部构造的原因，会出现集电环磁道与探针接触不良等现象，也会引发信号的中断和延时，其中不排除探针会受力变形。

3）超速模块的原因。超速模块主要作用就是监控主轴及齿轮箱低速轴和叶片的超速。该模块同时监测轴系的三个转速测点，以三取二逻辑方式，对轴系超速状态进行判断。三取二超速保护动作有独立的信号输出，可直接驱动设备动作。当该模块软件失效后或信号感知出现问题，会导致在超速时，风机主控不能判断故障及时停机，而引发导致飞车。

（2）为了预防变桨系统飞车事故的发生，其预防措施如下：

1）定期的检查蓄电池单体电池电压，定期做蓄电池充放电实验，并将蓄电池检测时间控制在合理区间；

2）运行过程中密切注意电网供电质量，尽量减少大电压对轮毂充电器及UPS的冲击，尽可能避免不必要的元器件损坏；

3）彻底根除齿轮箱漏油的弊病，定期开展集电环的清洗工作，保证集电环的正常工作；

4）有针对性的测试超速模块的功能，避免该模块软故障的形成。

第七节　偏航系统

▶**4-7-1　偏航系统在风机中有什么作用？**

答：（1）在风向变化时，完成风机的对风工作，使风机更好的采集风能；

（2）当风电机组由于偏航作用，机舱内引出的电缆发生缠绕时，自动解除缠绕。

▶**4-7-2　偏航系统可分几种？有什么区别？**

答：偏航系统可分为主动偏航系统和被动偏航系统。

主动偏航系统应用液压机构或者电动机和齿轮机构来使风电机组对风，多用于大型风电机组。

被动偏航系统偏航力矩由风力产生，下风向风电机组和安装尾舵的上风向风电机组的偏航属于被动偏航，不能实现电缆自动解缆，易发生电缆过扭故障。

▶**4-7-3　在布置偏航系统时应考虑哪些因素？**

答：（1）偏航轴承的位置应与机舱对称面对称。另外，还要将风轮仰角、风轮锥角、运行时叶尖的最大挠度等因素考虑在内，并确保叶尖与塔架外侧的距离大于安全距离。

（2）偏航驱动器、阻尼器和偏航制动装置应沿圆周方向等距离布置，使其作用力均匀分布。否则，驱动偏航时除了旋转力矩外，还会引起附加的剪力，从而增加偏航轴承的负担。

（3）尽可能采用内齿圈偏航驱动，即轮齿布置在塔架之内。这样偏航驱动小齿轮和偏航传感器都装在塔架内部，使安装、维修和调整都比较方便。

（4）偏航装置的滑板安装时，必须使水平接触面和侧面接角出面分别可靠贴合，以确保机组安全。

▶4-7-4 偏航系统一般由哪几部分组成？

答：偏航系统一般由偏航轴承、偏航驱动装置、偏航制动器、偏航计数器、扭缆保护装置、偏航液压回路、风速风向仪等部分组成。

▶4-7-5 偏航轴承从结构形式上可分几种？各有什么特点？

答：偏航轴承从结构形式上可分为滑动轴承和滚动轴承两种。

滑动轴承由偏航盖板、回转盘、偏航滑板等组成。优点是生产简单，与滚动轴承相比摩擦力大且能调节，可以省去偏航阻尼器和偏航制动装置，整个系统成本低；缺点是偏航驱动功率比滚动轴承大，机构可靠性较差。

滚动轴承是一种回转支承，由内、外圈保持架和滚动体组成。采用滚动轴承时，系统必须有制动和阻尼装置，因此成本较高，其优点是可靠性高，偏航驱动功率较小。

▶4-7-6 偏航滚动轴承外齿形式与内齿形式各有什么特点？

答：偏航轴承的轴承内外圈分别与机组的机舱和塔体用螺栓连接，轮齿可采用内齿或外齿形式。外齿形式是轮齿位于偏航轴承的外圈上，加工相对来说比较简单；内齿形式是轮齿位于偏航轴承的内圈上，啮合受力效果较好，结构紧凑。

▶4-7-7 偏航驱动装置是如何转动的？

答：风电机组的偏航转动通常由齿轮副传动完成，而齿轮传动又分为外齿啮合和内齿啮合两种形式。偏航驱动装置用于提供偏航运动的动力，一般采用电动机驱动，驱动装置一般由驱动电机、减速器、传动齿轮、轮齿间隙调整机构等组成。

▶4-7-8 偏航驱动电机工作原理是什么？

答：对称布置4个驱动电机，偏航电机与偏航内齿轮咬合，偏航内齿轮与塔筒固定在一起，由电机驱动小齿轮带动整个机舱沿偏航轴承转动，实现机舱的偏航，其中偏航电机由软启动器控制；内部有温度传感器，控制绕组温度以及偏航电子刹车装置。

▶4-7-9 什么是偏航软启动器？

答：软启动器使偏航电机平稳启动；晶闸管控制偏航电机启动电压缓慢上升，启动过程结束时，晶闸管截止，限制电机启动电流。

▶4-7-10 什么是偏航减速器？

答：由于偏航速度低，驱动装置的减速器一般选用多级行星减速器或涡轮蜗杆与行星串联减速器。装配时必须通过齿轮啮合间隙调整机正确调整各个小齿轮与齿圈的相互位置，使各个齿轮副的啮合状况基本一致，避免出现卡滞或偏载现象。

▶4-7-11 偏航驱动有哪些检查项目？

答：（1）检查外表面；

（2）检查电缆接线；

（3）检查减速器的油位计；

（4）检查减速器是否漏油；

（5）检查减速器运行是否噪声过大。

▶4-7-12 偏航内齿圈和小齿轮有哪些检查项目？

答：（1）检查啮合齿轮副的侧隙；

（2）检查轮齿齿面的腐蚀、破坏情况；

（3）检查润滑系统运行情况；

（4）定期向润滑系统内加注润滑油脂。

▶4-7-13 偏航制动器结构形式分为哪几种？各有什么特点？

答： 偏航制动器主要用于风电机组不偏航时，避免机舱因偏航干扰力矩而做偏航振荡运动，防止损伤偏航驱动装置。偏航制动器通常采用钳盘式制动器，可分为常闭式钳盘制动器和常开式钳盘制动器两种。

常闭式制动器是在有动力的条件下处于松开状态，通过电力或液压拖动松闸来实现阻尼偏航和失效安全。常开式制动器则是处于锁紧状态，采用制动期间高压夹紧、偏航期间低压夹紧的形式实现阻尼偏航，一般采用常闭式制动器。由常闭式制动器的制动和阻尼作用原理可以看出，制动块抵住制动法兰的端面，由油缸中弹簧的弹力产生制动和阻尼作用。当要求机组做偏航动作时，从接头的油管通入的压力油压紧弹簧，使机舱能够在偏航驱动装置的带动下旋转。油缸中液压油压力大小确定制动器的松开程度及阻力矩的数值。

▶4-7-14 什么是阻力矩？

答： 阻力矩包括偏航轴承的摩擦力矩、阻尼机构的阻尼力矩、风轮气动力偏心和质量偏心形成的偏航阻力矩、风轮的附加力矩等。

▶4-7-15 偏航系统液压装置的作用是什么？

答： 偏航系统设有液压装置，液压装置的作用是控制偏航制动器松开或锁紧。一般液压管路采用无缝钢管制成，柔性管路连接部分采用合适的高压软管。管路连接组件通过相关试验，保证偏航系统所要求的密封性能和承受工作中出现的动载荷。液压元器件的设计、选型和布置符合液压装置的有关具体规定和要求。液压管路保持清洁并具有良好的抗氧化性能。液压系统在额定的工作压力下不应出现渗漏现象。

▶4-7-16 偏航刹车钳在偏航系统中有什么作用？

答： 偏航刹车钳主要作用是产生一定的阻尼，偏航时使机舱保持足够的稳定性，偏航系统不动作时偏航刹车钳压力是14.5～16MPa（以具体参数设定为准），将机舱固定到相应的位置。

▶4-7-17 偏航刹车控制策略是什么？

答：（1）偏航系统未工作时刹车片全部抱闸，机舱不转动；

（2）机舱对风偏航时，所有刹车片半松开，设置足够的阻尼，一般压力约4.5MPa，保持机舱平稳偏航；

（3）自动解缆时，偏航刹车片全松开。

▶4-7-18 偏航刹车系统有哪些日常检查项目？

答：（1）检查刹车盘上有无油脂、油污或者刹车粉末，如有则必须用专用清洁剂清洗，找出污染的原因并消除。

（2）测量刹车片厚度，如有必要需更换。

（3）检查刹车器是否漏油，如漏油紧固密封系统。清除流出的液压油并清洁系统。

▶4-7-19 偏航控制系统的工作原理是什么？

答： 风机无论处于运行状态还是待机状态（风速大于3m/s），均能主动对风。当机舱在待机状态已调向710°（根据设定），或在运行状态已调向580°（根据设定）时，由机舱引入塔架的发电机电缆将处于过缠绕状态，这时控制器会报告故障，停止风机的运行，并自动进行解缆处理（偏航系统按缠绕的反方向调向710°或580°），解缆结束后，故障信号消除，控制器自动复位。

在机舱顶部，装有风向仪（风标），当风机的方向（叶轮主轴的方向）与风标指向偏离时，机组的主控系统开始计时。偏航时间达到一定值时，即认为风向已改变，机组的主控系统发出向左或向右调向的指令，直到偏差消除。

▶4-7-20 偏航传感器有哪几种？

答： 有偏航计数器和接近开关两种。

▶4-7-21 偏航计数器的作用是什么？

答： 偏航计数器的作用是用来记录偏航系统所运转的圈数，当偏航系统的偏航圈数达到计数器的设定条件时，则触发自动解缆动作，机组进行自动解缆并复位。

▶4-7-22 偏航计数器的工作原理是什么？

答： 偏航计数器是记录偏航系统旋转圈数的装置，当偏航系统旋转的圈数达到设计所规定的初级解缆和终极解缆圈数时，计数器给控制系统发信号使机组自动进行解缆。计数器一般是一个带控制开关的涡轮蜗杆装置或是与其相类似的程序。

▶4-7-23 限位开关有什么作用？

答： 限位开关也是防止电缆缠绕而设置的传感器，当机舱偏航旋转圈数达到规定值时，限位开关发出信号，整个机组快速停机。

▶4-7-24 接近开关有什么作用？

答： 接近开关是一个光传感器，利用偏航齿圈齿的高低不同而使得光信号不同来采集光信号并计数。

通过两个接近开关采集的信号，控制系统控制机组偏航，对准风向，且偏航角度不超过规定值，防止电缆缠绕。

▶4-7-25 什么是扭缆开关？

答： 风机偏航运动的方向是随机的，当偏航角积累到一定程度时，会导致机舱和塔架之间的电缆发生扭绞，故要设置电缆扭缆开关，一般在偏航系统中设置与方向有关的偏航传感器或行程计数装置；需要自动记录电缆的扭绞角度，当达到设定值时，控制器向偏航系统发出解缆指令；开关一般是装于塔架壁上的拉线开关，其拉线系在电缆束上，随偏航而在其上缠绕，当拉线缠绕到电缆束上的长度达规定值时，开关被拉动。因开关接在机组安全链电路中，电路断开机组安全系统即控制机组停机。

▶4-7-26 扭缆保护装置的作用是什么？

答：扭缆保护装置是出于失效保护的目的而安装在偏航系统中的。它的作用是在偏航系统的偏航动作失效后，电缆的扭绞达到威胁机组安全运行的程度而触发该装置，使机组进行紧急停机。扭缆保护装置一般由控制开关和触点机构组成，控制开关一般安装于机组的塔架内壁的支架上，触点机构一般安装于机组悬垂部分的电缆上。当机组悬垂部分的电缆扭绞到一定程度后，触点机构被提升或被松开而触发控制开关。

▶4-7-27 偏航润滑的作用是什么？

答：偏航润滑装置，以保证驱动齿轮和偏航齿圈的润滑。通常用的方法是人工定期在齿轮齿圈上涂抹润滑脂；也可以设置自动电子油罐集中供油系统，按设定的程序定期自动挤出油罐中的油脂，通过配油小齿轮对齿圈供给润滑油脂。为了防止废油脂污染，还应设置油脂回收装置。

▶4-7-28 手动润滑偏航齿盘有哪些注意事项？

答：（1）润滑脂涂抹均匀使每个齿面均应润滑充分；
（2）避免偏航齿圈与偏航计数器啮合齿轮夹伤手指；
（3）涂抹偏航润滑脂时应佩戴好安全帽；
（4）涂抹过程中应避免杂物混入。

▶4-7-29 偏航系统有哪些常见故障？

答：（1）齿圈齿面磨损；
（2）液压管路渗漏；
（3）偏航压力不稳；
（4）异常噪声，机舱振动过大；
（5）偏航定位不准确；
（6）偏航计数器故障。

▶4-7-30 偏航齿圈齿面磨损原因有哪些？

答：（1）齿轮副的长期啮合运转；
（2）相互啮合的齿轮副齿侧间隙中渗入杂质；
（3）润滑油或润滑脂严重缺失使齿轮副处于干摩擦状态。

▶4-7-31 控制偏航制动盘磨损严重的手段有哪些？

答：（1）清除偏航卡钳异物；
（2）调整偏航刹车压力；
（3）定期检查偏航制动片磨损程度等。

▶4-7-32 偏航齿盘断齿原因有哪些？

答：（1）偏航齿圈强度不够；

（2）偏航轴承损坏；

（3）偏航电机缺少电磁刹车造成偏航齿轮受到冲击；

（4）偏航系统卡塞，使偏航齿轮过载折断；

（5）偏航齿轮润滑不良，造成齿面磨损；

（6）疲劳损坏等。

▶4-7-33 偏航液压管路渗漏原因有哪些？

答：（1）管路接头松动或损坏；

（2）密封件损坏；

（3）供油滤芯漏油。

▶4-7-34 偏航压力不稳原因有哪些？

答：（1）液压管路出现渗漏；

（2）液压系统的保压蓄能装置出现故障；

（3）液压系统元器件损坏。

▶4-7-35 偏航异常噪声产生的原因有哪些？

答：（1）润滑油或润滑脂严重缺失；

（2）偏航阻尼力矩过大；

（3）齿轮副轮齿损坏；

（4）偏航驱动装置中油位过低；

（5）制动卡钳压力过高或过低。

▶4-7-36 偏航定位不准确的原因有哪些？

答：（1）风向标信号不准确；

（2）偏航系统的阻尼力矩过大或过小；

（3）偏航制动力矩达不到机组的设计值；

（4）偏航系统的偏航齿圈与偏航驱动装置的齿轮之间的齿侧间隙过大；

（5）接近开关故障。

▶4-7-37 偏航计数器故障原因有哪些？

答：（1）连接螺栓松动；

（2）异物侵入；

（3）连接电缆损坏；

（4）磨损。

▶4-7-38 偏航减速机损坏原因有哪些？

答：（1）偏航齿轮卡塞，偏航减速机过载；

（2）偏航减速机润滑不良；

（3）偏航减速机相应连接螺栓松动，造成偏航减速机损坏等。

▶**4-7-39　偏航电机过热原因有哪些？**

答：（1）偏航电磁刹车不释放；

（2）偏航齿轮卡涩；

（3）偏航系统润滑不良，导致电机过载；

（4）偏航电机散热风扇损坏；

（5）偏航电机轴承损坏；

（6）偏航减速机损坏；

（7）偏航刹车压力不释放等。

▶**4-7-40　偏航电气制动故障原因有哪些？如何处理？**

答：偏航电气制动故障是由于偏航电气制动器过热或过电流引起的。

当出现"偏航电气制动故障"时风机偏航不能正常启动，需要上机舱检查偏航电气制动电源开关和偏航电气制动接触器是否正常；再次检查偏航电机电磁刹车热继电器是否损坏，如果损坏则需要更换；最后检查偏航电气刹车是否有故障，如有则需更换偏航电机。

▶**4-7-41　偏航电机故障原因有哪些？如何处理？**

答：偏航电机故障的原因有：

（1）由偏航电机过热或过电流引起偏航电机电源开关跳闸；

（2）偏航电机过热或过电流造成偏航电机烧毁。

当出现"偏航电机故障"时，需要上机舱检查偏航电机电源开关、接触器是否正常（包括开关定值）；检查偏航电机接线端子是否松动、电压是否正常；测量偏航电机的绝缘是否在正常范围；检查偏航驱动齿轮与偏航大齿之间有无东西卡涩而造成偏航电机过流或过热；如检查过程中发现偏航电机损坏，则需更换偏航电机。

▶**4-7-42　更换偏航卡钳有什么注意事项？**

答：（1）更换偏航卡钳时应将液压系统压力全部释放；

（2）使用液压扳手拆卸卡钳固定螺栓时应注意防止反作用臂夹伤手指；

（3）搬运偏航卡钳时应防止砸伤；

（4）偏航卡钳刹车片磨损信号线接线应正确；

（5）更换后偏航卡钳应进行测试，检查油管有无渗漏，卡钳运行是否正常。

▶**4-7-43　偏航卡钳漏油检查处理步骤是什么？**

答：（1）将液压系统压力释放；

（2）拆卸偏航卡钳油管；

（3）使用液压扳手拆卸偏航卡钳；

（4）使用专用工具将偏航卡钳油缸活塞全部取出；

（5）使用工具将偏航卡钳内所有密封圈取出；

（6）清洁油缸及油室；

（7）更换新的密封圈，更换时应将密封圈安装到位牢靠，安装过程中不可用力过猛，以免密封圈损坏。

▶**4-7-44 更换偏航制动片的步骤是什么？**

答：当刹车片的厚度磨损到2mm时，必须更换（已达到磨损极限），更换刹车片的具体步骤如下：

（1）刹车卸压，并拆下油管，小心油管内可能有残油；

（2）拆卸螺栓，只留一个，用作回转中心；

（3）将刹车卡钳转出；

（4）通过4个六角头螺栓将制动片顶出；

（5）为防止刹车发出尖锐的声音，新的刹车片背面可适当用隔热油脂润滑，并用锉刀修整（只在发出尖锐声音的情况下实施，实施前与厂家技术人员沟通）；

（6）将活塞推回，并将新的制动片插入；

（7）转回卡钳，并拧紧所有螺栓；

（8）重新连接液压管路；

（9）为保证摩擦系数，请按制动片说明书执行必要的操作；

（10）使用新的制动片时，建议使用100目砂纸，仔细清洁制动盘。

▶**4-7-45 偏航动作的前提条件是什么？**

答：（1）风速大于2.5m/s；

（2）偏航、液压、风向、偏航参数测量无故障；

（3）非维护模式；

（4）解缆操作未动作。

▶**4-7-46 什么情况下可以手动偏航？**

答：只要偏航系统、安全系统和液压系统未出现故障，在风机运行的各个状态都可以通过机舱控制柜门和人机交互界面（HMI）对风机进行手动偏航操作。

（1）机舱控制柜门上的手动偏航操作包括左偏航、右偏航，在松开上述按钮后，风机停止偏航。

（2）HMI上的手动偏航操作包括左偏航、右偏航、偏航停止、切换回自动偏航状态。

▶**4-7-47 风机什么情况下自动解缆？**

答：（1）机组在待机模式下，如果偏航圈数大于两周（710°），开始自动解缆；

（2）若偏航角度大于580°，左偏航解缆，若小于-580°，右偏航解缆。

▶**4-7-48 风机什么情况下偏航解缆完成？**

答：（1）风机未处于停止模式或服务模式下；

（2）系统出现全局故障或液压系统故障；

（3）顺时针解缆和逆时针解缆同时激活；

（4）偏航位置小于280.0°并且满足下述条件之一：

1）偏航位置的绝对值小于40.0°；

2）机舱与风向偏差的绝对值小于30.0°。

（5）当风速超过25m/s时，自动解缆停止。

▶4-7-49 偏航系统的测试内容都有哪些？

答：偏航测试内容包括偏航旋转方向测试、偏航编码器校零、偏航液压系统测试、手动扭缆开关和自动解缆测试。

▶4-7-50 偏航系统巡视时重点检查部位有哪些？

答：（1）偏航齿圈固定螺栓；

（2）偏航齿面检查；

（3）偏航刹车盘表面检查；

（4）偏航刹车压力检查；

（5）偏航过程中是否存在异声；

（6）偏航卡钳外观检查；

（7）偏航系统径向滑板检查。

▶4-7-51 偏航系统部件的维护方法是什么？

答：（1）偏航制动器。

1）需要注意的问题为：

a. 液压制动器的额定工作压力；

b. 每个月检查摩擦片的磨损情况和裂纹。

2）必须进行的检查：

a. 检查制动器壳体和制动摩擦片的磨损情况，如有必要，进行更换；

b. 根据机组的相关技术文件进行调整；

c. 清洁制动器摩擦片；

d. 检查制动闸体、液压接头紧固无渗漏，偏航时无异常声响；

e. 当摩擦片的最小厚度不足2mm，必须进行更换；

f. 检查制动器连接螺栓的紧固力矩是否正确。

（2）偏航轴承。

1）需要注意的问题为检查轴承齿圈的啮合齿轮副是否需要涂抹滑油，如需要，涂抹规定型号的润滑油。

a. 检查是否有非正常的噪声；

b. 检查连接螺栓的紧固力矩是否正确；

c. 检查是否有非正常的噪声。

2）必须进行的检查：

a. 检查轮齿齿面的腐蚀情况；

b. 检查啮合齿轮副的侧隙；

c. 齿轮无磨损、裂纹；

d. 检查轴承是否需要加注润滑脂，如需要，加注规定型号的润滑脂。

（3）偏航驱动装置。

1）检查偏航减速器油位正常，无渗油与底座连接螺栓牢固，如果油位低于正常应补充规定型号的润滑油到正常油位；

2）检查是否有漏油现象；

3）检查是否有非正常的机械和电气噪声；

4）偏航电机无异响，接线良好，接地可靠，电缆无破损；

5）检查偏航驱动紧固螺栓的紧固力矩是否正确。

▶4-7-52 偏航残余压力调节操作方法是什么？

答：（1）手动泄压，使用内六角扳手将偏航背压溢流阀拧松，系统压力释放后，卸残余压力，用专用测量头外接一个残余压力测量装置接至最末端偏航刹车器上的泄油孔或液压站上的专用测量孔上，恢复泄压偏航背压溢流阀。

（2）系统复位（液压站自动打压）。

（3）手动偏航，观察压力表的压力值，不在规定范围内时，通过调节偏航电磁阀上方螺钉，在要求范围时（残余压力1.5～2.5MPa），即可调整结束。

▶4-7-53 更换偏航齿轮箱润滑油的步骤是什么？有什么注意事项？

答：一般来说，在没有发生密封损坏的情况下，偏航齿轮箱润滑油的更换周期为3年。更换偏航齿轮箱润滑油的基本步骤如下：

（1）偏航齿轮箱一般配有油标、液位计、通气帽、加油和放油螺塞，根据每个齿轮箱的外形结构，确定所有油塞位置。

（2）打开加油螺塞（方便空气进入），拆卸放油螺塞将齿轮箱中的润滑油排出（或从放油管处将润滑油排出）。放油应在齿轮箱热机状态下进行，若齿轮箱温度过低，应加入适量预热过的新油进行冲洗，以便使停留在输出端及遗留的废油排出。

（3）对于装有磁性放油螺塞的，还应清洗磁性元件，检查吸附的金属杂质情况。

（4）注入新润滑油（与旧油相同牌号）窜洗齿轮箱，即加入适量新油进行冲洗。

（5）清洗干净后安装放油螺塞及密封垫圈，安装应注意对正螺纹，均匀用力，避免损伤螺纹和密封圈，螺塞应拧紧保证密封不渗漏。如发现密封垫圈损坏及时更换。

（6）从加油螺塞或透气帽处将新油缓慢注入齿轮箱中，当油位在液位计上、下油位线中间时，停止加油；注意油位不要超过为润滑油受热膨胀预留的空间，且当润滑油处于最高膨胀温度时，油位不能超过最高油位线。

（7）将加油螺塞、通气帽拧紧到位，应注意对正螺纹，均匀用力，避免损伤螺纹和密封圈；安装加油螺塞时，应在螺纹处涂抹螺纹锁固胶。

（8）运行偏航齿轮箱数分钟后，观察齿轮箱油位变化，若油位不在液位计上、下油位线中间，补充加油到正确位置。

（9）若加油速度过快，会导致润滑油中空气泡数量增多，造成油位前后显示差异较大，将需要运行的时间延长后观察油位。

（10）换油完毕清理现场，擦净箱体表面，观察有无泄漏。

注意事项如下：

（1）换油必须在风机停机且齿轮箱油温温暖的状态下进行。

（2）所添加的油必须与之前使用的类型相同，不允许将不同种类的润滑油混用，特别是人工合成油不能与其他合成油或者矿物质油混用。

第八节 液压和润滑系统

▶4-8-1 液压系统的功能是什么？
答： 风电机组的液压系统的主要功能是为制动（轴系制动、偏航制动）、变桨距控制、偏航控制等机构提供动力。

▶4-8-2 液压传动的工作原理是什么？
答： 液压传动的工作原理就是利用液体的压力传递运动和动力。先利用动力元件将原动机的机械能转换成液体的压力能，再利用执行元件将液体的压力能转换为机械能，驱动工作部件运动。

液压系统工作时，还可利用各种控制元件对油液进行压力、流量和方向的控制与调节，以满足工作部件对压力、速度和方向上的要求。

▶4-8-3 液压基本回路有哪几大类？作用分别是什么？
答： 液压基本回路通常分为方向控制回路、压力控制回路和速度控制回路三大类。

方向控制回路的作用是利用换向阀控制执行元件的启动、停止、换向及锁紧等。

压力控制回路的作用是通过压力控制阀来完成系统的压力控制，实现调压、增压、减压、卸荷和顺序动作等，以满足执行元件在力或转矩及各种动作变化时对系统压力的要求。

速度控制回路的作用是控制液压系统中执行元件的运动速度或速度切换。

▶4-8-4 什么是比例阀？
答： 比例阀是在普通液压阀基础上用比例电磁铁取代普通电磁铁，控制阀芯的移动，从而实现对液压系统压力、流量、方向的连续调节。

▶4-8-5 液压站比例控制技术的工作原理是什么？
答： 液压站比例控制技术是介于开关控制技术和伺服控制技术间的过渡技术，它的工作原理是根据输入电信号电压值的大小，通过功率放大器，将该输入电压信号转换成相应的电流信号。这个电流信号作为输入量来控制比例电磁铁，从而产生和输入信号成比例的输出量——力或位移。该力或位移又作为输入量加给比例阀，比例阀产生一个与前者成比例的流量或压力。通过这样的转换，一个输入电压信号的变化，不但能控制执行元件和机械设备上工作部件的运动方向，而且可对其作用力和运动速度进行连续调节。

▶4-8-6 液压系统由哪些部件组成？
答： 液压系统一般由电动机、油泵、油箱、过滤器、管路、蓄能器及各种液压阀等组成。

▶4-8-7　液压系统在定桨距风机中的作用是什么？

答：在定桨距风电机组中，液压系统除了提供机械制动动力外，还为机组的空气制动液压管路提供动力，控制空气制动与机械制动的开启、关闭，实现机组的开机和停机。

▶4-8-8　定桨距风机液压系统的控制回路有哪些？

答：定桨距风机的液压系统分为叶尖控制回路、高速轴制动控制回路、偏航制动控制回路三个控制回路。

叶尖控制回路：在机组运行时使机构始终保持压力，当需要停机时，该回路的电磁阀失电，比例阀打开，叶尖回路压力油被卸回油箱，叶尖扰流器在离心力的作用下甩出实现制动。

高速轴制动控制回路：当风轮转速降到设定值时，高速轴制动压力油也被卸回油箱，制动钳动作，风轮停止运转。

偏航制动控制回路：机组运行时偏航制动钳保压，机舱偏航时液压系统偏航回路泄压但保持一定余压，形成一定的阻尼，克服机舱在运动时的惯性，保持对风过程中的稳定状态。解缆时回路中压力全部卸掉，制动钳处于完全放松状态，以减少制动片的磨损。

▶4-8-9　什么是定桨距风机气动刹车机构？

答：气动刹车机构是由安装在叶尖的气动扰流器通过钢丝绳与叶片根部液压油缸的活塞杆相连接构成的。当风力发电机组正常运行时，在液压力的作用下，叶尖扰流器与叶片主体部分紧密地合为一体，组成完整的叶片。当风力发电机组需要停机时，液压油缸失去压力，扰流器在离心力的作用下释放并旋转70°～90°形成阻尼板，由于叶尖部分处于叶片的最远端，整个叶片作为一个长的杠杆，使扰流器产生相当大的气动阻力，使风力发电机组的叶轮转速迅速降下来直至停止，这一过程即为叶片空气动力刹车。

▶4-8-10　什么是定桨距风机机械刹车机构？

答：机械刹车机构由安装在低速轴或高速轴上的刹车盘与布置在它四周的液压钳构成。液压钳是固定的，刹车圆盘随轴一起转动。由PLC控制刹车钳的打开和关闭，实现风力发电机组轴系的启、停。

▶4-8-11　定桨距风机叶尖扰流器的作用是什么？

答：叶尖扰流器是风力发电机组的主要制动器，每次制动时都是它起主要作用。控制系统指令或液压系统的故障引起液压系统失压都将导致扰流器释放而使叶轮停止运行。因此，空气动力刹车是一种失效保护装置，它使整个风力发电机组的制动系统具有很高的可靠性。

▶4-8-12　液压系统在变桨距风机中的作用是什么？

答：在变桨距风电机组中采用液压变桨距装置，利用液压系统控制叶片变距机构，实现风电机组的转速控制、功率控制，同时也控制机械制动机构以及驱动偏航减速机构。

▶4-8-13　变桨距风机（电动变桨）液压系统的控制回路有哪些？

答：变桨距风机（电动变桨）液压系统有主系统回路、高速轴刹车回路和偏航刹车回路三个控制回路。

主系统正常工作压力范围为14.5～16MPa，高速轴刹车回路压力范围为7.3～8.7MPa，偏航刹车回路压力范围为14.5～16MPa；系统压力由电机泵组作为动力单元提供并由压力传感器来精确显示的，动力源的断合利用压力开关和电气联动控制来实现的。

▶4-8-14　什么是液压风轮制动?

答：液压风轮制动（也称为高速轴刹车）安装在驱动链的高速轴侧，是风机的二级刹车系统，通过液压控制来实现。液压风轮制动的主要功能是使风轮减速直至完全静止。

在服务模式下，可以手动控制风轮制动使风轮静止；在紧急停机状态下，当风轮转速低于允许抱闸的设定值，液压风轮制动动作使风轮快速静止。

当发生以下两种情况时，液压风轮制动抱闸。其他情况下，液压风轮制动都处于松闸状态。

（1）当系统执行紧急停机，主流程进入停机模式，且风轮转速小于允许风轮制动的风轮转速设定值的情况下，风轮制动抱闸。

（2）当服务开关激活，主流程进入服务模式，且风轮转速小于允许风轮制动的风轮转速设定值的情况下，对风轮制动进行手动操作将制动闸关闭。

▶4-8-15　什么是液压偏航制动?

答：液压偏航制动安装在偏航制动盘上，当风机运行需要自动偏航对风时或手动偏航时，液压偏航制动阀部分打开（留有备压），液压偏航制动部分动作；当风机需要90°偏航、自动解缆或偏航润滑时，液压偏航制动阀全部打开，液压偏航制动全部动作。在其他情况下，液压偏航制动处于抱闸状态。

▶4-8-16　什么是液压泵控制?

答：液压泵控制的功能是保证液压系统的系统压力维持在设定的压力范围之内，当系统压力低于液压泵启动压力设定值（14.5MPa）时，液压泵开启使系统压力上升；当系统压力高于液压泵停止压力设定值（16MPa）时，液压泵停止使系统压力下降。

▶4-8-17　液压元件都有哪些? 分别有什么功能?

答：（1）液压泵：用于建立并维持主系统压力。

（2）压力传感器：由一个模拟量和2个开关量组成，模拟量用于实时检测系统压力并转化为数字显示，开关量的上限值设定为16MPa，下限值设定为14.5MPa。

（3）单向阀：液压油只能沿着一个方向导通，依靠压力顶起弹簧控制的阀瓣，压力消失后，弹簧力将阀瓣压下，封闭液体倒流，防止液压油反向流动；通常用于测量泵的压力或滤油器两端的压差。

（4）蓄能器：

1）把液压能转化为弹性势能储存起来；

2）吸收瞬间高压，使系统压力保持平缓；

3）在停泵后作为紧急动力源，起到系统保压的作用。

（5）一级安全阀：防止液压油过压，可整定，整定压力值19MPa。

（6）二级安全阀：防止液压油过压，整定压力值20MPa，出厂时候已铅封，不能调节，作为系统的2级保护。

（7）截止阀：常态下，此阀为全关状态，打开即系统卸荷，在停机维护，需要将系统压力卸荷时，将此阀逆时针旋到底。

（8）节流阀：刹车卡钳进油油量调节。

（9）高速轴减压阀：为二通减压阀，出口设定值为8MPa，调整出口压力只需旋动尾部最小的内六角即可，顺时针调节出口压力上升，逆时针调节出口压力下降。

（10）背压阀：能保持管路所需压力，使泵能正常输出流量，也能消减由于虹吸产生的流量及压力的波动，设定压力为1.5~2.5MPa。

（11）流量调速阀：起稳定流量的作用，通过调速阀的流量不因阀两端压差变化而变化，设定值为0.6L/min。

（12）半开电磁阀：当风机偏航时动作。

（13）全开电磁阀：当风机解缆时动作。

（14）高速轴进油电磁阀：二位二通动合电磁阀，可手动调节红色旋钮，顺时针拧到底，此时阀为动断位。

（15）高速轴放油电磁阀：二位二通动断电磁阀，系统维护时，将此阀红色手柄向外拉，并逆时针旋转，可将高速轴刹车压力释放。

（16）节流孔：起到阻尼作用。

（17）过滤器：过滤液压油杂质，保持油清洁，带压差传感器。

（18）手动泵：停机维护，使用手动泵打压前，先将块体上手动泵放气口螺堵拆掉，动作手动泵排气，待放气口有油液流出时，将放气口螺堵拧紧。

▶4-8-18 变桨距风机（液压变桨）液压系统有几条控制回路？

答：液压变桨的变桨距风机液压系统有两个控制回路，一路由蓄能器通过比例阀供给叶片变距油缸，另一路由蓄能器供给机械刹车机构。

▶4-8-19 变桨距风机（液压变桨）液压系统是如何组成的？

答：液压变桨的变桨距风机液压系统由液压泵组、油箱、过滤器等元件组成。液压泵组包括电动机、液压泵、管路等元件；液压泵安装在油箱油面以下并通过联轴器由油箱上部的电动机驱动，为液压系统提供一定压力和流量。液压泵的启停由压力传感器控制。当泵停止时，系统由蓄能器保持压力。当压力低于设定压力时，泵启动；在高于设定压力时，泵停止。在运行、暂停和停止状态，泵根据压力传感器的信号自动工作。

▶4-8-20 变桨距风机（液压变桨）液压系统在停机、紧急停机时的工作情况是什么？

答：在停机状态，液压泵继续自动运转。顺桨由部分来自蓄能器和部分直接来自液压泵的压力油来完成。

在紧急停机位时，液压泵很快断开，顺桨只由来自蓄能器的压力油来完成。为了防止在紧急停机时，蓄能器内油量不够变距油缸一个行程，紧急顺桨将由来自风的自变距力完成。

▶4-8-21 液压系统中过滤器安装位置有哪些？

答：（1）液压泵回油管路上；

（2）系统压力管道上；

（3）系统旁通油路上；

（4）系统回油管路上；

（5）单独设立滤油器管路上。

▶**4-8-22 如何更换液压油？**

答：首先关闭液压站电源保护开关，释放系统压力，用一个带有接头的油管接至最末端偏航刹车器上的泄油孔，闭合电源开关，手动触发液压泵继电器缓慢打压，此时，从油管流出脏油，观察油的清洁程度，油清洁后，停止泄油，密封堵头。使用以上同样方法，将油管接至主轴刹车器上的泄油孔，触发继电器将主轴刹车回路内的脏油清除。

补充油：直接在液压站上的加油口上加油。加完油后，合上电源，复位系统。当系统压力达到额定值时，再观察观测窗内油位情况，如油位过低，则需再补充少量油。补充完毕后应将加油口盖子盖好。

▶**4-8-23 液压站打压频繁的可能原因有哪些？**

答：（1）液压变桨风机反馈信号不准确；

（2）频繁变桨导致系统压力流失（液压变桨）；

（3）液压泵电机老化出力不足；

（4）液压站蓄能器预充压力不足；

（5）液压系统有泄漏点。

▶**4-8-24 液压站打压频繁会造成哪些元件缩短寿命？**

答：（1）控制液压站打压的接触器；

（2）液压站电机；

（3）液压站泵；

（4）各种阀块；

（5）供油管路接头、密封等处。

▶**4-8-25 液压泵工作超时故障原因有哪些？**

答：（1）液压电机电源异常，控制继电器异常或接线松动；

（2）液压电机或液压泵损坏，液压管路漏油或破裂；

（3）主接触器或辅助触点损坏；

（4）泄压阀未紧固，系统溢流阀异常；

（5）压力传感器或时间继电器损坏。

▶**4-8-26 液压系统定检项目有哪些？**

答：（1）检查液压缸体完好无破损，密封处无渗漏；

（2）检查各种液压阀体、液压油管无渗漏；

（3）液压油位正常；

（4）液压系统压力在正常范围内；

（5）检查过滤器，若发现堵塞时及时更换滤芯；

（6）接油盒完好，接油盒内无残留油渍；

（7）蓄能器预充压力检查。

▶4-8-27　液压系统开机时有什么注意事项？

答：（1）系统开机前检查确认设备已安装完成，管路连接及密封正确，电气接线及供电正确；

（2）检查电机转向，从电机的风叶端（俯视）看其旋转方向应与电机外壳上标识的箭头方向相同，严禁反转；

（3）加油前液压油必须事先经过过滤，加油时候所用工具必须保证清洁度；

（4）确认节流阀全部打开，截止阀关闭；

（5）检查蓄能器充气压力是否至10MPa；

（6）将手动泵排气口堵头拆下，操作手动泵进行排气，待手动泵排气口有液压油流出时，将堵头拧紧。

▶4-8-28　液压故障停机后应如何检查处理？

答：检查油泵是否工作正常，液压回路是否渗漏。若油压异常，应检查液压泵电动机、液压管路、液压缸及有关阀体和压力开关等，必要时应进一步检查液压泵本体工作是否正常，待故障排除后再恢复机组运行。

▶4-8-29　什么是液压系统的"爬行"现象？是如何造成的？

答：液压传动系统中，当液压缸或液压马达低速运行时，可能产生时断时续的运动现象，这种现象称为"爬行"。产生爬行的原因有三点：

（1）和摩擦力特性有关。若静摩擦力与动摩擦力相等，摩擦力没有降落特性，就不易产生爬行，因此检查液压缸内密封件安装正确与否，对消除爬行是很重要的。

（2）与转动系统的刚度有关。当油中混入空气时，则油的有效体积弹性系数大大降低，系统刚度减小，就容易产生爬行，因此必须防止空气进入液压系统，并设法排除系统中的空气。

（3）供油流量不稳定，油质变质或污染等也会引起爬行现象。

▶4-8-30　查找液压站内泄的方法是什么？

答：（1）通过控制块检查液压系统压力是否下降异常；

（2）采用耳听方式初步确定泄漏点；

（3）采用压力表连接不同测点检查压力值变化情况；

（4）通过不同测试检查各个油路的状态，初步判断故障油路，逐渐缩小查找范围；

（5）采用液压站解体检查的方法查找故障点。

▶4-8-31　液压油污染的原因有哪些？

答：（1）藏在液压元件和管道内的污染物。

1）液压元件在装配前，零件未去毛刺和未经严格清洗，铸造型砂、切屑、灰尘等杂物潜藏在元件内部；

2）液压元件在运输过程中油口堵塞被碰掉，因而在库存及运输过程中侵入灰尘和杂物；

3）安装前未将管道和管道接头内部的水锈、焊渣和氧化皮等杂物冲洗干净。

（2）液压油工作期间所产生的污染物。

1）油液氧化变质产生的胶质和沉淀物；

2）油液中的水分在工作过程中使金属腐蚀形成的水锈；

3）液压元件因磨损而形成的磨屑；

4）油箱内壁上的底漆老化脱落形成的漆片等。

（3）外界侵入的污染。

1）油箱防尘性差，容易侵入灰尘、切屑和杂物；

2）油箱没有设置清理箱内污物的窗口，造成油箱内部难清理或无法清理干净；

3）切削液混进油箱，使油液严重乳化或掺进切屑；

4）维修过程中不注意清洁，将杂物带入油箱或管道内等。

（4）管理不严。

1）新液压油质量未检验；

2）未清洗干净的桶用来装新油，使油液变质；

3）未建立液压油定期取样化验的制度；

4）换新油时，未清洗干净管路和油箱；

5）管理不严，库存油液品种混乱，将两种不能混合使用的油液混合使用。

▶**4-8-32 液压油被污染的危害有哪些？**

答： 油液污染会使系统工作灵敏性、稳定性和可靠性降低，液压元件使用寿命缩短。具体危害如下：

（1）污染物使节流孔口和压力控制阀的阻尼孔时堵时通，引起系统压力和速度不稳定，动作不灵敏；

（2）污染物会导致液压元件磨损加剧，内泄漏增大，使用寿命缩短；

（3）污染物会加速密封件的损坏、缸或活塞杆表面的拉伤，引起液压缸内外泄漏增大；

（4）污染物会将阀芯卡住，使阀动作失灵，引起故障；

（5）污染物会将过滤器堵塞，使泵吸油困难，引起空穴现象，导致噪声增大；

（6）污染物会使油液氧化速度加快，寿命缩短，润滑性能下降。

▶**4-8-33 控制液压油污染的措施有哪些？**

答： 为确保液压系统工作正常、可靠和寿命长的要求，必须采取有效措施控制液压油的污染。

（1）控制液压油的工作温度。对于石油基液压油，当油温超过55℃时，其氧化加剧，使用寿命大幅度缩短。据相关试验，当石油基液压油温度超过55℃时，油温每升高9℃，其使用寿命将缩减一半。必须严格控制油温才能有效地控制油液的氧化变质。

（2）合理选择过滤器精度。过滤器的过滤精度一般按液压系统中对过滤精度要求最高的液压元件来选择。

（3）加强现场管理。加强现场管理是防止外界污染物侵入系统和滤除系统污染物的有效措施。加强现场管理措施如下：

1）检查设备的清洁度时，应同时检查液压系统油液、油箱和过滤器的清洁度，若发现油液污染超标，应及时换油或更换过滤器。

2）在制定一级保养制度时，应有液压系统方面的具体保养内容，如油箱内外应清洗干净，过滤器芯要清洗或更换等。

3）定期对油液取样化验。对于已经规定更换周期的液压设备，可在换油前一周取样化验；对于新换油液，经过一定时间的连续工作后，应取样化验。

4）定期清洗滤芯、油箱和管道。控制油液污染的另一个有效方法是定期清洗，去除滤芯、油箱、管道及元件内部的污垢。在拆装元件、管道时要特别注意清洁，对所有油口在清洗后都要有堵塞或塑料布密封，以防脏物侵入。

5）油液过滤是控制油液污染的重要手段，它是一种强迫分离出油液中杂质颗粒的方法。油液经过多次强迫过滤，能使杂质颗粒控制在要求的范围内。

▶4-8-34 液压油系统的故障分析法有哪些？

答：（1）简易故障诊断法。又称为主观诊断法，它是靠维修人员利用简单的诊断仪器和个人实际经验对液压系统的故障采用问、看、听、摸、闻等方法了解系统工作情况，进行分析、诊断，确定产生故障的原因和部位。这种诊断方法因不同人的感觉不同、判断能力的差异和实际经验的不同，其结果会有差别，所以主观诊断法只能给出简单的定性结论。

（2）原理图分析法。根据液压系统原理图分析液压传动系统出现的故障，找出故障产生的部位及原因，并提出排除故障措施的方法。液压系统图分析法是目前应用最为普遍的方法，它要求对液压知识具有一定基础并能看懂液压系统图，掌握各图形符号所代表元件的名称、功能、对元件的原理、结构及性能掌握清楚，有这样的基础，结合执行机构动作循环表对照分析、判断故障就很容易了。

▶4-8-35 风机使用的润滑油品有哪些特性？

答：（1）较少部件磨损，可靠延长齿轮及轴承寿命；

（2）降低摩擦，保证传动系统的机械效率；

（3）降低振动和噪声；

（4）减少冲击载荷对机组的影响；

（5）作为冷却散热媒体；

（6）提高部件抗腐蚀能力；

（7）带走污染物及磨损产生的铁屑；

（8）油品使用寿命较长，价格合理。

▶4-8-36 风电机组需要油脂润滑的部位有哪些？

答：有主轴、发电机轴承、齿轮箱、偏航轴承及齿轮、变桨轴承及齿轮等部位。

▶4-8-37 主轴润滑有哪些控制方式？

答：（1）在控制器开机运行后，主轴承润滑计时器清零并开始计数；

（2）当计时器计时达到设定值之后，系统将启动主轴承润滑；

（3）主轴承润滑泵运行达到设定值后关闭，计时器复位。

▶**4-8-38 发电机润滑控制方式是什么?**

答: 发电机本身一般带有润滑控制,不需要控制器进行控制。

▶**4-8-39 齿轮箱润滑泵分为哪几种工作模式?**

答: 齿轮箱润滑泵分成高速模式和低速模式两个工作模式。

(1)高速模式。当下述条件其中一个满足时,齿轮箱润滑泵工作在高速模式:

1)齿轮箱油温大于40℃;

2)风轮转速大于10.5r/min。

(2)低速模式。当下述条件其中一个满足时,齿轮箱润滑泵工作在低速模式:

1)齿轮箱油温大于40℃且风机运行不处于服务模式和停机模式;

2)风轮转速大于1.2r/min且小于10.5r/min。

▶**4-8-40 什么情况下进行偏航润滑控制?**

答: 当偏航系统运行一段时间后,需要进行偏航润滑。满足以下条件之一时,系统将打开润滑泵对风机进行偏航润滑:

(1)系统运行计时器超过设定值。

(2)偏航系统运行计时器超过设定值。

(3)在偏航解缆激活的条件下,距离上次解缆的时间大于两次偏航解缆间隔时间的设定值。启动偏航润滑泵,偏航360°之后,关闭润滑泵。偏航润滑计时器复位。

▶**4-8-41 变桨润滑控制方式是什么?**

答: 控制器开机运行后,变桨润滑计时器开始计时。当计时器计时达到一定时间后,启动变桨润滑。当变桨润滑完成后,对变桨计时器进行复位。

▶**4-8-42 风电机组的齿轮箱常采用什么润滑方式?**

答: 风电机组的齿轮箱常采用飞溅润滑或强制润滑,一般以强制润滑为多见。

▶**4-8-43 齿轮箱润滑油必须具备哪些性能要求?**

答: (1)具有抗微点蚀性能。微点蚀是疲劳磨损的微观表象,多出现在滑动接触面上。如在齿顶和齿根部位,疲劳磨损导致齿面上出现微小的点蚀,也可能出现表面灰暗、斑点,局部变得粗糙。这些微点蚀在压应力和润滑油的作用下会进一步扩展,造成齿面剥脱、齿面变形,引起振动和噪声,导致齿轮故障。

(2)具有抗磨性能。齿轮箱润滑油对齿面的抗磨保护主要表现在其防止胶合性能上,同轮润滑油还兼顾轴承的润滑。齿轮油对轴承的抗磨保护表现为轴承磨损量和存积物量的多少。

(3)其他性能要求。包括抗氧化性能、寿命、与密封材料的兼容性、防锈防腐性能、保持清洁的能力、抗泡性和空气释放性能、抗剪切性能、环境友好性能等。

▶**4-8-44 影响齿轮油清洁度的因素有哪些?**

答: (1)微小的颗粒物。润滑油中的颗粒物进入齿面和轴承间隙中,是磨损的主要因素。

（2）水分。由于风机多安装在偏远、空旷、多风的边疆及沿海等地区，齿轮箱工作的环境温度极端变化、相对湿度高，不可避免地会有一定量的水汽进入，造成污染。

（3）氧化产物。运行一段时间后，齿轮箱内的零件上会出现一些黄色胶状物质，或在箱体底部沉积了一些黑色的油泥，这些都是油的氧化产物。氧化物会导致出现"砂纸效应"，附着在零件工作表面，吸附颗粒物，加速零件的磨损，降低机件的性能和热交换效率，导致油温升高，使过滤器堵塞，油流动性降低，加速油的变质。

▶4-8-45　齿轮箱润滑油的作用是什么？

答：（1）对轴承齿轮起保护作用；

（2）减小磨损和摩擦，具有高的承载能力，防止胶合；

（3）吸收冲击和振动；

（4）防止疲劳、点蚀、微点蚀；

（5）冷却、防锈、抗腐蚀。

▶4-8-46　齿轮箱压力润滑故障原因有哪些？

答：（1）机械泵卡涩；

（2）润滑油中混有杂质铁屑等；

（3）压力测点接线松动；

（4）油管堵塞；

（5）压力回路泄压。

▶4-8-47　长时间使用齿轮箱加热装置对齿轮油有什么危害？

答：（1）造成润滑油温度高，影响传动过程中的润滑效果；

（2）造成润滑油局部过热，温度过高油品急剧劣化，影响使用寿命。

▶4-8-48　润滑油油品更换时有哪些注意事项？

答：油品更换前可根据实际情况选用专用清洗剂，更换时应将旧油彻底排干，清除油污，并用新油清洗齿轮箱，对箱底装有磁性元件的，应清洗磁性元件，检查吸附的金属杂质情况。加油时按要求油量加注，避免油位过高，导致回油不畅而发生渗漏。

▶4-8-49　润滑油的常规分析及监测项目有哪些？

答：润滑油的常规分析及监测项目有油品外观、黏度、酸值、水分、闪点、抗乳化、抗氧化安定性和机械杂质等。

▶4-8-50　什么是润滑油事故预测检验？

答：一般纯净润滑油中不含铁、铬、铜、钼等杂质元素。在设备零件磨损后，这些元素以杂质呈现在油品中的含量就会逐渐增高。设备正常磨损时，这些杂质元素含量增高缓慢，非正常磨损时，其含量会急剧增高。因此测定油中杂质元素的含量就可预测零件的磨损状态。

油品中的各磨损元素的浓度与零部件的磨损状况有关。对润滑油进行状态监测，可以预测机器设备的故障，降低事故的发生。

润滑油的事故预测检验方法常用润滑油的光谱分析法。润滑油光谱分析法是通过测定机器设备的润滑油所含各种金属元素的含量，反推出含有这些元素的零部件的磨损状态，从而诊断与润滑系统有关的故障，实现对机器设备运行的监控。

▶**4-8-51　润滑油在搬运和储存时容易受到污染、变质的原因有哪些？**

答：（1）损坏的容器；

（2）湿气凝结；

（3）用以搬运的设备肮脏；

（4）暴露在灰尘或化学烟雾和蒸汽中；

（5）不妥善的室外储存；

（6）混合使用不同牌号或种类的油；

（7）存储时暴露在过热或过冷环境中及储存期太长等。

▶**4-8-52　润滑设备的使用维护和管理内容有哪些？**

答：（1）根据技术要求和实际情况，制定润滑设备操作规程和加油制度，使设备润滑工作达到"五定"，即定人员、定油点、定油量、定加油周期、定油品种。

（2）设备用油必须定期抽样化验，并要记录存档。

（3）检修维护人员要严格遵守操作规程、岗位责任制、巡回检查制、加油换油过滤制、交接班制、消防制、环境卫生制。对集中润滑站要做到5个记录，即交接班记录、运行记录、加油换油记录、事故记录、维修记录。

（4）润滑设备定期检查，至少半年一次，查出问题及时整改。

（5）凡新建、扩建、大修和改建的工程，其润滑设备必须进行验收，合格后方能投产。

第九节　消防系统

▶**4-9-1　风机智能自动消防系统有什么特点？**

答：风机智能自动消防系统主要监测防护齿轮箱、液压系统、高速轴制动器、发电机等区域。所有受保护区域采用两级火灾报警方式，提高火灾报警的准确性，降低误启动的概率。

智能自动消防系统任意传感器监测到火情后，先将报警信号传递给风电专用型消防气体灭火控制盘进行消防预警，在预报警时也能够通过风机内手动紧急启动按钮启动灭火装置。当防护区内温度持续上升，烟雾探测器、温度感应元件均探测到火情信号时发送主报警信号传送至中控室服务器中，风机内灭火系统（经过一定时间延时）自动启动防护区内的灭火装置，在延时期间能够启动声闪报警灯提示人员快速撤离。

另外，为防止由于雷击或停电等事故造成自动消防系统电气部分的无法正常运行，灭火装置配备了绝对保护的机械式启动元件，当风机温度达到所设定的温度值时，也可自启动灭火装置对机舱内火情全淹没式扑灭。

▶**4-9-2 风电企业消防管理的方针与原则是什么?**

答: 风电企业消防工作应贯彻"预防为主、防消结合"的方针,坚持"谁主管,谁负责"的原则,达到消除火灾、控制火警、确保安全的目标。

▶**4-9-3 风电企业消防工作的"四懂""四会"是什么?**

答:(1)"四懂"。懂得本岗位火灾的危险性,懂得预防火灾的措施,懂得扑救火灾的方法,懂得逃生疏散的方法。

(2)"四会"。会使用消防器材,会报火警,会扑救初起火灾,会组织疏散逃生。

▶**4-9-4 风电企业重点防火部位有哪些?**

答:(1)开关室、中控室、继保室、计算机房、档案室、通信机房、蓄电池室;

(2)主变压器、电抗器、电缆间及电缆沟;

(3)机舱、塔筒内;

(4)各类仓库;

(5)油品储存区及其他风场认定的区域。

▶**4-9-5 风机消防安全管理有什么措施?**

答: 风机塔筒及机舱内有较多的电气设备,机舱内还有较多的注油及润滑设备,如检查维护不当,极易发生风机火灾事故。因此,必须做好风机消防安全,防止风机火灾事故发生。风机消防安全管理规定及防火、灭火措施如下:

(1)建立健全预防风机火灾管理制度,严格风机内动火作业管理,定期巡查机组防火控制措施。

(2)严格按照设计图册施工,布线整齐,各类电缆按规定分层布置,电缆的弯曲半径应符合要求,避免交叉,保证接线工艺,满足接线工艺标准。

(3)辅助变压器、变频器、母线、并网接触器等一次设备动力电缆必须选用阻燃电缆,定期对其连接点及设备本体进行温度检测。

(4)机组叶片、机舱、塔筒的电缆应选用阻燃电缆,靠近加热器等热源的电缆应有隔热措施,靠近带油设备的电缆槽盒应密封,电缆通道采取分段阻燃措施。电缆外护套必须使用阻燃材料。

(5)塔筒通往机舱穿越平台、盘等处电缆空洞和盘面缝隙采用有效的封堵措施且涂刷电缆防火涂料。

(6)机舱的隔音海绵应去除,保温材料必须使用阻燃材料,机舱内壁应涂刷防火涂料。

(7)保持风机内部干净清洁,严禁在风电机组内存放易燃易爆品和沾油物品。斜口钳等工具禁止放在机舱柜内线槽的高处,机组检修或维护结束后,应做到工完、料净、场地清,机舱内不得留有废弃的备件、易耗品等杂物。

(8)定期监控设备轴承、发电机、齿轮箱及机舱内部环境温度的变化,发现异常及时采取有效措施处理。

（9）机舱、塔筒内的电气设备及防雷设施预防性试验应合格，定期对发电机、防雷系统和接地系统进行检查、测试。机组基础接地网和机组的接地电阻应定期测试，电阻值应在规定范围内。

（10）严格控制齿轮油和液压油系统的温度在允许范围内，其超温保护可靠、有效。

（11）高速轴刹车系统必须采取对火花或高温碎屑的封闭隔离措施。机舱内部卫生必须保持清洁，易燃的物质必须得到及时的清理。

（12）制动片与制动盘的间隙必须在规定的范围内，应定期检查并调整。制动片摩擦材料的厚度在规定的范围内，磨损不得超限，否则应及时更换。制动器的制动盘磨出沟槽等应及时修复或更换。

（13）机组的齿轮油、液压油系统密封应严密，无渗漏。法兰不得使用铸铁材料，不得使用塑料垫、橡胶垫（含油橡胶垫）和石棉纸、钢纸垫。

（14）机舱、塔筒内的照明装置应使用冷光源设备，并配备漏电保护器。

（15）叶片接闪器和引雷线装置应完整并符合要求，其功能有效。

（16）机舱、塔筒内应装设火灾报警系统和灭火装置。必要时可装火灾检测系统，每个平台处应摆设合格的消防器材。

（17）机舱装设或配备的提升机、缓降器及安全绳、安全带、逃生装置应定期检验且合格。

（18）进入机舱、塔筒内，严禁携带火种、禁止吸烟。不得存放易燃易爆物品。清洗、擦拭设备时，必须使用非易燃清洗剂，严禁使用汽油、酒精等易燃物。

（19）机组内部的有动火作业必须开具动火工作票，严格履行动火作业手续。作业前清除动火区域内的可燃物，且不能应用阻燃物隔离。氧气、乙炔气瓶应固定在塔筒外且气瓶间的距离不得小于5m并不得暴晒。电焊机应放置在塔筒外，电源也应取自塔筒外。严禁在机舱内的油管上进行焊接作业，作业场所应保持良好通风和照明。动火结束后清理场地，动火人员必须停留观察15min，确认无残留火种后方可离开。

（20）机舱内有升压变压器的机组，变压器室内不应存有易燃物品，当高压侧发生单相接地时，应具备快速切除的功能，切除故障时间不得大于1min；变压器室内应有可靠的防凝露和防盐雾腐蚀等辅助装置；严格按照变压器要求进行定期维护，定期检查设备是否存在污闪、放电情况。变压器发生弧光保护、过电流保护、差动保护（如有）等动作后，未查明原因，不得恢复送电。

（21）风向多变季节需加强电缆自由放展段的检查；对绕缆严重的风机电缆，要及时松缆并对扭缆传感器和解缆保护开关进行检查、测试，保证解缆开关可靠运行。

（22）电缆和塔架平台交汇处必须有可靠的防磨损护套，定期检查电缆绝缘层磨损情况，发现电缆有磨损，要立即检查测试电缆绝缘情况，并采取可靠措施。

（23）加强检修质量管理，齿轮箱、发电机、主轴、偏航等主要传动部件更换时应编制检修作业指导书，并进行严格审核，严格落实"三级"检修验收管理，确保检修工艺到位。

第十节　塔筒

▶4-10-1　基础的作用是什么？对其有什么要求？

答：基础为发电机组的主要承载部件，它通过基础环法兰连接风电机组的塔架，以支撑机舱、叶片等大型部件的重量，依靠自身重力来承受上部塔架传来的竖向荷载、水平荷载和颠覆力矩，要求其具有足够的抗压、抗扭、抗弯和抗冲击的性能，并且在极端气候条件下保证风电机组的安全。

▶4-10-2　风电机组的基础形式主要有哪些？

答：风电机组的基础形式主要有重力式扩展基础、桩基础、梁板式基础等，另外还有复合式基础、预应力锚栓基础。

▶4-10-3　基础的常见失效形式有哪些？

答：有开裂、倾倒、不均匀沉降等。

▶4-10-4　基础的不均匀沉降现象是什么？原因是什么？

答：基础沉降主要是由地基土体的压缩变形导致。在载荷大于其抗剪强度后，土地产生剪切破坏，导致基础沉降。如果同一基础的某个部位发生急剧下降，导致基础开裂、顶面相对高差超出允许偏差范围，即为不均匀沉降。

▶4-10-5　不均匀沉降的处理方法有哪些？各自特点是什么？

答：（1）堆载纠偏法。在基础承台较高一侧，进行堆土压载，使风电机组基础承台两侧受力不均，从而对原先不均匀沉降进行纠正。施工时应注意加强观测，保证每周两次的观测密度，当不均匀沉降消除后，应该立刻挖除堆土，以避免造成新的不均匀沉降情况发生。堆载纠偏法对风电机组基础的干扰相对较小，且易于实施、经济合理，但需要较长时间。

（2）注浆法。采用钻机钻至持力层，使用压力泵通过钻孔将水泥浆注入持力层桩尖位置，使桩尖饱和土与水泥固化成水泥土，从而大幅度提高该预应力性的承载能力。但淤泥流动性强，使浆液无法送至持力层桩尖，从而降低水泥土效果。

▶4-10-6　塔筒的作用是什么？

答：（1）获得较高且稳定的风速，即让风轮处于风能最佳的位置；

（2）给风轮及主机（机舱）提供满足功能要求的、可靠的固定支撑；

（3）提供安装、维修等工作的平台。

▶4-10-7　一般塔筒的选材和高度是如何判断的？

答：塔筒的选材和高度由使用地区的环境决定，可使用Q345C或Q345D板材，高寒地区应该使用Q345E钢材。塔筒的高度根据当地的风资源状况，有65、70、80m等。

▶4-10-8　塔筒附件主要由哪些组成？

答：主要包括工作平台、爬梯、防坠装置（钢丝绳、防坠导轨）、电缆架、电控柜（塔基控制柜、变流器、断路器、辅助变压器等）、照明系统、助爬器（升降机）等。

▶**4-10-9 塔架的常见失效类型有哪些?**

答：连接法兰变形、连接螺栓断裂、防腐失效、焊缝开裂等。

▶**4-10-10 塔筒内部重点部位有哪些?**

答：（1）爬梯所有连接螺栓是否紧固牢靠；

（2）爬梯是否存在开焊点，是否存在裂纹；

（3）安全绳是否有断股的现象；

（4）安全索道是否润滑良好、无卡涩；

（5）照明是否正常。

第十一节　防雷

▶**4-11-1 风力发电机为什么要做雷电防护?**

答：发生雷击时，闪电电流通过所有风力发电机组件传导至地面，由于风力发电机位于疾风区，通常选址在丘陵或山脊上，其高度远高于周围的地形地貌，再加上风力发电机安装地点土壤电阻率通常较高，对雷电流的传导性能相对较差，特别容易受到直击雷、侧击雷和感应雷的袭击，因此，对风力发电机组件采取防雷措施是非常必要的。

▶**4-11-2 什么是雷暴日?**

答：雷暴日表征不同地区雷电活动的频繁程度，是指某地区一年中有雷电放电的天数，一天中只要听到一次以上的雷声就算一个雷暴日。

▶**4-11-3 什么是电涌保护器?**

答：电涌保护器也称为防雷器，是一种为各种电力设备、仪器仪表、通信线路等提供安全防护的装置。当电气回路或者通信线路中因为外界的干扰突然产生尖峰电流或者电压时，浪涌保护器能在极短的时间内导通分流，从而避免浪涌对回路中其他设备的损害，它至少应含有一个非线性元件，简称SPD。

▶**4-11-4 什么是开关型电涌保护器、限压型电涌保护器?**

答：开关型电涌保护器是指采用放电间隙、气体放电管、晶闸管和三端双向可控元件构成的电涌保护器。

限压型电涌保护器是指采用敏电阻器和抑制二极管组成的电涌保护器。

▶**4-11-5 什么是等电位连接?**

答：将各金属体做永久的连接以形成导电通路，应保证电气的连续导通性并将预期可能加于其上的电流安全导入大地。

▶**4-11-6 什么是土壤的电阻率?**

答：土壤电阻率是单位长度的土壤电阻的平均值与截面面积乘积,单位为欧姆·米（Ω·m）。

▶4-11-7 叶片防雷系统是如何布置的?

答: 叶片防雷系统连于叶片根部的金属环处,包括雷电接闪器和引下线(雷电传导部分),最后通过轮毂和叶轮连接到机舱。

▶4-11-8 叶片防雷击系统由哪些部件构成?

答: 叶片防雷系统包含接闪器和敷设在叶片内腔连接到叶片根部的导引线构成。雷电接闪器是一个特殊设计的不锈钢螺杆,装置在叶片尖部,即叶片最可能被袭击的部位,接闪器可以经受多次雷电的袭击,受损后也可以更换。雷电传导部分在叶片内部将雷电从接闪器通过导引线导入叶片根部的金属法兰,通过轮毂、主轴传至机舱,再通过偏航轴承和塔架最终导入接地网。

▶4-11-9 叶片防雷击系统作用是什么?

答: 叶片防雷系统的主要作用是避免雷电直击叶片本体,而导致叶片本身产生发热膨胀、迸裂损害现象,推荐的叶片防雷击导线截面积为$50mm^2$。

▶4-11-10 叶片雷击记录卡的作用是什么?

答: 雷击卡能详细记录雷击次数与时间,能通过雷击卡做出相应的设备维护方案。

▶4-11-11 机舱防雷击系统由哪些部件构成?

答: 机舱顶上装有避雷针,机舱主机架与叶片、机舱顶上避雷针连接,再连接到塔架和基础的接地网。

机舱上层平台为钢结构件,机舱内的零部件都通过接地线与之相连,接地线尽可能地短直。

▶4-11-12 避雷针的作用是什么?

答: 避雷针用作保护风速计和风向标免受雷击,在遭受雷击的情况下将雷电流通过接地电缆传到机舱上层平台,避免雷电流沿传动系统的传导。

▶4-11-13 风电机组的内部雷电保护设备有哪几种?

答:(1)接地保护设备;

(2)隔离保护设备;

(3)过电压保护设备。

▶4-11-14 什么是接地保护设备?主要分为哪几种?

答: 为了预防雷电效应,对处在机舱内的金属设备如金属构架、金属装置、电气装置、通信装置和外来的导体应作等电位连接,将汇集到机舱底座的雷电流传送到塔架,由塔架本体将雷电流传输到底部,并通过接入点传输到接地网。主要接地设备有:

(1)风速计、风向标和环境温度传感器在机舱内一起等电位接地;

(2)机舱的所有组件如避雷针、主轴承、发电机、齿轮箱、液压站等以合适尺寸的接地带,连接到机舱主框作为等电位;

(3)控制柜、变压器、电抗器在塔底接地汇流排上作等电位连接。

▶4-11-15 隔离保护设备的作用是什么?

答:(1)机舱处理器和地面控制器通信,采用光纤电缆连接;

（2）对处理器和传感器，分开供电的直流电源。

▶4-11-16　什么是过电压保护器？

答：在发电机、开关盘、控制器模块电子组件、信号电缆终端等，采用避雷器或压敏块电阻的过电压保护。

▶4-11-17　非线性元件（SPD）是否能防止工频过压？

答：SPD是瞬态电涌保护器，不是工频过压保护器，现在行业中很多的问题是由于工频过压引起的损坏，由于主控开关仅具备过电流分段保护，而没有过电压保护，所以造成较为严重的电控柜烧毁事故。

▶4-11-18　围绕风机基础的环状导体应该如何埋设？

答：风机接地系统应包括一个围绕风机基础的环状导体，环状导体埋设在距风机基础1m远的地面下1m处，采用50mm²铜导体或直径更大些的铜导体；每隔一定距离打入地下镀铜接地棒，作为铜导电环的补充；铜导电环连接到塔架2个相反位置，地面的控制器连接到连接点之一。有的设计在铜环导体与塔基中间加上两个环导体，使跨步电压更加改善。如果风机放置在接地电阻率高的区域，要延伸接地网以保证接地电阻达到规范要求。若测得接地网电阻值大于要求的值，则必须采取降阻措施，直至达到标准要求。

▶4-11-19　对于风电机组而言，直接雷击保护及间接雷击保护主要针对什么？

答：对于风力机而言，直接雷击保护主要是针对叶片、机舱、塔架防雷，而间接雷击保护主要是指过电压保护和等电位连接。

▶4-11-20　风电机组的雷电接收和传导途径是什么？

答：雷电由在叶片表面接闪电极引导，由雷电引下线传到叶片根部，通过叶片根部传给叶片法兰，通过叶片法兰和变桨轴承传到轮毂，通过轮毂法兰和主轴承传到主轴，通过主轴和基座传到偏航轴承，通过偏航轴承和塔架最终导入接地网。

▶4-11-21　接地电阻与机组遭雷击的关系是怎样的？

答：接地电阻是一个动态的参数，要说有多大的绝对关系是不现实的。但是从风场的特殊结构和环境看，在机位地理环境基本一致，高度基本一致，机组型号基本一致的前提下，接地电阻较高的机组容易造成电控设备的损坏，主要原因在于地电位反击。

▶4-11-22　风场机组是并联好还是独立好？

答：按照电力规范，工频地网的地网发射线最长为200m，超过200m后其分流与降阻的效果一般；两台风力发电机组之间的最小距离为300m以上，有些特殊机位（如山顶、山脚）的直线距离甚至更小，如果相连无法保证两台机组的接地电阻完全一致，在高电流冲击下，动态电阻必然一高一低，容易造成连环的损害。

第五章

常 用 工 器 具

第一节　绝缘工器具

▶5-1-1　**安全工器具是如何分类的?**

答:（1）电气绝缘工器具。包括高压验电器、高压绝缘棒、绝缘鞋（靴）、绝缘手套、绝缘垫、绝缘夹钳、绝缘台、绝缘挡板等。

（2）安全防护工器具。包括防护眼镜、安全帽、安全带、腰绳、绝缘布、耐酸工作服、耐酸手套、防毒面具、防护面罩、临时遮栏、遮栏绳（网）以及登高用梯子、脚扣（铁鞋）、站脚板等。

（3）安全围栏（网）和标示牌。包括安全网、安全围栏、设备标志牌、安全标志牌等。

▶5-1-2　**电气绝缘工器具和安全防护工器具按其功能和作用可以分为哪几种?**

答:（1）基本绝缘安全工器具。指安全工器具的绝缘强度能承受工作电压的作用,可以直接操作高压电气设备、接触或可能接触带电体的工器具。如电容型验电器、绝缘杆、绝缘隔板、绝缘罩、核相器、携带型短路接地线、个人保安接地线等。

（2）辅助绝缘安全工器具。指绝缘强度不能承受工作电压的作用,只用于加强基本绝缘安全工器具的保安作用,用以防止接触电压、跨步电压、泄漏电流电弧对操作人员的伤害。如绝缘手套、绝缘靴（鞋）、绝缘胶垫、绝缘台、绝缘用品等。

（3）一般防护安全工器具（一般防护用具）。指防护工作人员发生事故的工器具。如安全帽、安全带、绝缘梯、安全绳、脚扣、防静电服（静电感应防护服）、防电弧服、导电鞋（防静电鞋）、安全自锁器、速差自控器、防护眼镜、过滤式防毒面具、正压式消防空气呼吸器、SF_6 气体检漏仪、氧量测试仪、耐酸手套、耐酸服及耐酸靴等。

▶5-1-3　**绝缘手套使用时有什么注意事项?**

答:（1）使用绝缘手套前必须检查绝缘手套是否在有效周期内;

（2）使用绝缘手套前必须进行外观检查,并用吹气摇动挤压法进行气压测试,确定完好无损;

（3）使用绝缘手套必须双手戴好,严禁将绝缘手套包裹在工具上使用。

▶**5-1-4　绝缘手套应如何保管?**

答：（1）绝缘手套应存放在干燥、阴凉的地方，并应倒置在指形支架上或存放在专用的柜内，与其他工具分开放置，其上不得压任何物件；

（2）绝缘手套不得与石油类的油脂接触，不合格的绝缘手套应报废处理，禁止置于生产现场。

▶**5-1-5　低压验电器应如何使用? 有什么注意事项?**

答：（1）使用前应在确认有电的设备上进行试验，确认验电器良好后方可进行验电。在强光下验电时应采取遮挡措施，以防误判断。

（2）验电器可区分相线和接地线，接触时氖泡发光的线是相线，氖泡不亮的线为接地线（中性线）。

（3）验电器可区分交流电或是直流电，电笔氖泡两极发光的是交流电，一极发光的是直流电，且发光的一极是直流电源的负极。

（4）使用时一定要手握笔尾金属体或尾部螺钉，笔尖金属探头接触带电设备，严禁用湿手去验电，严禁用手接触笔尖金属探头。

▶**5-1-6　高压验电使用时有什么注意事项?**

答：（1）验电前，应在有电设备上进行试验，确定验电器完好；

（2）验电时，应使用电压等级合适而且合格的验电器，必须戴绝缘手套；

（3）验电时，应在检修设备的各侧各相分别采用多点进行验电；

（4）验电时，应确认验电位置正确后方能进行验电；

（5）验电时，验电器应慢慢接触被测电气设备，让验电器的接触极充分接触被测部位，严禁用监测器外壳和绝缘杆与被测电气设备接触进行验电。

▶**5-1-7　绝缘杆应如何使用? 有什么注意事项?**

答：（1）使用绝缘杆前，应检查绝缘杆的堵头，如发现破损，应禁止使用。

（2）雨天、雪天在户外操作电气设备时，操作杆的绝缘部分应有防雨罩。罩的上口应与绝缘部分紧密结合，无渗漏现象，罩下部分的绝缘杆保持干燥。

（3）使用绝缘杆时，操作人员应戴绝缘手套、穿绝缘靴（鞋），人体应与带电设备保持足够的安全距离，并注意防止绝缘杆被人体或设备短接，以保持有效的绝缘长度。

（4）操作绝缘杆时，绝缘杆不得直接与墙或地面接触，以防碰伤其绝缘表面。

▶**5-1-8　绝缘杆应该如何保管?**

答：绝缘杆应存放在干燥的地方，以防止受潮。一般应放在特制的架子上或垂直悬挂在专用挂架上，以防弯曲变形。

▶**5-1-9　绝缘隔板在什么场所使用?**

答：一般用在部分停电工作中，施工人员与35kV及以下线路的距离不能满足安全距离时，则用允许能承受该电压等级的绝缘隔板将35kV及以下线路临时隔离起来，也可用绝缘隔板以防止停电断路器的误操作。当断路器断开后，为防止误操作，可在动触头和静触头之间用绝缘隔板将其隔开，使其在发生误操作时也合不上断路器，从而保证人身安全。

在一个供电回路停电检修、做交流耐压试验、在电源断开点的两侧有可能产生电弧等情况下，也可用绝缘隔板来加强绝缘，防止因试验电压产生对带电部分的闪络而发生的事故。

▶5-1-10　绝缘靴应如何使用？有什么注意事项？

答：（1）雷雨天气或一次系统有接地时，巡视室外高压设备应穿绝缘靴。使用绝缘靴时，应将裤管套入靴筒内，并要避免接触尖锐的物体，避免接触高温或腐蚀性物质，防止受到损伤。严禁将绝缘靴挪作他用。

（2）为了使用方便，一般现场至少配备大、中号绝缘靴各两双，以使大家都有绝缘靴穿用。

（3）绝缘靴如试验不合格，则不能再穿用。

（4）绝缘靴使用前应检查：不得有外伤，要无裂纹、无漏洞、无气泡、无飞边、无划痕等缺陷。如发现有以上缺陷，应立即停止使用并及时更换。

▶5-1-11　绝缘垫应如何使用？有什么注意事项？

答：（1）在使用过程中，应保持绝缘垫干燥、清洁，注意禁止与酸、碱及各种油类物质接触，以免受腐蚀后绝缘老化、龟裂或变黏，降低其绝缘性能。

（2）绝缘垫应避免阳光直射或锐利金属划刺，存放时应避免与热源（暖气等）距离太近，以防急剧老化变质，绝缘性能下降。

使用过程中要经常检查绝缘垫有无裂纹、划痕等，发现有问题时要立即禁用并及时更换。

▶5-1-12　什么情况下应穿绝缘靴？

答：（1）雷雨天气，需要巡视室外高压设备时，应穿绝缘靴；

（2）雨天进行室外倒闸操作时，应穿绝缘靴；

（3）接地电阻不符合要求的，晴天也应穿绝缘靴；

（4）高压设备发生接地时，需进入室内故障点4m以内，室外故障点8m以内时，必须穿绝缘靴。

▶5-1-13　个人保安接地线有什么使用注意事项？

答：个人保安接地线（俗称"小地线"）是用于防止感应电压危害的个人用接地装置。

（1）个人保安接地线仅用于预防感应电，不得以此代替安规中的工作接地线。

（2）只有在工作接地线挂好后，方可在工作相上挂个人保安接地线。

（3）个人保安接地线由工作人员自行携带，凡在110kV及以上同杆塔并架或相邻的平行有感应电的线路上停电工作，应在工作相上使用，并不准采用搭连虚接的方法接地。工作结束时，工作人员应拆除所挂的个人保安接地线。

▶5-1-14　接地线的使用有什么注意事项？

答：（1）使用时，接地线的连接器（线卡或线夹）装上后接触应良好，并有足够的夹持力，以防短路电流幅值较大时，由于接触不良而熔断或因电动力的作用而脱落。

（2）应检查接地铜线和三根短接铜线的连接是否牢固，一般应由螺钉拴紧后，再加焊锡焊牢，以防因接触不良而熔断。

（3）装设接地线必须由两人进行，装、拆接地线均应使用绝缘杆和戴绝缘手套。

（4）接地线在每次装设以前应经过详细检查，损坏的接地线应及时修理或更换，禁止使用不符合规定的导线做接地线或短路线之用。

（5）接地线必须使用专用线来固定在导线上，严禁用缠绕的方法进行接地或短路。

（6）接地线和工作设备之间不允许连接隔离开关或熔断器，以防它们断开时，设备失去接地，使检修人员发生触电事故。

（7）装、拆接地线时，必须确认装、拆位置的正确后才能进行。

（8）装设接地线必须先接接地端，后接导体端，且必须接触良好。拆接地线的顺序与此相反。

▶5-1-15　接地线应如何保管？

答：每组接地线均应编号，并存放在固定的地点，存放位置亦应编号。接地线号码与存放位置号码必须一致，以免在较复杂的系统中进行部分停电检修时，发生误拆或忘拆接地线而造成事故。

▶5-1-16　安全工器具试验有什么注意事项？

答：（1）按照工器具试验周期规定，安排到指定部门进行工具试验。

（2）安全工器具经试验合格后，必须及时贴上试验合格证标签，工器具要有试验报告，一份交使用部门，一份由试验部门存档。试验报告保存两个试验周期。

（3）使用中或新购置的安全工器具，必须试验合格。未经试验及超试验周期的安全工器具禁止使用。

（4）安全工器具的试验时间一般选择春、秋季检修工作之前进行。

▶5-1-17　绝缘工器具检验周期如何规定？

答：（1）绝缘手套、绝缘靴半年；

（2）绝缘杆、绝缘隔板、绝缘垫、高压验电器一年；

（3）个人保安线、接地线为五年。

第二节　常用测量仪表

▶5-2-1　如何选择绝缘电阻表的电压等级？

答：（1）二次回路的绝缘电阻值应使用1000V绝缘电阻表；

（2）500V及以下的线路或电气设备，应使用500V绝缘电阻表；

（3）500～3000V的线路或电气设备，应使用1000V绝缘电阻表；

（4）3000V以上的线路或电气设备，应使用2500V绝缘电阻表；35000V以上的线路或电气设备，最好使用5000V绝缘电阻表。

▶5-2-2　测量设备绝缘电阻时有什么注意事项？

答：（1）测量设备的绝缘电阻应两人进行，选用电压等级合适的绝缘电阻表。

（2）测量设备的绝缘电阻时，必须先切断设备的电源。对含有电感、电容的设备（如电容器、变压器、电机及电缆线路），必须先进行放电。

（3）绝缘电阻表未接线之前，应先摇动绝缘电阻表，观察指针是否在"∞"处。再将L和E两接线柱短路，慢慢摇动绝缘电阻表，指针应在零处。经开、短路试验，证实绝缘电阻表完好方可进行测量。

（4）绝缘电阻表的引线应用多股软线，且两根引线切忌绞在一起，以免造成测量数据不准确。

（5）绝缘电阻表测量完毕，应立即使被测物放电，在绝缘电阻表未停止转动和被测物未放电之前，不可用手去触及被测物的测量部位或进行拆线，以防止触电。

（6）被测物表面应擦拭干净，不得有污物（如漆等）以免造成测量数据不准确。

（7）测量时，应水平放置，摇动绝缘电阻表手柄的速度应由慢到快，到120r/min后保持稳定；保持稳定转速1min后，取读数，以便躲开吸收电流的影响。

（8）测量过程中如被测设备短路，指针回零时，应立即停止摇动，以免损坏绝缘电阻表。

（9）雷电时，严禁测试线路绝缘。

▶5-2-3 使用钳形电流表时有什么注意事项？

答：（1）钳形电流表分高、低压两种，在进行测量前要选择电压等级合适的钳形电流表。

（2）观测表计时，要特别注意保持头部与带电部分的安全距离，人体任何部分与带电体的距离不得小于钳形电流表的整个长度。

（3）测量前选择合适量程，如不确定，应由大到小进行设置。

（4）测量低压可熔熔断器或水平排列低压母线电流时，应在测量前将各相可熔熔断器或母线用绝缘材料加以保护隔离，以免引起相间短路。

（5）当电缆有一相接地时，严禁测量。防止出现因电缆头的绝缘水平低发生对地击穿爆炸而危及人身安全。

（6）钳形电流表测量结束后把开关拨至最大程档，以免下次使用时不慎过电流；并应保存在干燥的室内。

▶5-2-4 使用万用表时有什么注意事项？

答：（1）在测电流、电压时，不能带电换量程。

（2）选择量程时，要先选大的，后选小的，尽量使被测值接近于量程。

（3）测电阻时，不能带电测量。因为测量电阻时，万用表由内部电池供电，如果带电测量则相当于接入一个额外的电源，可能损坏表头。

（4）用毕，应使转换开关在交流电压最大档位或空档上。

▶5-2-5 如何用相序表测相序？

答：（1）将相序表三根表笔线A（红R）、B（蓝S）、C（黑T）分别对应接到被测源的A（R）、B（S）、C（T）三根线上。

（2）按下仪表左上角的测量按钮，灯亮，即开始测量。松开测量按钮时，停止测量。

（3）面板上的A、B、C三个红色发光二极管分别指示对应的三相来电。当被测源缺相时，对应的发光管不亮。

（4）当被测源三相相序正确时，与正相序所对应的绿灯亮，当被测源三相相序错误时，与逆相序所对应的红灯亮，蜂鸣器发出报警声。

▶**5-2-6** **绝缘电阻值为什么不能用万能电表的高阻档进行测量，而必须用绝缘电阻表测量？**

答：因为绝缘电阻的数值都比较大，大多数从几绝缘电阻到几百几千绝缘电阻，基至更大，在这个范围内万能电表的刻度是很不准确的。更主要的是因为万用电表测量电阻时所用的电源电压很低（几伏到十几伏），在低电压下测得的绝缘电阻值不能反映在高电压作用下的用电设备绝缘电阻的真正数值。绝缘电阻表和其他仪表不同的地方是它本身带有高压电源，即手摇发电机。这样在测量绝缘电阻时就可以根据被测电气设备的工作电压等级来选择相应电压等级的绝缘电阻表，以便测出准确的绝缘电阻值。

▶**5-2-7** **如何使用氖泡式低压验电笔判别同相和异相？**

答：两手各持一支验电笔，站在绝缘体上，将两支笔同时触及待测的两条导线，如果两支验电笔的氖泡均不太亮，则表明两条导线是同相；若发出很亮的光说明是异相。

▶**5-2-8** **继电保护测试仪有什么使用注意事项？**

答：（1）为防止仪器运行中机身感应静电，试验之前先通过接地端将主机可靠接地。

（2）36V以上电压输出时应注意安全，防止触电事故的发生。

（3）电压测试通道严禁短路，电流测试通道严禁开路，严禁将外部的交直流电源引入到仪器的电压源、电流源、开出量输出插孔，否则有可能损坏仪器。

（4）为保证测试的准确性应将保护装置的外回路断开，且将电压的N与电流的N在同一点共地。

（5）注意保持机箱侧面通风口的空气流动畅通，请不要遮挡通风口，以免影响散热。

（6）在单相输出或并联输出大电流后，应保证仪器至少有30s的散热，再进行下一次试验。

（7）使用过程中，请不要频繁开关电源，以免对仪器造成损坏或测试精度降低。

（8）请勿在输出状态直接关闭电源，以免因关闭时输出错误以致保护误动作。

（9）禁止将外部的交直流电源引入到测试仪的电压、电流输出插孔。否则，测试仪将被损坏。

（10）仪器工作异常时，请及时与厂家联系，请勿自行维修。

▶**5-2-9** **接地电阻测试仪使用时有什么注意事项？**

答：（1）接地线路要与被保护设备断开，以保证测量结果的准确性。

（2）下雨后和土壤吸收水分太多的时候，以及气候、温度、压力等急剧变化时不能测量。

（3）被测地极附近不能有杂散电流和已极化的土壤。

（4）探测针应远离地下水管、电缆、铁路等较大金属体，其中电流极应远离10m以上，电压极应远离50m以上，如上述金属体与接地网没有连接时，可缩短距离1/3~1/2。

（5）注意电流极插入土壤的位置，应使接地棒处于零电位的状态。

（6）连接线应使用绝缘良好的导线，以免有漏电现象。

（7）测试现场不能有电解物质和腐烂尸体，以免造成错觉。

（8）测试宜选择土壤电阻率大的时候进行，如初冬或夏季干燥季节时进行。

（9）当检流计灵敏度过高时，可将电位探针电压极插入土壤中浅一些，当检流计灵敏度不够时，可沿探针注水使其湿润。

▶5-2-10 气体检测仪使用时有什么注意事项？

答：（1）注意经常性的校准和检测。随时对仪器进行校零，经常性对仪器进行校准是保证仪器测量准确的必不可少的工作。

（2）注意各种不同传感器间的检测干扰。在选择一种气体传感器时，都应当尽可能了解其他气体对该传感器的检测干扰，以保证它对于特定气体的准确检测。

（3）注意各类传感器的寿命。各类气体传感器都具有一定的使用年限，要随时对传感器进行检测，尽可能在传感器的有效期内使用，一旦失效，及时更换。

（4）注意检测仪器的浓度测量范围。只有在其测定范围内完成测量，才能保证仪器准确地进行测定。而长时间超出测定范围进行测量，就可能对传感器造成永久性的破坏。

▶5-2-11 手持式红外测温仪使用时有哪些注意事项？

答：（1）熟悉红外测温仪型号，正确使用；

（2）清楚仪器的适用范围；

（3）定位热点，要发现热点，仪器瞄准目标，然后在目标上作上下扫描运动，直至确定热点；

（4）注意环境条件，如蒸汽、尘土、烟雾等，它们会阻挡仪器的光学系统而影响精确测温；

（5）环境温度，如果测温仪突然暴露在环境温差为20℃或更高的情况下，允许仪器在20min内调节到新的环境温度。

▶5-2-12 示波器由什么组成？示波器的作用是什么？

答：示波器由示波管和电源系统、同步系统、X轴偏转系统、Y轴偏转系统、延迟扫描系统、标准信号源组成。利用示波器能观察各种不同信号幅度随时间变化的波形曲线，还可以用它测试各种不同的电量，如电压、电流、频率、相位差、调幅度等。

▶5-2-13 示波器使用时有何注意事项？

答：（1）亮度不要太高，以免损伤屏；

（2）调节"垂直位移"和"水平位移"旋钮使光点位于荧光屏之中，且光点不可长期停留在一个位置，以免缩短示波器的使用寿命；

（3）使用时要避免频繁开机、关机；

（4）输入测量的信号电压一定要在范围内，以免损坏示波器前置放大器；

（5）正确接地（安全角度考虑）；

（6）测量时采用合适的探头，把测量端与设备有效隔离（如用示波器直接测量市电或380V动力电，就用差分电压探头），注意测量安全。

▶5-2-14　什么是直阻测试仪？

答： 直阻测试仪又称感性负载直流电阻测试仪，以高速微控制器为核心，内置充电电池及充电电路，将所获得的数据（包括测试电压、当前的测试电流等）进行处理，得到实际电阻值。

▶5-2-15　直阻测试仪使用时有什么注意事项？

答：（1）运行中变压器停电检修时，出于安全考虑，高压侧需接地，但是在测量变压器绕组时，则应拆开绕组与地的连接，否则测量时间会延长。

（2）专用卡具夹在变压器绕组端上时，应去掉油污及氧化层，且应夹在直接与绕组连接的部位，不要经过螺钉等以免引起测量误差。

（3）为保证测量数字的稳定，现场提供仪器的AC220V电压应该是"一相一零"，而不是"一相一地"，否则显示会跳动较大。

（4）测量变压器低压侧时，人员应与高压侧保持适当安全距离。

（5）仪器在运输、储存及工作中应避免强烈震动、阳光直射和磁场的影响，存放保管仪器时，应注意环境温度和湿度。

第三节　风机专用器具

▶5-3-1　什么是发电机对中？

答： 风力发电机组的发电机对中是指发电机转子中心与齿轮箱高速轴中心调整在同一水平线上，要求两根轴的旋转中心严格的同心的过程。

▶5-3-2　激光对中仪工作原理是什么？

答： 激光具有方向性和单色性，方向性指激光从激光发生器发出后光束散角较小，基本沿直线传播，单色性指发出的光波波长单一，易被接收器辨别，不受外界光干扰。

激光对中仪正是利用激光的两大特点，激光对中仪通常采用波长为63～670nm半导体红色激光，利用两个激光发射器/接收器固定在联轴器的两边，采用时钟法或任意三点法，自动计算出平衡偏差和角度偏差，同时给出前脚和后脚的调整值和垫平值，并在调整过程中实施变化。

▶5-3-3　对中仪应如何使用？

答： 当对中情况很差时，首先进行设备粗略对中，使激光束打到靶上，调整移动设备使激光束打到靶心；采用时钟法或任意三点法进行对中。

时钟法：输入距离参数，转动轴先后至9点、12点、3点位置，记录测量值，观察水平方向实时调整变化时，测量单元必须转到3点钟位置，观察垂直方向实时调整变化时，测量单元必须转到12点钟位置。

任意三点法：输入距离参数，将测量单元放置在轴的任意位置上，记录第一个测量值，将轴转动至少20°，记录第二个测量值，再将轴转动至少20°，记录第三个测量值。测量单元转到12或6点钟位置，观察垂直方向实时调整变化；测量单元转到3或9点钟位置，观察水平方向实时调整变化。

风电机组对中一般选用任意三点对中法。

▶5-3-4 什么是百分表、千分表？

答：百分表的圆表盘上印制有100个等分刻度，即每一分度值相当于量杆移动0.01mm。若在圆表盘上印制有1000个等分刻度，则每一分度值为0.001mm，这种测量工具称为千分表。

▶5-3-5 百分表工作原理是什么？

答：百分表的工作原理是将被测尺寸引起的测杆微小直线移动，经过齿轮传动放大，变为指针在刻度盘上的转动，从而读出被测尺寸的大小。百分表是利用齿条齿轮或杠杆齿轮传动，将测杆的直线位移变为指针的角位移的计量器具。

▶5-3-6 百分表使用时有什么注意事项？

答：（1）使用前，应检查测量杆活动的灵活性。即轻轻推动测量杆时，测量杆在套筒内的移动要灵活，没有任何轧卡现象，每次手松开后，指针能回到原来的刻度位置。

（2）使用时，必须把百分表固定在可靠的夹持架上。切不可贪图省事，随便夹在不稳固的地方，否则容易造成测量结果不准确，或摔坏百分表。

（3）测量时，不要使测量杆的行程超过它的测量范围，不要使表头突然撞到工件上，也不要用百分表测量表面粗糙或有显著凹凸不平的工作。

（4）测量平面时，百分表的测量杆要与平面垂直，测量圆柱形工件时，测量杆要与工件的中心线垂直，否则，将使测量杆活动不灵活或测量结果不准确。

（5）为方便读数，在测量前一般都让大指针指到刻度盘的零位。

▶5-3-7 用千分表与激光对中仪对中分别有什么优劣？

答：（1）激光对中基准为"绝对直线"消除了千分表对中时千分表支架及探头扭曲变相时测量精度的影响；

（2）为保证测量数据的连续性，千分表对中时必须持续进行读数，激光对中只需测量三个数据，减轻了对中工作强度；

（3）千分表对中很大程度上依赖机修人员的操作经验和分析能力，激光对中操作简便，自动化程度高；

（4）千分表对中时设备每调整一次，必须盘车重测一次，需多次反复测量才能完成设备调整，激光对中只需测量一次，设备调整时可实时显示数据；

（5）激光对中检测精度一般可达到0.001mm，与千分表对中相比，精度和可靠性均大幅度提高；

（6）激光对中仪器较千分表价格昂贵。

▶5-3-8　什么是游标卡尺？

答：游标卡尺是一种测量长度、内外径、深度的量具。游标卡尺由主尺和附在主尺上能滑动的游标两部分构成。主尺一般以毫米为单位，而游标上则有10、20或50个分格，根据分格的不同，游标卡尺可分为十分度游标卡尺、二十分度游标卡尺、五十分度格游标卡尺等。

▶5-3-9　游标卡尺使用时有什么注意事项？

答：（1）游标卡尺是比较精密的测量工具，要轻拿轻放，不得碰撞或跌落地下。使用时不要用来测量粗糙的物体，以免损坏量爪，不用时应置于干燥地方防止锈蚀。

（2）测量时，应先拧松紧固螺钉，移动游标不能用力过猛，两量爪与待测物的接触不宜过紧。不能使被夹紧的物体在量爪内挪动。

（3）读数时，视线应与尺面垂直。如需固定读数，可用紧固螺钉将游标固定在尺身上，防止滑动。

（4）实际测量时，对同一长度应多测几次，取其平均值来消除偶然误差。

（5）游标卡尺使用完毕，用棉纱擦拭干净。长期不用时应将它擦上黄油或机油，两量爪合拢并拧紧紧固螺钉，放入卡尺盒内盖好。

▶5-3-10　力矩液压站工作原理是什么？

答：力矩液压站又称液压泵站，电机带动油泵旋转，泵从油箱中吸油后打油，将机械能转化为液压油的压力能，液压油通过集成块（或阀组合）被液压阀实现了方向、压力、流量调节后，经外接管路传输到液压机械的油缸或油马达中，从而控制了液动机方向的变换、力量的大小及速度的快慢，推动各种液压机械做功。

▶5-3-11　力矩液压站有何使用要求？

答：（1）在工作过程中如发现管路漏油，以及其他异常现象时，立即停机维修。

（2）为延长液压油使用寿命，油温应小于65℃；每三个月检查一下液压油的质量，视液压油质量半年至一年更换一次。

（3）要及时观察油箱油位计液位，应及时补充符合要求的液压油，以免油泵吸空。

（4）使用时检查液压泵电机转向，旋转方向错误时调换相序。

（5）要定期清洗或更换油过滤器。

（6）连接油管应处于自由状态，不得打结或盘成圆圈。

（7）卸下快速接头后，其接头外露部分必须用塑料盖罩住。

（8）要保持液压站工作环境干净整洁。

▶5-3-12　力矩液压站应如何使用？

答：（1）根据预紧螺母杆的尺寸选配套筒。

（2）根据螺母的拧紧或松开的旋转方向，组合棘轮（拧紧螺母时用右向棘轮，松开螺母时用左向棘轮）。

（3）把快速接头的高压、低压液压管插入扳头和换向阀的连接处，插入到位后，将快速接头的外套转动一个角度，以便锁紧。

（4）反力杆应依靠在相应的支撑套或其他能承受反力的地方。

（5）扳头连杆转角的大小应控制在反力杆标定的角度范围内。

（6）打压时，应将放气阀向左旋转一周，打开放气阀，待空气放尽后将其关闭。

（7）手动泵打压时，按液压缸活塞杆的伸和缩转动换向阀手柄，当手柄在左侧位置时，活塞杆则伸，反之为缩，而在中间位置时压力为零。

（8）根据对应公式计算出所需扭矩值（N·m）时的压力值（MPa）。

（9）预紧结束后，把换向阀手柄放在中间位置，使其压力归零。

（10）卸下快速接头的高、低压油管时，应先将快速接头的外圈旋转一个角度，使其缺口对准限位销，向前推，拔出接头。

▶5-3-13　什么是力矩扳手？

答：力矩扳手又称为扭矩扳手、扭力扳手、扭矩可调扳手，是扳手的一种，力矩扳手是一种准确的精密测试仪器。

▶5-3-14　力矩扳手分为几类？分别如何工作？

答：一般分为手动力矩扳手、气动力矩扳手、电动力矩扳手和液压力矩扳手四类。

手动力矩扳手采用杠杆原理当力矩达到设定力矩值时就会出现"嘭"机械相撞的声音，此时扳手会成为一个死角，如再用力，就会出现过力现象。

电动力矩扳手由控制器和拧紧轴组成，当达到预定扭力时，电机停止工作。

气动力矩力扳手是由空压机中的压缩空气作气源，带动扭矩扳手中的气动马达驱动齿轮对螺栓进行拧紧，当达到设定扭力值，控制器控制电磁阀断气，扳手停转。

液压力矩扳手是以液压为动力，提供大扭矩输出，用于螺栓的安装及拆卸的专业螺栓上紧工具，常常用来上紧和拆松大于1in的螺栓。

▶5-3-15　什么是风机助爬器？

答：风机助爬器用于风场风机塔筒内垂直拉伸助力爬行系统，主要由主机、上端、下端、升降带及辅助连接件组成。

▶5-3-16　风机助爬器使用时有什么注意事项？

答：（1）使用时发现身体不适或有高处作业不宜的病状不得使用；

（2）使用前应检查助爬器装置是否正常及佩戴好高处作业的防护器具；

（3）使用助爬器者宜一个人攀登，攀登者不得故意摇晃环带，以免发生事故；

（4）雷电时不得使用助爬器，除有可靠接地装置，也不宜在雷击时攀登；

（5）使用环境宜有照明。

▶5-3-17　什么是风机免爬器？

答：风机免爬器是一种利用电机驱动升降平台，沿塔筒内爬梯上的轨道上下运行，进行高空运送人员和物资作业的低速轻型起重机械。按导轨数量可分为单导轨导向和双导轨导向。由于双导轨导向的免爬器存在脱轨导致升降平台倾覆和人员坠落的风险，目前主要采用单导轨导向。

▶**5-3-18 风机免爬器使用时有何注意事项?**

答：（1）免爬器只能载人，不能载物（运检人员随身携带工具包除外）；

（2）严禁超载或带故障运行，严禁正常运行时使用安全锁制动，严禁随意调节升降速度；

（3）操作人员必须经过专业的安全技术培训，熟练掌握操作流程及安全注意事项，并经考试合格后方可操作；

（4）操作人员必须正确穿戴和使用个人坠落防护用品，正确使用防坠落制动器（安全滑块）；

（5）使用前必须将风机停机，并将风机置于"维护"模式；

（6）在车体下方可能落物的范围，应设置安全隔离区域并悬挂安全警示标志，严禁非工作人员进入；

（7）免爬器使用过程中失电时，操作人员应在车体制动后，规范使用个人坠落防护用品，通过塔筒爬梯离开；

（8）使用结束，应将车体降落在起始平台位置，并将免爬器主电源断开，严禁将车体停留在空中。

▶**5-3-19 机舱起重机具有哪些主要组成部件?**

答：30t机舱吊装用吊带4根，长度为10m；25t卸扣4只，与机舱吊耳板连接，吊装机舱。2～3t风绳2根，长150m，用于引导机舱的方向。

▶**5-3-20 叶轮起重机具有哪些主要组成部件?**

答：35t吊带2根，长15m；35t卸扣2只；10t吊带1根，长10m；2～3t风绳2根，长150m；叶片护套1个。风绳系在上部两片叶片尖部；主吊机挂好两根15m长35t吊带及35t卸扣与吊耳板连接，吊装风轮。叶轮接近地面时，帆布护套固定下部叶片吊点，辅吊车挂好吊带，辅助主吊车将叶轮放平。

第四节 消防器材

▶**5-4-1 灭火器配置场所的火灾种类可划分为哪五类?**

答：（1）A类火灾：固体物质火灾。

（2）B类火灾：液体火灾或可熔化固体物质火灾。

（3）C类火灾：气体火灾。

（4）D类火灾：金属火灾。

（5）E类火灾（带电火灾）：物体带电燃烧的火灾。

▶**5-4-2 灭火器配置场所的危险等级是如何划分的?**

答：灭火器配置场所的危险等级划分为严重危险级、中危险级、轻危险级三级。

▶5-4-3 灭火器布置有什么原则?

答:（1）灭火器的设置位置和设置方式在正常情况下，不得影响现场人员走路;

（2）在火灾紧急情况时，不得影响现场人员安全疏散;

（3）对有视线障碍的灭火器设置点，应设置指示其位置的发光标志;

（4）灭火器的摆放应稳固，其铭牌应朝外;

（5）手提式灭火器宜设置在灭火器箱内或挂钩、托架上，其顶部离地面高度不应大于1.50m，底部高地面高度不宜小于0.08m，灭火器箱不得上锁;

（6）灭火器不宜设置在潮湿或强腐蚀性的地点。灭火器设置在室外时，应有相应的保护措施;

（7）一个计算单元内配置的灭火器数量不得少于2个;

（8）每个设置点的灭火器数量不宜多于5个。

▶5-4-4 灭火器如何分类?

答: 灭火器的分类方式有很多，按其移动方式可分为手提式和推车式;按所充装的灭火剂则可分为二氧化碳灭火器、干粉灭火器、机械泡沫灭火器、水基型灭火器等。

▶5-4-5 二氧化碳灭火器的用途是什么?

答: 二氧化碳灭火器是利用其内部所充装的高压液态二氧化碳本身的气体压力作为动力进行灭火的。由于二氧化碳灭火剂具有灭火不留痕迹，有一定的绝缘性能等特点，因此，适用于扑灭600V以下的带电电器、贵重设备、图书资料、仪器仪表等场所的初起火灾以及一般的液体火灾，不适用扑救金属火灾。

▶5-4-6 干粉灭火器的用途是什么?

答: 干粉灭火器按其充装灭火剂种类分为磷酸铵盐干粉灭火器（又称ABC干粉灭火器）和碳酸氢钠干粉灭火器（又称BC干粉灭火器）。磷酸铵盐干粉灭火器适用于扑救A类（固体物质）、B类（液体和可熔化的固体物质）、C类（气体）和E类（带电设备）的火灾，碳酸氢钠干粉灭火器适用于扑救B类、C类火灾。不适宜扑救轻金属燃烧的火灾。

▶5-4-7 水基型灭火器的用途是什么?

答: 水基型灭火器可分为清水灭火器和强化水系灭火器，适用于扑救A类火灾。能够喷成雾状水滴的水基型灭火器也可以扑救部分B类火灾，如少量柴油、煤油等的初起火灾。

▶5-4-8 灭火器应如何进行外观检查?

答:（1）灭火器的铭牌是否无残缺，并清晰明了;

（2）灭火器铭牌上关于灭火剂、驱动气体的种类、充装压力、总质量、灭火级别、制造厂名和生产日期或维修日期等标志及操作说明是否齐全;

（3）灭火器的铅封、销栓等保险装置是否损坏或遗失;

（4）灭火器的筒体是否有明显的损伤（磕伤、划伤）、缺陷、锈蚀（特别是筒底和焊缝）、泄漏;

（5）灭火器喷射软管是否完好，无明显龟裂，喷嘴不堵塞;

（6）灭火器的驱动气体压力是否在工作压力范围内（储压式灭火器查看压力指示器

是否指示在绿色区范围内，二氧化碳灭火器和储气瓶式灭火器可用称重法检查）；

（7）灭火器的零部件是否齐全，并且无松动、脱落或损伤；

（8）灭火器是否开启、喷射过。

▶5-4-9 使用灭火器材时有什么注意事项？

答：（1）灭火时应依次扑灭；室外使用时应站在火源的上风口，由近及远，左右横扫，向前推进，不让火焰回窜。

（2）灭火人员应佩戴正压呼吸器，防止有毒气体伤害。

（3）使用二氧化碳灭火器时必须注意手不要握喷管或喷嘴，防止冻伤。

（4）禁止使用水基型灭火器进行电气设备灭火。

▶5-4-10 火灾自动报警装置的组成及动作原理是什么？

答：火灾自动报警装置是由火灾探测装置、火灾报警装置、联动输出装置以及具有其他辅助功能装置组成的。

火灾自动报警装置能在火灾初期，将燃烧产生的烟雾、热量、火焰等物理量，通过火灾探测器变成电信号，传输到火灾报警控制器。火灾报警控制器一方面能联动消防泵维持消防栓水压和启动自动水喷淋装置或其他固定灭火装置进行灭火，另一方面能同时显示出火灾发生的部位、时间等，使人们能够及时发现火灾，并及时采取有效措施，扑灭初期火灾，最大限度地减少因火灾造成的生命和财产的损失。

▶5-4-11 火灾探测装置是如何进行分类的？

答：（1）感烟型火灾探测装置。感烟型火灾探测器有离子感烟式、光电感烟式、红外光束感烟式等几种探测器。

（2）感温型火灾探测装置。感温型火灾探测器种类很多，根据其感热效果和结构形式不同可分为定温式、差温式及差定温式三种探测器。

▶5-4-12 火灾报警装置的功能是什么？如何进行分类？

答：火灾报警装置是指在火灾自动报警系统中，用以接收、显示和传递火灾报警信号，并能发出控制信号和具有其他辅助功能的控制指示设备。火灾报警控制器担负着为火灾探测器提供稳定的工作电源、监视探测器及系统自身的工作状态，接收、转换、处理火灾探测器输出的报警信号，进行声光报警，指示报警的具体部位及时间，同时执行相应辅助控制等任务，是火灾报警系统中的核心组成部分。

火灾报警控制器按其用途不同，可分为区域火灾报警控制器、集中火灾报警控制器和通用火灾报警控制器三种基本类型。

▶5-4-13 联动输出装置及辅助功能装置是如何动作的？

答：当火灾报警装置接收到火灾探测信号时，除能自动发出火灾声光信号外，还能自动或手动启动相关消防设备，包括启动消防泵、消火栓、水喷淋，关闭防火门，开启排烟系统和空调通风系统，开启应急广播、应急照明和疏散指示标志等。

▶5-4-14 消防给水系统是如何组成的？

答：消防给水系统主要由消防水源（消防水池）、室外消防给水系统、室内消防给水系统等组成。

（1）消防水源（消防水池）是储存消防水的容器，提供火灾时的灭火水源；

（2）室外消防水系统主要由各种规格的消火栓和消防水管路组成；

（3）室内消防水系统由稳压罐、消防泵、稳压泵及其控制电源和动力电源以及相应管道和阀门组成。

▶5-4-15 什么是正压式消防空气呼吸器？

答：正压式呼吸器为自给开放式空气呼吸器，可以使消防人员和抢险救护人员在进行灭火战斗或抢险救援时防止吸入对人体有害毒气、烟雾、悬浮于空气的有害污染物。也可在缺氧环境中使用，防止吸入有毒气体，从而有效地进行灭火、抢险救灾救护和劳动作业。

▶5-4-16 正压呼吸器使用时有哪些注意事项？

答：（1）佩戴呼吸器出发时，应至少两人一组，当二氧化碳被吸收时会产生热量，这完全正常，并且充分表明仪器处于良好的工作状态。

（2）在紧急情况下，若气体过度消耗，呼吸困难或供氧功能失效，按手动补气阀，可向呼吸系统补充氧气，在供氧功能失效的情况下，立即撤离危险区。

（3）每隔15min观察一次前置压力表，检查氧气量。当气瓶内压力在4～6MPa时，报警器开始报警，这时大约75%的氧气已经用完，如果现在还不撤离就必须经常观察前置压力表，在压力还有1MPa时，就是大约95%的氧气已经用完，这时必须撤离。

▶5-4-17 如何脱卸正压呼吸器？

答：（1）压住面罩上的按钮，同时从呼吸接头中拔出面罩接头；

（2）关闭氧气瓶瓶阀，摘下面罩；

（3）压下弹性限位块，取出回形扣，使腰带两端脱开；将呼吸管翻过头顶，使其落在身后扣呼吸器上盖上；

（4）打开两根肩带，用食指向上掰动锁紧夹，让仪器沿着背部慢慢下滑，并将呼吸器直立放置，不可让呼吸器摔下。

▶5-4-18 火灾报警的要点是什么？

答：（1）火灾地点；

（2）火势情况；

（3）燃烧物和大约数量；

（4）报警人姓名及电话号码。

▶5-4-19 电气设备着火时应该如何处理？

答：遇有电气设备着火时，应立即将有关设备的电源切断，然后进行救火。对可能带电的电气设备以及发电机、电动机等，应使用干式灭火器、二氧化碳灭火器灭火；对油断路器、变压器（已隔绝电源）可使用干式灭火器等灭火，不能扑灭时再用泡沫式灭火器灭火，不得已时可用干砂灭火；地面上的绝缘油着火，应用干砂灭火。扑救可能产生有毒气体的火灾（如电缆着火等）时，扑救人员应使用正压式消防空气呼吸器。

第六章

风电场安全知识

第一节　通用部分

▶6-1-1　什么是安全电压？安全电压分为哪些等级？

答：不致使人直接致死或致残的电压称为安全电压。安全电压分为42、36、24、12、6V。

▶6-1-2　什么是跨步电压？

答：当带电体接地有电流流入地中，电流在接地点周围形成分布的电位，人在接地点周围，两脚踩在不同的电位上，两脚间的电位差即为跨步电压。

▶6-1-3　什么是接触电压触电？

答：电气设备由于绝缘损坏或其他原因造成接地故障，人体两部分同时接触设备的外壳，人体两部分都会处在不同的电位上，其电位差即为接触电压。由此造成的触电事故，称为接触电压触电。

▶6-1-4　设备重复接地有什么作用？

答：（1）降低漏电设备对地电压；

（2）减轻了零干线断线的危险；

（3）起到纠偏的作用；

（4）改善了架空线路的防雷性能。

▶6-1-5　触电的形式有哪几种？

答：（1）单相触电；

（2）两相触电；

（3）接触电压触电；

（4）跨步电压触电。

▶6-1-6　如何防止触电？

答：（1）保护接地；

（2）保护接零；

（3）使用漏电保护器；

（4）采用三相五线制。

▶6-1-7 如何应急处置触电事故？

答：（1）要使触电者迅速脱离电源，应立即拉下电源开关或拔掉电源插头，若无法及时找到或断开电源时，可用干燥的竹竿、木棒等绝缘物挑开电线。

（2）将脱离电源的触电者迅速移至通风干燥处仰卧，将其上衣和裤带放松，观察触电者有无呼吸，摸一摸颈动脉有无搏动。

（3）施行急救。若触电者呼吸及心跳均停止时，应做人工呼吸和胸外按压，即实施心肺复苏法抢救，另要及时打电话呼叫救护车。

（4）尽快送往医院，途中应继续施救。

▶6-1-8 什么是劳动防护用品？

答：劳动防护用品指由生产经营单位为从业人员配备的，使其在劳动过程中免遭或者减轻事故伤害及职业危害的个人防护装备，如防尘口罩、护目镜等，对于减少职业危害起着相当重要的作用。

▶6-1-9 安全工器具的使用有什么规定？

答：（1）安全工器具在使用中严禁私自拆卸安全保护装置；

（2）安全工器具不得挪作他用，严禁使用没有合格证的安全工器具；

（3）未经试验、验收不合格或超过试验周期的安全工器具严禁使用。

▶6-1-10 作业人员的救命"三宝"是指什么？

答：安全帽、安全带、安全网。

▶6-1-11 什么是安全帽？有什么使用注意事项？

答：安全帽是防止冲击物伤害头部的防护用品。

使用注意事项为：

（1）戴上后，人的头顶和帽体内顶的空间至少要有32mm；

（2）使用时不要将安全帽歪戴在脑后，否则会降低对冲击的防护作用；

（3）安全帽带要系紧，防止因松动而降低抗冲能力；

（4）要定期检查，发现帽子过期、有龟裂、下凹、裂痕或严重磨损等，应立即更换。

▶6-1-12 安全带使用时应注意什么？

答：（1）安全带应高挂低用，防止摆动和碰撞；安全带上的各种部件不得任意拆掉。

（2）安全带使用两年以后，使用单位应按购进批量的大小，选择一定比例的数量，做一次抽检，用80kg的砂袋做自由落体试验，若不破断可继续使用，抽检的样带应更换新的挂绳才能使用；如试验不合格，购进的这批安全带就应报废。

（3）安全带外观有破损或发现异味时，应立即更换。

（4）安全带使用3~5年即应报废。

▶6-1-13 什么是安全设施？

答：安全设施是指生产经营活动中将危险因素、有害因素控制在安全范围内，以及为预防、减少、消除危害所设置的安全标志、设备标识、安全警示线和安全防护设施等的统称。

▶6-1-14　什么是高处作业?

答:凡在坠落高度基准面2m以上(含2m)有可能坠落的高处进行的作业,均称为高处作业。

▶6-1-15　高处作业的级别如何划分?

答:(1)一级高处作业:作业高度在2～5m(包含5m)时。

(2)二级高处作业:作业高度在5～15m(包含15m)时。

(3)三级高处作业:作业高度在15～30m(包含30m)时。

(4)特级高处作业:作业高度在30m以上时。

▶6-1-16　安全色有哪几种? 其含义和用途分别是什么?

答:安全色有红、蓝、黄、绿四种,其含义和用途分别如下:

(1)红色表示禁止、停止、消防和危险的意思。禁止、停止和有危险的器件设备或环境涂以红色的标记。

(2)黄色表示注意、警告的意思。需警告人们注意的器件、设备或环境涂以黄色标记。

(3)蓝色表示指令、必须遵守的规定。如指令标志、交通指示标志等。

(4)绿色表示通行、安全和提供信息的意思。

▶6-1-17　违章指挥包括哪些?

答:(1)不遵守安全生产规程、制度和安全技术措施或擅自更改安全工艺和操作程序;

(2)指挥者未经培训上岗,安排无"做工证"或无专门资质认证的人员进行工作;

(3)指挥者在安全防护设施、设备有缺陷,隐患未排除的条件下指挥工作人员冒险作业;

(4)发现违章不制止等行为。

▶6-1-18　什么是违章作业?

答:职工在劳动过程中,违反安全法规、标准规章制度、操作规程,进行冒险作业的行为称为违章作业。

▶6-1-19　安全生产目标四级控制是什么?

答:(1)公司控制重伤和事故,不发生人身死亡、较大设备和电网事故;

(2)风场控制轻伤和障碍,不发生人身重伤和事故;

(3)班组控制未遂和异常,不发生人身轻伤和障碍;

(4)个人控制失误和差错,不发生人身未遂和异常。

▶6-1-20　事故调查处理的"四不放过"原则是什么?

答:(1)事故原因不清楚不放过;

(2)事故责任者和应受教育者没有受到教育不放过;

（3）没有采取防范措施不放过；

（4）事故责任者没有受到处罚不放过。

▶6-1-21 安全生产"三同时"具体内容是什么？

答：新、改、扩建项目和技术改造项目中的环境保护设施、职业健康与安全设施，必须与主体工程同时设计、同时施工、同时验收投入生产和使用。

▶6-1-22 安全生产"四不伤害"是指什么？

答：不伤害自己、不伤害他人、不被别人伤害、保护别人不被伤害。

▶6-1-23 操作"四对照"是指什么？

答：设备的安装位置、名称、编号、分合状态。

▶6-1-24 "两措"是指什么？

答：反事故措施和安全技术劳动保护措施，简称"反措"和"安措"。

▶6-1-25 标准票有哪些属性？

答：（1）编制、审批、入库、执行程序完备；

（2）除时间、姓名、编号、工作班组外，票面内容不可编辑、不变、唯一；

（3）具有防止票面内容编辑和修改的技术措施和管理措施。

▶6-1-26 什么是设备的双重名称？

答：指具有中文名称和阿拉伯数字编号的设备，如断路器、隔离开关、熔断器等，不具有阿拉伯数字编号的设备，如线路、主变压器等，可用实际的标准名称。票面需要填写数字的，应使用阿拉伯数字（母线可以使用罗马数字）。

▶6-1-27 一般电气设备四种状态是什么？

答：（1）运行状态：是指电气设备的隔离开关及断路器都在合闸状态且带电运行。

（2）热备用状态：是指电气设备具备送电条件和启动条件，一经断路器合闸就转变为运行状态。

（3）冷备用状态：电气设备除断路器在断开位置，隔离开关也在断开位置。

（4）检修状态：是指断路器、隔离开关均断开，相应的接地隔离开关在合闸位置。

▶6-1-28 装设接地线的原则是什么？

答：（1）检修母线时，应根据母线长短和有无感应电压等实际情况确定地线数量。检修10m及以下的母线时，可以装设一组接地线。

（2）在门型架构或杆塔上检修时，应在线路内侧（电源侧）装设地线。如工作地点与地线距离小于10m时，也可装设在线路外侧。

（3）检修部分若分为几个在电气上不相连接的部分，则各段应分别验电装设地线。

（4）接地线与检修部分之间不得有断路器或熔断器。

（5）全场停电时，应将各个可能来电侧的部分接地，其余部分不必每段都装设地线。

第二节 两票三制

▶**6-2-1 什么是两票三制?**

答：两票即操作票和工作票；三制即交接班制、巡回检查制、设备定期试验轮换制。

▶**6-2-2 什么是倒闸操作?**

答：倒闸操作是将电气设备从一种状态转换为另一种状态的操作，分运行、热备用、冷备用、检修四种状态。

▶**6-2-3 什么是电气倒闸操作票?**

答：为了防止电气误操作，按照设备操作顺序，以书面形式形成的状态转换步骤，称为电气倒闸操作票。

▶**6-2-4 倒闸操作时有什么注意事项?**

答：（1）电气倒闸操作必须两人进行，其中一人对设备较为熟悉者做监护。

（2）一份电气倒闸操作票应由一组人员操作，监护人手中只能持一份操作票。

（3）为了同一操作目的，根据调度命令进行中间有间断的操作，应分别填写操作票。

（4）电气倒闸操作中途不得换人，不得做与操作无关的事情。监护人自始至终认真监护不得离开操作现场或进行其他工作。

（5）严格按照操作顺序操作，不得跳项、漏项。

▶**6-2-5 电气操作的基本条件是什么?**

答：（1）具有与实际运行方式相符的一次系统模拟图或接线图；

（2）电气设备应有明显标志，包括命名、编号、设备相色等；

（3）高压电气设备应具有防止误操作闭锁功能，必要时加挂机械锁；

（4）要有统一确切的操作术语；

（5）要有合格的操作工具、安全用具和设施，包括对号放置接地线的专用装置。

▶**6-2-6 防止误操作的闭锁装置分为几种? 分别如何定义?**

答：（1）直接机械式联锁。即断路器与隔离开关、接地开关实行直接的机械联锁。

（2）电气联锁。当未按程序操作时，电气联锁使误操作不能执行，或发出信号。

（3）电脑五防锁。通过电脑五防系统进行五防校验，用电脑钥匙对现场五防锁进行解锁，达到防误操作的目的。

▶**6-2-7 设备检修时倒闸操作应遵循的基本顺序有哪些?**

答：（1）设备状态应由运行状态转为热备用，再转为冷备用，再转为检修；

（2）应先停用一次设备，后停用保护、自动装置；

（3）先断开该设备各侧断路器，然后拉开各断路器两侧隔离开关；

（4）断开断路器和隔离开关的顺序应从负荷侧逐步向电源侧进行。

▶6-2-8 **发生哪些紧急情况可以不使用操作票？**

答：（1）现场发生人员触电，需要立即停电解救；

（2）现场发生火灾，需要立即进行隔离或扑救；

（3）设备、系统运行异常状态明显，保护拒动或没有保护装置，不立即进行处理，可能造成损坏的。

紧急情况下操作完毕后应立即向值班长汇报，并做好记录。

▶6-2-9 **单电源线路停电倒闸操作步骤是什么？**

答：应按照断开断路器、检查断路器确在断开位置、断开断路器合闸电源、拉开负荷侧隔离开关、拉开电源侧隔离开关、断开断路器操作电源的顺序进行。

▶6-2-10 **线路停、送电有什么规定？**

答：线路的停、送电均应按照值班调度员或线路工作许可人的指令执行，严禁约时停、送电。停电时，应先将该线路可能来电的所有断路器、线路隔离开关、母线隔离开关全部断开，验明确无电压后，在线路上所有可能来电的各端装设接地线或合上接地开关。在线路断路器和隔离开关操作把手上均应悬挂"禁止合闸，线路有人工作！"的标示牌。

▶6-2-11 **手动操作隔离开关时有哪些注意事项？**

答：（1）操作前必须检查断路器确实是在断开位置。

（2）合闸操作时，不论用手动传动或用绝缘杆加力操作，都必须迅速果断，在合闸完成时不可用力过猛。

（3）合闸后应检查隔离开关的触头是否完全合入，接触是否严密。

（4）拉闸操作时，开始应慢而谨慎，当刀片刚离开固定触头时，应迅速果断，以便能迅速消弧。

（5）拉开隔离开关后，应检查每一相确实已断开。

（6）拉、合单相式隔离开关时，应先拉开中相，后拉开边相；合入操作时的顺序与拉开时的顺序相反。

（7）隔离开关应按联锁（微机闭锁）程序操作，当联锁（微机闭锁）装置失灵时，应查明原因，不得自行解锁。

▶6-2-12 **操作隔离开关时拉不开怎么办？**

答：（1）用绝缘棒操作或用手动操动机构操作隔离开关发生拉不开现象时，不应强行拉开，应注意检查绝缘子及机构的动作，防止绝缘子断裂。

（2）用电动操动机构操作隔离开关拉不开应立即停止操作，检查电机及连杆位置。

（3）用液压机构操作时出现拉不开现象，应检查液压泵是否有油或油是否凝结，如果油压降低不能操作，应断开油泵电源，改用手动操作。

（4）若隔离开关本身传动机械故障而不能操作的，应向当值调度员申请停电处理。

▶6-2-13 **拉开隔离开关前应进行哪些操作？为什么？**

答：拉隔离开关前必须进行两项重要操作：

（1）首先检查断路器确在断开位置，目的是防止拉隔离开关时断路器实际并未断开而造成带负荷拉隔离开关的误操作；

（2）其次应考虑到在拉隔离开关的操作过程中断路器会因某种意外原因而误合的可能，因此还需断开该断路器的合闸电源。

▶6-2-14 为何拉开隔离开关时要先断负荷侧，再断电源侧？

答： 在停电拉隔离开关时，可能会出现两种误操作：一是断路器未断开，误拉隔离开关；二是断路器虽已断开，但拉隔离开关时走错间隔，错拉不应停的设备，造成带负荷拉隔离开关。

若断路器未断开，先拉负荷侧隔离开关，弧光短路发生在断路器保护范围以内，出现断路器跳闸，可切除故障缩小事故范围；若先拉电源侧隔离开关，弧光短路发生在断路器保护范围以外，断路器不会跳闸，将造成母线短路并使上一级断路器跳闸，扩大了事故范围。

▶6-2-15 断路器检修时，合闸、控制电源应在何时断开？

答： 合闸电源应在断路器断开后即断开；控制电源应在断路器两侧隔离开关已拉开后断开。断路器断开后立即断开合闸电源，主要是为了防止在隔离开关操作中，因断路器自动合上而造成带负荷拉隔离开关。

隔离开关断开后方断开控制电源，主要是为了保证在进行倒闸操作过程中，一旦发生带负荷拉闸等误操作时，断路器能够跳闸。如果在拉开隔离开关之前断开控制电源，则会因故障时断路器不能跳闸而扩大事故。

断路器送电操作时，控制电源应在拆除安全措施之前给上。给上控制电源后，可以检查保护装置和控制回路是否完好，如果发现有缺陷，可在未拆除安全措施前，及时进行处理。同时，在随后的操作中如发生带地刀合闸等误操作时，也能使断路器正常动作跳闸。

▶6-2-16 就地操作断路器的基本要求是什么？

答： （1）操作要快速、果断；

（2）就地操作断路器的方式适用于断路器无负荷时，如有条件应该做好防止断路器出现故障而威胁人身安全的有关措施；

（3）严禁手动慢分、慢合的就地操作。

▶6-2-17 母线倒闸操作的一般原则是什么？

答： （1）倒母线必须先合上母联断路器，并取下控制熔断器，保证母线隔离开关在并、解时满足等电位操作的要求。

（2）在母线隔离开关的拉、合过程中，如发生较大弧光时，应先合靠母联断路器最近的母线隔离开关，拉闸的顺序则与其相反。

（3）倒母线的过程中，母线的差动保护的工作原理如不遭到破坏，一般均应投入运行。

（4）断母联断路器前，母联断路器的电流表应指示为零。应检查母线隔离开关辅助触点、位置指示器切换正常。防止"漏"倒设备或从母线电压互感器二次侧反充电，引起事故。

（5）母联断路器因故不能使用，必须用母线隔离开关拉、合空载母线时，应先将该母线电压互感器二次断开。

（6）母线的电压互感器所带的保护，如不能提前切换到运行母线的电压互感器上供电，则事先应将这些保护停用，并断开跳闸连接片。

▶6-2-18　母线失电压后为何要立刻断开未跳闸的断路器？

答： 主要是从防止事故扩大，便于事故处理，有利于恢复送电三方面综合考虑的。

（1）可以避免值班人员在处理停电事故或进行系统倒闸操作时，误向故障母线反送电，使母线再次短路。

（2）为母线恢复送电做准备，可以避免母线恢复带电后设备同时自启动，拖垮电源。另外，一路一路地试送电，比较容易判断哪条线路发生了越级跳闸。

（3）可以迅速发现拒跳的断路器，为及时找到故障点提供重要线索。

▶6-2-19　如何防止向停电检修设备反送电？

答： （1）把各方面的电源完全断开。

（2）任何运用中的星形接线设备的中性点，应视为带电设备。

（3）与停电设备有关的变压器和电压互感器，应将设备各侧断开，防止向停电检修设备反送电。

（4）禁止在只经断路器断开电源的设备上工作，应拉开隔离开关。手车开关应拉至试验或检修位置，应使各方面有一个明显的断开点。

（5）在所有可能来电侧装设接地线。

▶6-2-20　如何保证检修设备不会误送电？

答： 检修设备和可能来电侧的断路器、隔离开关应断开控制电源和合闸电源，隔离开关操作把手必须锁住，确保不会误送电。

▶6-2-21　投入母差保护的正确操作顺序是什么？

答： （1）检查母差交流继电器屏模拟图指示是否符合现场实际运行方式；

（2）投入母差保护直流熔断器及信号电源开关；

（3）用万用表测量跳闸连接片间无电压后，投入各电压功能连接片、母联及各出线连接片。

▶6-2-22　保护压板投入时有什么注意事项？

答： 压板投入前检查投入压板正确，测量压板两端无压差，正常后投入压板，并检查压板接触良好。

▶6-2-23　无法看到设备实际位置时如何确定设备位置？

答： 电气设备操作后的位置检查应以设备实际位置为准，无法看到实际位置时，可通过设备机械位置指示、电气指示、仪表及各种遥测、遥信信号的变化，且至少应有两个及以上指示已同时发生对应变化，才能确认该设备已操作到位。

▶6-2-24　单相隔离开关和跌落式熔断器的操作顺序是什么？

答： 水平排列时，停电拉闸应先拉中相，后拉两边相；送电合闸操作顺序与此相反。

垂直排列时，停电拉闸应从上到下依次拉开各相；送电合闸操作顺序与此相反。

▶**6-2-25 什么是工作票？**

答：工作票是准许在电气设备上工作的书面命令，也是执行保证安全技术措施的书面依据。

▶**6-2-26 工作许可人完成安全措施后还应完成哪些工作？**

答：（1）会同工作负责人到现场再次检查所做的安全措施。

（2）对工作负责人指明带电设备的位置和注意事项。

（3）会同工作负责人在工作票上分别确认、签名。

▶**6-2-27 工作中对工作负责人、专责监护人有什么要求？**

答：（1）工作负责人、专责监护人应始终在工作现场，对工作班成员进行监护。

（2）在全部停电时，工作负责人可参加工作班工作。

（3）部分停电时，工作负责人只有在安全措施可靠、人员集中在一个工作地点、不致误碰有电部分的情况下，方可参加工作。

▶**6-2-28 工作现场装设悬挂标示牌有什么规定？**

答：（1）在断开的断路器和隔离开关的操作把手上悬挂"禁止合闸，有人工作"或"禁止合闸，线路有人工作"标示牌。

（2）在计算机显示屏上操作的隔离开关处应设置"禁止合闸，有人工作"或"禁止合闸，线路有人工作"标记。

（3）遮栏出入口设置"从此进出"的标示牌。

（4）工作地点设置"在此工作"的标示牌。

（5）室外构件上工作，应在工作地点临近带电部分的横梁上，悬挂"止步，高压危险"标示牌。

（6）在工作人员上下的铁架或梯子上，悬挂"从此上下"标示牌。

（7）在临近其他可能误登的带电构件上，悬挂"禁止攀登，高压危险"标示牌。

（8）工作人员不得擅自移动或拆除遮栏、标示牌。

▶**6-2-29 交班人员交班前应完成哪些工作？**

答：（1）生产、生活场所卫生清理，物品定置摆放；

（2）站内设备巡检；

（3）检查、整理各种运行记录及台账；

（4）检查、整理本班两票执行、保管情况；

（5）检查、整理工器具及钥匙；

（6）总结、整理本班遗留工作。

▶**6-2-30 接班人员接班前应完成哪些工作？**

答：（1）查阅运行记录及台账，了解上班检修、消缺、异常、事故处理和定期工作开展情况；

（2）核对运行方式，检查负荷、潮流、预测；

（3）巡检站内设备，检查现场作业及安全措施；

（4）检查工器具、钥匙、公用设施、文明卫生；

（5）查阅上级指示、命令、指导意见。

▶6-2-31　特殊巡检分哪几种？

答：分为特殊天气巡检、重大操作后巡检、缺陷巡检和新投（大修）设备巡检四种。

▶6-2-32　夜间巡视时重点检查项目是什么？

答：（1）一、二次设备盘、柜指示灯；

（2）一次设备发热、电晕、放电情况。

▶6-2-33　雨天设备巡视时有什么注意事项？

答：（1）雷雨天气，需要巡视室外高压设备时，应穿绝缘靴，不打伞，不靠近避雷器和避雷针，同时应注意保持安全距离，不要进行其他工作，不移开或越过遮栏。

（2）加强巡视次数，户外设备应做好防雨淋措施，防止雨水淋湿电机造成电机烧毁。

（3）雨天要加强设备绝缘监督检查，发现绝缘不合格设备应及时联系检修烘烤处理。

（4）备用电机启动前应测绝缘合格。

（5）应注意检查各地沟排水畅通，各排污泵、排涝泵能正常工作，防止雨水淹没电机，造成事故发生。

（6）加强厂房内设备巡视，防止厂房漏水淋湿电机。

（7）室内变压器的门窗及各配电装置的门应关好，检查无漏水、渗水现象。

（8）雷雨后，电气设备应检查各部无放电痕迹，引线连接处无水汽现象。

（9）经常检查生消泵房、箱式变压器、电力井等的积水情况，发现积水应及时排除等。

▶6-2-34　试验切换注意事项有哪些？

答：（1）试验切换前应取得班长的同意；

（2）在有关记录簿上做好详细记录；

（3）试验切换前值班员和调度员应做好各种事故预想。

▶6-2-35　严格执行"两票三制"时应该注意哪些方面？

答：（1）加大操作票的执行与管理；

（2）严格工作票管理，杜绝无票作业；

（3）认真执行交接班制度；

（4）提高运行人员监盘、巡检质量，加强培养运行人员及时发现问题的能力；

（5）定期试验及轮换制度的执行。

第三节 电气作业

▶ **6-3-1 什么是运行中的电气设备?**

答:指全部带有电压、一部分带有电压或一经操作即带有电压的电气设备。

▶ **6-3-2 电气设备上工作有什么保证安全的组织措施?**

答:(1)工作票制度;

(2)工作许可制度;

(3)工作监护制度;

(4)工作间断,转移和终结制度。

▶ **6-3-3 电气设备上工作有什么保证安全的技术措施?**

答:(1)停电;

(2)验电;

(3)装设接地线;

(4)悬挂标示牌和装设遮栏(围栏)等保证安全的技术措施。

▶ **6-3-4 防止触电的措施有什么?**

答:绝缘、屏护、间距、接地、接零、加装漏电保护装置和使用安全电压等。

▶ **6-3-5 高压设备发生接地时,运行人员应如何进行防护?**

答:(1)高压设备发生接地,室内不得接近故障点的距离为4m以内,室外不得接近故障点8m以内。

(2)由于工作需要而进入该范围之内的人员,应穿绝缘靴,以防跨步电压;接触设备外壳和架构时,应戴绝缘手套。

(3)如工作中突然遇到接地故障,要并足或单足跳离危险区域。

▶ **6-3-6 风电场低压回路停电工作,有什么安全措施?**

答:(1)停电、验电、接地、悬挂标示牌或采用绝缘遮蔽措施;

(2)临近有电回路、设备应加装绝缘隔板或绝缘材料包扎等措施;

(3)停电更换熔断器后恢复操作时,应戴手套和护目眼镜。

▶ **6-3-7 什么是直接验电及间接验电?**

答:直接验电是指使用测验合格且合适的验电工具直接在带电体上检验是否带电。

间接验电是指检查隔离开关的机械指示位置、电气指示、仪表及带电显示装置指示的变化,且至少应有2个及以上指示已同时发生对应变化来确定设备是否带电;若进行遥控操作,则应同时检查隔离开关的状态指示、遥测、遥信信号及带电显示装置的指示来判断设备的带电情况。

▶ **6-3-8 在进行验电工作时有什么注意事项?**

答:验电前,应先在有电设备上进行试验,确认验电器良好;无法在有电设备上进行试验时可用工频高压发生器等确证验电器良好。验电时人体应与被验电设备保持一定的距离，并设专人监护。使用伸缩式验电器时应保证绝缘的有效长度。验电时应戴绝缘手套。对无法进行直接验电的设备，可以进行间接验电。对同杆塔架设的多层电力线路进行验电时，先验低压、后验高压，先验下层、后验上层，先验近侧、后验远侧。禁止工作人员穿越未经验电、接地的10kV及以下线路对上层线路进行验电。线路的验电应逐相进行，检修联络用的断路器、隔离开关或其组合时应在其两侧验电。

▶6-3-9 高压验电有什么安全注意事项？

答：（1）高压验电应戴绝缘手套。

（2）验电器的伸缩式绝缘棒应全部拉出，验电时手应握在手柄处不得超过护环，人体应与被验电设备保持设备不停电时的安全距离。

（3）雨雪天气时不得进行室外直接验电。

▶6-3-10 什么情况下应加装接地线或个人保安线？

答：对于因平行或邻近带电设备导致检修设备可能产生感应电压时，应加装接地线或工作人员使用个人保安线，加装的接地线应登录在工作票上，个人保安线由工作人员自装自拆。

▶6-3-11 进入SF_6开关室应注意什么？

答：开启通风装置15min后，方可进入，注意不应在SF_6设备防爆膜附近停留。

▶6-3-12 SF_6配电装置发生大量泄漏时如何处理？

答：人员应迅速撤出现场，开启所有排风装置进行排风。未佩戴隔离式防毒面具人员禁止入内。只有在测量含氧量大于18%且SF_6气体含量小于$1000\mu L/L$后，人员才准进入。

▶6-3-13 带电作业工具的保管有什么要求？

答：（1）带电作业工具应存放于通风良好、清洁干燥的专用工具房内。工具房门窗应密闭严实，地面、墙面及顶面应采用不起尘、阻燃材料制作。室内的相对湿度应保持在50%~70%。室内温度应略高于室外，且不宜低于0℃。

（2）带电作业工具房进行室内通风时，应在干燥的天气进行，并且室外的相对湿度不准高于75%。通风结束后，应立即检查室内的相对湿度，并加以调控。

（3）带电作业工具房应配备湿度计、温度计、抽湿机（数量以满足要求为准），辐射均匀的加热器，足够的工具摆放架、吊架和灭火器等。

（4）带电作业工具应统一编号、专人保管、登记造册，并建立试验、检修、使用记录。

（5）有缺陷的带电作业工具应及时修复，不合格的应予以报废，禁止继续使用。

（6）高架绝缘斗臂车应存放在干燥通风的车库内，其绝缘部分应有防潮措施。

▶6-3-14 低压触电时应采用哪些方法使触电者脱离电源？

答：（1）如果触电地点附近有电源开关或电源插座，可立即拉开开关或拔出插头，断开电源。

（2）如果触电地点附近没有电源开关或电源插座（头），可用有绝缘柄的电工钳或干燥木柄的斧头切断电线，断开电源。

（3）当电线搭在触电者身上或压在身下时，可用干燥的衣服、手套、绳索、皮带、木板、木棒等绝缘物作为工具，拉开触电者或挑开电线，使触电者脱离电源。

（4）如果触电者的衣服是干燥的，又没有紧缠在身上，可以用一只手抓住他的衣服，拉离电源。但触电者的身体是带电的，其鞋的绝缘也可能遭到破坏，救护人不得接触触电者的皮肤，也不能抓他的鞋。

（5）若触电发生在低压带电的架空线路上或配电台架、进户线上，可立即切断电源的，则应迅速断开电源，救护者迅速登杆或登至可靠地方，并做好自身防触电、防坠落安全措施，用带有绝缘胶柄的钢丝钳、绝缘物体或干燥不导电物体等工具将触电者脱离电源。

▶**6-3-15 高压触电时应采用哪些方法使触电者脱离电源?**

答: （1）将高压设备停电。

（2）戴上绝缘手套，穿上绝缘靴，用相应电压等级的绝缘工具按顺序拉开电源开关或熔断器。

（3）抛掷裸金属线使线路短路接地，迫使保护装置动作，断开电源。注意抛掷金属线之前，应先将金属线的一端固定并可靠接地，然后另一端系上重物抛掷，注意抛掷的一端不可触及触电者和其他人。另外，抛掷者抛出线后，要迅速离开接地的金属线8m以外或双腿并拢站立，防止跨步电压伤人。在抛掷短路线时，应注意防止电弧伤人或断线危及人员安全。

第四节 风电机组作业

▶**6-4-1 风机安全基础培训应该包括哪些方面?**

答: （1）如何正确使用安全劳保用品；

（2）如何爬梯；

（3）在机舱或高处如何工作；

（4）急救常识；

（5）相关安全作业规范。

▶**6-4-2 攀爬风机所需的安全劳保用品具体包括哪些?**

答: （1）安全带；

（2）安全头盔；

（3）安全绳；

（4）防坠锁；

（5）绝缘安全鞋；

（6）工作服。

▶6-4-3　攀爬风机时有什么注意事项？

答：（1）无工作票，不得进入风机。当风机内没人时要锁好门，以免闲人进入。

（2）在风机工作的人员应穿戴个人劳动防护用品，并接受过相关的安全教育后，可由运行人员陪伴进入。

（3）每次进入风机，至少要有两人。

（4）进入风机前的通信要求：对讲机要保持相同的频率，并电量充足；通信中断时，使用明显的手势信号；相互告知移动电话号码。

（5）在风机内和风机上工作时，应注意坠落和高处坠物的危险。

（6）攀爬塔筒时，应正确使用安全带、防坠锁等个人防护用品。

（7）塔筒内需离开梯子进行高处作业时，应使用安全双钩，并保证高挂低用，严禁同时摘钩。

（8）梯子应保持清洁，如出现油污应及时清理。

▶6-4-4　在风机上进行工作时有什么安全事项？

答：（1）注意晃动。风机静止时，受风的影响塔架和机舱也会晃动。对于这些设备（如平台和爬梯）作业人员要小心使用，并且要保证自身安全后再进行工作或长时间待在风机现场，如有必要，应配备附加的安全装置。

（2）保持清洁。通道地面上的油和其他污物应及时清除，以免造成滑倒；因为有自燃的危险，所以衣服上不能有油，并且要防止风机里的油漏到衣服上；危险废弃物（含油抹布、废弃油脂、包装物）应该集中存放，防止火灾发生；工作之后，机舱、轮毂、叶片内要仔细的清扫或使用除尘器清洁。

（3）动火作业注意事项。在风机内进行有易燃隐患的工作时（如焊接、煅烧和打磨），要确保将易燃材料隔离好。工作中和工作后，现场要有拿着灭火器的人监视，直到火灾危险消除。风机的灭火器放在塔底、机舱。

（4）处理危险品。当处理危险品时，如油漆、喷雾、润滑脂、油等，在包装上有特殊的使用说明。应把这些说明进行保存。开始工作前，操作人员要清楚正确的处理方法以及保护装备的使用，要遵守相应的操作指南。

（5）注意危险的压力和温度。注意：蓄能器在液压回路，即使所有的部件都断开，液压回路里仍有危险压力；在冷却回路工作时，有被烫伤的危险。

▶6-4-5　在风机上作业，对使用工具有什么规定？

答：（1）现场所有设备必须正确使用，遵守设备使用规范，禁止违规操作，保证人身安全，并避免造成设备损坏影响施工进程。

（2）硅酮玻璃密封胶、螺栓润滑剂的使用应在保证质量的同时节省用量，禁止浪费，每桶剩余后，禁止丢弃，应继续用于下台机组。

（3）禁止浪费各种规格线缆，各规格线缆必须用于正确位置，禁止互换。电缆禁止在地面拖拉，避免造成绝缘皮损伤。

（4）现场机组使用的螺栓禁止使用活动扳手拧劲，应使用开口扳手或套筒，避免造成六角螺栓头损坏。

（5）所有电动工具要有漏电保护器，使用完毕后应切断工具电源；电动工具禁止露天放置，避免雨雪进入。

（6）工具或设备禁止乱扔乱掷，禁止磕碰，必须轻拿轻放，放置稳靠，防止跌落。

（7）使用电动冲击扳手时，必须注意力集中，注意人身安全；塔筒螺栓打力矩时电动扳手与塔筒壁接触部位应裹绑布或其他柔软材料，避免强烈触碰塔筒壁造成塔筒掉漆。

（8）打力矩时扳手头必须放置稳靠，手禁止放置于扳手头内侧，避免挤压手指。打力矩时听到啪的响声后必须立即泄压。

（9）避免液压站进水及磕碰，造成液压站损坏。

（10）每一种规格螺栓力矩打完后必须将液压扳手油管及扳手头拆除，并避免管路接头处灰尘或其余液体进入。液压站接头必须用螺盖密封。油管接头两头对接密封，禁止油管存在急弯，油管半径至少250mm。

（11）扳手头拆除后应用干净抹布或其他材料包裹密封，防止灰尘及液体进入。管路接头必须全部使用手动拧松，如遇特殊情况需借助工具拧松时应使用鹰嘴钳拧松，不允许使用老虎钳等工具。液压扳手压力值必须与螺栓要求力矩值对应。

（12）禁止长时间连续使用热风枪，避免过热造成内部损坏。

（13）调试用发电机每次使用前应测量电压，确定无误后才可放心使用；使用完毕后及时关闭。

（14）变桨电源线及控制盒使用完毕后避免放置于轮毂内。

（15）现场吊带禁止露天放置，禁止地面拖拉，禁止雨水侵蚀。

（16）风绳禁止露天放置，禁止雨水侵蚀，禁止用于高处提升物品。

（17）吊具禁止露天存放，应按要求使用合乎规格的吊具、吊链、卸扣、吊带等。

▶6-4-6 吊装现场有什么安全注意事项？

答：（1）现场存在跌落危险，吊装时人员及车辆应尽量停驻于上风向。

（2）现场所有人员应避免在吊装位置附近聚集，防止危险情况发生时躲闪不及。

（3）每次吊装前检查吊具是否存在损坏现象，避免事故发生。

（4）如遇雷雨天气，不允许吊装，现场人员应尽快撤离现场。

（5）攀爬塔筒时必须正确穿戴安全带，严禁两人攀爬同一节塔筒，避免跌落砸伤危险。攀爬塔筒时人员携带物品必须放置牢靠，避免攀爬过程中物品坠落。每节塔筒攀爬完毕必须将平台盖板关闭。

（6）塔筒平台放置物品应远离缝隙位置，防止坠落。

（7）塔筒吊装时应使用两根风绳进行牵引，机舱吊装必须使用两根风绳牵引。叶轮吊装必须使用4根风绳进行牵引，防止大风侵袭。

（8）塔筒吊装前必须固定好临时安全绳。

（9）塔筒及机舱吊装时禁止将手臂放置于法兰连接平面。

（10）塔筒照明系统接线盒盖必须固定充分，避免线缆裸露。

（11）每节塔筒吊装完毕后必须尽快将接地连接完毕。

（12）塔筒每层平台之间禁止交叉作业，如不可避免，必须提醒工作人员注意，并将物品放置稳定，避免坠落。

（13）机舱吊具挂钩摘钩时应避免吊具磕碰机舱内元器件造成损坏。

（14）机舱吊装完毕后必须将机舱上部吊孔盖和人孔盖固定好，防止雨雪进入。

（15）叶轮吊装对接时必须佩戴安全绳，并将安全绳固定于牢靠位置。叶轮吊装结束摘钩时必须将安全绳固定于牢靠位置。

（16）叶轮盘车时必须确定轮毂内无任何人员、无任何物品，工作人员禁止紧靠叶轮，叶轮内必须清理干净，严禁残留任何物品。

（17）叶轮吊装完毕后必须将叶轮锁解锁，使风机旋转部件处于无载荷状态，然后将叶片调整到顺桨位置。

（18）现场人员接线时必须使用测量工具确定无电压后方可工作。

（19）在风机区域内，不许饮酒，禁止吸烟。

（20）当照明熄灭，应急灯未打开时不得使用明火（火柴、打火机）。

▶6-4-7 夜间作业时有什么安全注意事项？

答：（1）一般夜间操作都是禁止的，除了在底部平台进行复位操作。

（2）晚上工作时，保证具有安全照明度。

（3）工作区域的照明强度必须满足操作者可以全方位地观察，可以安全地移动以完成要求的工作。

（4）对于视力较差的人员，可以增加照明度，并且采用其他的一些辅助照明方式来满足工作要求。

（5）在夜间进行组装操作时，保证所使用的照明满足最低强度要求。

（6）避免被强光的直接照射和高亮度的光源伤害。

（7）避免在操作区域及周围通过液体表面间接地反射强光源。

（8）要求人员必须对这些辅助的照明措施进行最基本的维护，以便能够在没有动力的情况下人员能够安全撤离。

（9）对于一些可能由于照明系统的故障而造成安全隐患的工作区域，需要设置紧急撤退和安全灯光系统。

（10）对于决定是否在照明度不足的工作区域或工作点开展工作时，必须确认区域分布图、工作流程描述、工作位置描述、工作区域的员工人数等信息。

（11）在夜间工作时，应避免两种或几种工作相互干扰，产生安全隐患。

▶6-4-8 叶片结冰，冰会沿塔架壁滑落，应采取什么措施？

答：（1）尽量远离结冰的风机。

（2）如果必须进入结冰的风机，从下风处，在塔架的保护下小心地靠近风机。

（3）如果塔高50m或60m，冰块会以120km/h的速度滑落。

（4）风机周围至少100m内必须要戴安全帽。

▶6-4-9 为什么两个人不能在同一段塔筒内同时登塔?

答:如两人在同一段塔筒内同时登塔,上部登塔人员发生人员坠落或零配件及检修工具坠落时对下部登塔人员会造成人身威胁、伤害。

▶6-4-10 操作风机提升机起吊时有什么注意事项?

答:(1)机舱内开、关吊物孔盖板时,应穿戴安全带并将防坠缓冲绳固定在机舱安全挂点上。

(2)机舱外起吊前,应将机舱偏至离线路较远的一侧,需用风绳稳定吊物,以免吊物与塔壁碰撞,造成塔筒防腐层和吊物损伤。

(3)起吊完成后,风绳底部一定固定牢靠,风绳禁止使用含软钢丝的绳索(吊装风轮时使用的风绳是含软钢丝的绳索),防止风绳飘至集电线路,发生触电伤害。

(4)机舱外起吊前,在风速较大的情况下,手动偏航将吊物孔偏转至风电机组下风向,方可起吊物品。

(5)塔筒内起吊前,手动偏航,使风电机组吊具与吊物孔在同一垂直方向,起吊物在每层平台经过时,防止起吊物与平台发生碰撞后,发生坠物伤人或损坏起吊物品。

(6)在起吊期间,确保吊物底下无人,以避免坠物伤人。

(7)起吊物品重量不得超出提升机的额定载重量,严禁超重或载人。

▶6-4-11 机舱内工作时有什么作业风险?

答:(1)冰雪天气时,禁止进行机舱外部作业。

(2)攀爬至机舱时,塔筒顶平台梯子夹伤。

(3)风电机组偏航时,小齿轮、偏航刹车夹伤。

(4)联轴器、刹车盘夹伤。

(5)主轴及齿轮箱法兰叶轮锁处夹伤。

(6)进入叶轮时,变桨轴承小齿轮夹伤。

▶6-4-12 变流器维护时有什么作业风险?

答:(1)变流器运行时,如打开变流器门,请千万注意防止触电。

(2)切断变流器系统侧端子AC690V后,内部残留电压(直流1100V)至完全放电通常需耗时30s。由故障引起的未正常放电而停止的情况,至完全放电大约需耗时1h。

(3)变流器发生故障,发出异味、异声时,请立刻停止风电机组及变流器。

(4)请将全部的断路器断开后再进行零件更换。若未将全部断路器设置为OFF,可能会造成触电或零件损坏。

▶6-4-13 机舱外作业有什么要求?

答:(1)机舱外作业风速应不大于10m/s。

(2)只有具备相关资质的人员才允许进行机舱外作业。

(3)有晕高恐高、高血压等症状的严禁进行机舱外的作业。

(4)机舱外作业必须两人进行,一人工作一人监护。

(5)机舱外的作业人员应佩戴好个人安全用品,安全双钩应分开挂于可靠的挂点。

（6）工作时需要摘掉安全挂钩时，严禁将两个挂钩同时摘除。

（7）机舱外作业时应注意雨雪天的防滑。

（8）作业过程中，机舱上作业人员和机舱内人员通信应保持畅通。

▶6-4-14 如何从紧急出口逃生？

答：在紧急情况下，风机可以通过两个出口离开，并在30min内逃离。塔架门是一逃生门，如果通过塔架门安全逃离不可能，可以使用机舱中的逃生装置。利用此装置，几个人可从机舱一个一个地逃生。要求每个人穿戴安全带，逃离步骤如下：

（1）将逃生设备系到挂接点上；

（2）将人与安全绳安全连接；

（3）打开提升机下的机舱尾部平台盖板；

（4）坐到机舱平台边缘上，用脚将舱门踢到90°打开舱门；

（5）打开逃生装置的拉链；

（6）将绳子通过舱门扔到地面上；

（7）将逃生装置的短绳吊钩与身上安全带的锁扣连接；

（8）从挂接点松绳子；

（9）挪动身体到下舱门；

（10）滑过舱门；

（11）在逃生装置帮助下慢速下滑；

（12）到达地面后，取下绳子，但保持吊钩仍在绳子上；

（13）拉绳子直到另一端到达机舱，下一个人才可和逃生装置连接；

（14）第二个人可以将安全带连到短绳吊钩上，重复上述步骤逃离。

第五节 线路作业

▶6-5-1 线路作业哪些情况下应组织现场勘察？应查看哪些内容？根据现场勘查的结果采取哪些措施？

答：（1）进行电力线路施工作业、工作票签发人或工作负责人认为有必要现场勘查的检修作业，施工、检修单位均应根据工作任务组织现场勘查，并填写现场勘察记录。现场勘察由工作票签发人或工作负责人组织。

（2）现场勘察应查看现场施工（检修）作业需要停电的范围，保留的带电部位和作业现场的条件、环境及其他危险点等。

（3）根据现场勘察结果，对危险性、复杂性和困难程度较大的作业项目，应编制组织措施、技术措施、安全措施，经本单位批准后执行。

（4）杆塔分段吊装、杆塔分解组立工作；"立、撤杆塔""放、换导线"等重要施工项目；新建线路或主干线路改造；由几个班组或由外单位协同施工的大型工程项目；本单位第一次新开展的复杂、危险的施工工程项目。

6-5-2 线路工作完工后，工作负责人（包括小组负责人）应对线路检修地段进行哪些项目检查？如何进行工作终结的报告？

答：（1）完工后，工作负责人（包括小组负责人）应检查线路检修地段的状况，确认在杆塔上、导线上、绝缘子串上及其他辅助设备上没有遗留的个人保安线、工具、材料等，查明全部作业人员确由杆塔上撤下后，再命令拆除工作地段所挂的接地线。

（2）工作终结的报告应简明扼要，并包括下列内容：工作负责人姓名，某线路上某处（说明起止杆塔号、分支线名称等）工作已经完工，设备改动情况，工作地点所挂的接地线、个人保安线已全部拆除，线路上已无本班组作业人员和遗留物，可以送电。

6-5-3 工作期间工作负责人若因故暂时离开、长时间离开工作现场时，有什么规定？

答：工作期间，工作负责人若因故暂时离开工作现场时，应指定能胜任的人员临时代替，离开前应将工作现场交代清楚，并告知工作班成员。原工作负责人返回工作现场时，也应履行同样的交接手续。

若工作负责人必须长时间离开工作现场时，应由原工作票签发人变更工作负责人，履行变更手续，并告知全体工作人员及工作许可人。原、现工作负责人应做好必要的交接。

6-5-4 进行线路停电作业前应做好哪些安全措施？

答：（1）断开发电厂、变电站、配电站（所）（包括用户设备）等线路断路器和隔离开关。

（2）断开线路上需要操作的各端（含分支）断路器、隔离开关和熔断器。

（3）断开危及线路停电作业且不能采取相应安全措施的交叉跨越、平行和同杆架设线路（包括用户线路）的断路器、隔离开关和熔断器。

（4）断开有可能反送电的低压电源的断路器、隔离开关和熔断器。

6-5-5 如何正确使用个人保安线？

答：（1）工作地段如有邻近、平行、交叉跨越及同杆塔架设线路，为防止停电检修线路上感应电压伤人，在需要接触或接近导线工作时，应使用个人保安线。

（2）个人保安线应在杆塔上接触或接近导线的作业开始前挂接，作业结束脱离导线后拆除。装设时，应先接接地端，后接导线端，且接触良好，连接可靠；拆个人保安线的顺序与此相反；个人保安线由作业人员负责自行装、拆。

（3）个人保安线应使用有透明护套的多股软铜线，截面积不准小于16mm^2，且应带有绝缘手柄或绝缘部件；禁止用个人保安线代替接地线。

（4）在杆塔或横担接地通道良好的条件下，个人保安线接地端允许接在杆塔或横担上。

6-5-6 登杆塔及作业前有什么规定？

答：（1）登杆塔前，应先检查登高工具、设施，如脚扣、升降板、安全带、梯子和脚钉、爬梯、防坠措施等是否完整牢靠；禁止携带器材登杆或在杆塔上移位；禁止利用绳索、拉线上下杆塔或顺杆下滑；攀登有覆冰、积雪的杆塔时，应采取防滑措施。

（2）攀登杆塔作业前，应先检查根部、基础和拉线是否牢固；新立杆塔在杆基未完全牢固或做好临时拉线前，禁止攀登；遇有冲刷、起土、上拔或导地线、拉线松动的杆塔，应先培土加固，打好临时拉线或支好架杆后，再行登杆。

▶6-5-7 杆塔上使用安全带有什么规定?

答：（1）作业人员攀登杆塔、杆塔上转位及杆塔上作业时，手扶的构件应牢固，不准失去安全保护，并防止安全带从杆顶脱出或被锋利物损坏。

（2）在杆塔上作业时，应使用有后备保护绳或速差自锁器的双控背带式安全带，当后备保护绳超过3m时，应使用缓冲器；安全带和后备保护绳应分别挂在杆塔不同部位的牢固构件上；后备保护绳不准对接使用。

（3）上横担进行工作前，应检查横担连接是否牢固和腐蚀情况，检查时安全带（绳）应系在主杆或牢固的构件上。

（4）在相分裂导线上工作时，安全带（绳）应挂在同一根子导线上，后备保护绳应挂在整组相导线上。

▶6-5-8 张力放线过程中有什么安全要求?

答：（1）在邻近或跨越带电线路采取张力放线时，牵引机、张力机本体、牵引绳、导地线滑车、被跨越电力线路两侧的放线滑车应接地；操作人员应站在干燥的绝缘垫上；并不得与未站在绝缘垫上的人员接触。

（2）雷雨天不准进行放线作业。

（3）在张力放线的全过程中，人员不准在牵引绳、导引绳、导线下方通过或逗留。

（4）放线作业前检查导线与牵引绳连接应可靠牢固。

▶6-5-9 梯子使用有什么规定?

答：（1）梯子应坚固完整，有防滑措施。

（2）梯子的支柱应能承受作业人员及所携带的工具、材料攀登时的总重量。

（3）硬质梯子的横档应嵌在支柱上，梯阶的距离不应大于40cm，并在距梯顶1m处设限高标志。

（4）使用单梯工作时，梯与地面的斜角度为60°左右。

（5）梯子不宜绑接使用。

（6）人字梯应有限制开度的措施。

（7）人在梯子上时，禁止移动梯子。

（8）使用软梯、挂梯作业或用梯头进行移动作业时，软梯、挂梯或梯头上只准一人工作。

（9）作业人员到达梯头上进行工作和梯头开始移动前，应将梯头的封口可靠封闭，否则应使用保护绳防止梯头脱钩。

▶6-5-10 高压电缆线路停电后可否立即进行检修工作? 为什么?

答：不可以。因为高压电缆线路的电容一般都很大，储存有大量电荷，并有相当高的电压，如果停电后不放电就进行检修作业，接触电缆就有触电危险。所以，高压电缆线路停电后，必须先充分放电，然后才可进行检修工作。

▶**6-5-11　电力电缆线路试验有什么安全措施规定？**

答：（1）电力电缆试验要拆除接地线时，应征得工作许可人的许可（根据调度人员指令装设的接地线，应征得调度人员的许可），方可进行。工作完毕后立即恢复。

（2）电缆耐压实验前，加压端应做好安全措施，防止人员误入实验场所。另一端应设置围栏并挂上警告标示牌。如另一端是上杆的或是锯断电缆处，应派人看守。

（3）电缆耐压试验前，应先对设备充分放电。

（4）电缆的试验过程中，更换试验引线时，应先对设备充分放电。作业人员应戴好绝缘手套。

（5）电缆耐压试验分相进行时，另两相电缆应接地。

（6）电缆试验结束，应对被试电缆进行充分放电，并在被试电缆上加装临时接地线，待电缆尾线接通后才可拆除。

（7）电缆故障声测定点时，禁止直接用手触摸电缆外皮或冒烟小洞。

第六节　紧急救护

▶**6-6-1　紧急救护的基本原则是什么？**

答：（1）在现场采取积极措施保护伤员生命；

（2）减轻伤情，减少痛苦；

（3）根据伤情需要，迅速联系医疗部门救治。

▶**6-6-2　抢救的先后顺序是什么？**

答：（1）先抢后救，先重后轻，先急后缓，先近后远；

（2）先止血后包扎，再固定后移动；

（3）先救命，后治伤。

▶**6-6-3　什么是心肺复苏法？基本步骤是什么？**

答：心肺复苏法是用于呼吸和心跳突然停止、意识丧失病人的一种现场急救方法。其目的是通过口对口吹气和胸外心脏按压来向伤员提供最低限度的脑供血。呼吸心搏骤停，医学上称为猝死，多见于冠心病、溺水、电击、雷击、严重创伤、大出血等病人，多发生在公共场所、家庭和工作单位，多来不及送医院抢救。在发病4min内开始进行正确有效的心肺复苏术，能救活无数的猝死病人。

心肺复苏法的基本步骤为：

（1）D(dangerous)：检查现场是否安全。

（2）R(response)：检查伤员情况、反应。

（3）A(airway)：保持呼吸顺畅。

（4）B(breathing)：口对口人工呼吸。

（5）C(circulation)：建立有效的人工循环。

▶6-6-4 止血的常用方法有哪些？

答：（1）局部加压包扎法。

（2）指压止血法。其优点是止血迅速、不需要任何工具；其缺点是止血不能持久，多处、多人难以处理。

（3）屈肢加垫止血法。通用于四肢止血，骨折及脱位禁用。

（4）绞棒止血法。简单易行。

（5）止血带止血法。主要用于肢体严重创伤引起大、中血管的出血，前臂和小腿一般不通用止血带，因有两根长骨，使血流阻断不全。

▶6-6-5 绷带进行现场包扎处理的方法有哪些？

答：（1）简单螺旋包扎。由受伤部位的下方开始，由下而上包扎；包扎时应用力均匀，由内而外扎牢，每绕一圈时，绷带应进盖前一圈绷带2/3，露出1/3；包扎应将敷料完全盖住。

（2）螺旋反折包扎。常用于包扎四肢粗细不等的部位；包扎时先用环行法固定始端，旋转方法每圈反折一次，反折时，以一手拇指按住绷带上面正中处，用另一手将绷带向下反折，向后绕并拉紧，反折处不要在伤口上。

（3）人字形包扎。用于能弯曲的关节，如肘部、膝部、手及脚跟，在关节中央开始重复绕一圈做固定，然后绕一圈向下，一圈向上，结束时，在关节的上方重复绕一圈做固定。

（4）手(足)部包扎。将绷带在手腕(足踝)处重复绕一周做固定，然后将绷带斜绕过手背(足背)、手掌到指(趾)旁；将绷带围绕手掌(足底)，使绷带的下边恰好贴住指(趾)甲部，然后再将其斜绕回手腕(足踝)处；用8字形包扎手(足)部，直到包扎将敷料完全遮盖，结束时在手腕(足踝)处重复绕一圈做固定。

▶6-6-6 包扎有什么注意事项？

答：（1）要结扎在伤口的近心端；

（2）不能直接结扎在皮肤上；

（3）方法要准确；

（4）禁止在上臂中1/3处结扎，以免损伤神经；

（5）每包扎1h要松一次，每次松1~2min。

注意：颅脑损伤、鼻腔、外耳道有出血的病人，不能堵塞，防止逆流至颅腔内引起颅内感染。

▶6-6-7 如何进行雷击急救？

答：如果触电者昏迷，先将其安置成卧式，使其保持温暖、舒适，然后立即施行触电急救、人工呼吸。

（1）进行口对口人工呼吸，雷击后进行人工呼吸的时间越早，对伤者的身体恢复越好，因为人脑缺氧时间超过十几分钟就会有致命危险。如果能在4min内以心肺复苏法进行抢救，让心脏恢复跳动，可能还来得及救活。

（2）对伤者进行心脏按压，并迅速通知医院进行抢救处理。如果遇到一群人被闪电击中，那些会发出呻吟的人不要紧，应先抢救那些已无法发出声息的人。

（3）如果伤者衣服着火，马上让他躺下，使火焰不致烧及面部。不然，伤者可能死于缺氧或烧伤，可往伤者身上泼水，或者用厚外衣、毯子等把伤者裹住以扑灭火焰。伤者切勿因惊慌而奔跑，可在地上翻滚或趴在有水的洼地、池中熄灭火焰。用冷水冷却伤处，然后盖上敷料，如用折好的手帕清洁一面盖在伤口上，再用干净布块包扎。

▶6-6-8　伤口渗血应如何处理?

答：用较伤口稍大的消毒纱布数层覆盖伤口，然后进行包扎。若包扎后仍有较多渗血，可再加绷带适当加压止血。

▶6-6-9　伤口血液大量涌出或喷射状出血如何处理?

答：（1）立即用清洁手指压迫出血点上方(近心端)，使血流中断，并将出血肢体抬高或举高，以减少出血量。

（2）先用柔软布片或伤员的衣袖等数层垫在止血带下面，再扎紧止血带，以刚使肢端动脉搏动消失为宜，不要在上臂1/3处和窝下使用止血带，以免损伤神经。严禁用电线、铁丝、细绳等作止血带使用。

（3）上肢每60min、下肢每80min放松一次，每次放松1~2min，若放松时观察已无大出血可暂停使用止血带，累计扎紧时间不宜超过4h。每次扎紧与放松的时间均应书面标明在止血带旁。

▶6-6-10　肢体骨折应如何急救?

答：（1）肢体骨折可用夹板或木棍、竹竿等将断骨上、下方两个关节固定，也可利用伤员身体进行固定，避免骨折部位移动。

（2）开放性骨折，伴有大出血者，先止血，再固定，并用干净布片覆盖伤口，然后速送医院救治。

（3）切勿将外露的断骨推回伤口内。

▶6-6-11　颈椎损伤应如何急救?

答：（1）应在使伤员平卧后，用沙土袋（或其他代替物）放置在头部两侧，使颈部固定不动。

（2）必须进行口对口呼吸时，只能采用抬颌使气道通畅，不能再将头部后仰移动或转动头部，以免引起损伤加重。

▶6-6-12　腰椎骨折应如何急救?

答：（1）腰椎骨折应将伤员平卧在平硬木板上，并将腰椎躯干及两侧下肢一同进行固定预防瘫痪。

（2）搬动时应数人合作，保持平稳，不能扭曲。

▶6-6-13　烧伤应如何急救？

答：（1）电灼伤、火焰烧伤或水烫伤均应保持伤口清洁，伤员的衣服鞋袜用剪刀剪开后除去，伤口全部用清洁布片覆盖，防止污染。

（2）四肢烧伤时，先用清洁冷水冲洗，然后用清洁布片或消毒纱布覆盖送医院。

（3）未经医务人员同意，灼伤部位不宜敷擦任何东西或药物，送医院途中，可给伤员多次少量口服糖盐水。

▶6-6-14　冻伤应如何急救？

答：（1）肌肉僵直，严重者深及骨骼的，在救护搬运过程中动作要轻柔，不要强行使其肢体弯曲活动，以免加重损伤，应使用担架，将伤员平卧并抬至温暖室内救治。

（2）将伤员身上潮湿的衣服剪去后用干燥柔软的衣服覆盖，不得烤火或搓雪。

（3）全身冻伤者呼吸和心跳有时十分微弱，不应误认为死亡，应努力抢救。

▶6-6-15　毒蛇咬伤应如何急救？

答：（1）不要惊慌、奔跑、饮酒，以免加速蛇毒在人体内扩散。

（2）咬伤大多在四肢，应迅速从伤口上端向下方反复挤出毒液，然后在伤口上方(近心端)用布带扎紧，将伤肢固定，避免活动，以减少毒液的吸收。

（3）有蛇药时可先服用，再送往医院救治。

▶6-6-16　犬咬伤应如何急救？

答：（1）立即用浓肥皂水冲洗伤口，同时用挤压法自上而下将残留伤口内唾液挤出，然后再用碘酒涂擦伤口。

（2）少量出血时，不要急于止血，也不要包扎或缝合伤口。

（3）尽量设法查明该犬是否为"疯狗"，对医院制订治疗计划有较大帮助。

▶6-6-17　如何进行溺水急救？

答：（1）发现有人溺水应设法迅速将其从水中救出，受过水中抢救训练者在水中即可抢救。

（2）呼吸心跳停止者用心肺复苏法坚持抢救。

（3）口对口人工呼吸因异物阻塞发生困难，而又无法用手指除去时，可用两手相叠，置于脐部稍上正中线上(远离剑突)迅速向上猛压数次，使异物退出，但也不用力太大。

▶6-6-18　如何进行高温中暑急救？

答：（1）应立即将病员从高温或日晒环境转移到阴凉通风处休息。

（2）用冷水擦浴，湿毛巾覆盖身体，电扇吹风，或在头部置冰袋等方法降温，并及时给伤员口服盐水。

（3）严重者送医院治疗。

▶6-6-19　如何进行有害气体中毒急救？

答：（1）应立即将人员撤离现场，转移到通风良好处休息。抢救人员进入险区必须戴防毒面具。

（2）已昏迷病员应保持气道通畅，有条件时给予氧气吸入。呼吸心跳停止者，按心肺复苏法抢救，并联系医院救治。

（3）迅速查明有害气体的名称，供医院及早对症治疗。

▶**6-6-20　安全救援有何要点?**

答：（1）救援计划开始实施之前，任何工作人员都需要使用个人防护设备，做好个人防护。进行救援之前，拨打当地的紧急救援电话，然后描述五方面内容：谁、什么事、何时、何地、为什么。

（2）需注意，不能将被救援人员悬挂在安全带上超过15min。长时间悬挂在安全带上容易悬挂性休克，有死亡的危险。

（3）即使没有明显的外伤标志，伤员也应该先保持蹲坐的姿势，并逐步过渡到一个平躺的姿势。如果让伤者迅速平躺下来，会由于心脏负荷过重或肾功能衰竭使伤者有生命危险。

参考文献

[1] 张春雷.风电场运行专业知识题库.北京：中国电力出版社，2017.

[2] 李恩仪，黄群.风力发电基础理论.北京：中国电力出版社，2016.

[3] 李恩仪，黄群.风电场安全管理.北京：中国电力出版社，2016.

[4] 胡式海.风力发电场检修维护与运行导则汇编.北京：中国电力出版社，2014.

[5] 国家能源局电力业务资质管理中心.电工进网作业许可考试参考教材—高压类理论部分（2012版）.杭

     州：浙江人民出版社，2016.

[6] 电力行业职业技能鉴定指导中心.变电站值班员.2版.北京：中国电力出版社，2014.

[7] 电力行业职业技能鉴定指导中心.继电保护.2版.北京：中国电力出版社，2017.

[8] 电力行业职业技能鉴定指导中心.电力电缆.2版.北京：中国电力出版社，2014.

[9] 云南电力调度控制中心.云南电网风电集控调度管理办法（试行）.2016.